フランス共和国高等弁務官ブレーズ・ジャーニュのダカール到着（1918年2月18日）
白馬にまたがり，居並ぶ人々の前をゆっくり行進するジャーニュ（本文251頁以降を参照）
(Michel 2003に掲載されている当時の絵葉書をもとに描画)

ヴォレノーヴェン墓碑

フランス，パリ市の西方ピカルディ地方ロンポン（Longpont）の林の中にこの墓碑はある。ヴォレノーヴェンはこの地でドイツ軍の機銃弾を頭蓋下部に受けた。近くに閑静・瀟洒な住宅が立ち並ぶ一角があるだけで，タクシーを見つけるのに大変苦労したのだが，その土地の人という30歳代半ばの女性運転手はヴォレノーヴェンの名も，この墓碑の存在も知らず，林の中の小道をあちこち走り回り，偶然にも探しあてたのは幸運だった。わたしがカメラを構えたそのとき急に墓碑の背後から後光がさすように陽がさし，墓碑の前を照らし，カメラレンズにも光が射し込んだ

（2012年9月15日午前11時ごろ撮影）

Écoutez-moi, Tirailleurs Sénégalais, dans la solitude
de la terre et de la mort

Léopold Sédar Senghor
Tours, 1938

死の大地，暗闇の孤独に眠るセネガル歩兵たちよ，
わたしの声が聴こえるか

レオポル・セダール・サンゴール＊

＊《Aux Tirailleurs Sénégalais morts pour la France》 Léopold Sédar Senghor, *Hosties Noires*

第一次大戦と西アフリカ

フランスに命を捧げた黒人部隊「セネガル歩兵」

小川 了著

刀水書房

はじめに

本書は二〇一四年三月に発行された『ジャーニュとヴァンヴォ　第一次大戦時、西アフリカ植民地兵起用をめぐる二人のフランス人』（東京外国語大学アジア・アフリカ言語文化研究所発行）を改訂、全体の構成を変え、内容的にも相応に必要な訂正、加筆をしたものである。

先著『ジャーニュとヴァンヴォ』はその「まえがき」にも記したが、ヴァン・ヴォレノーヴェン（先著においてはヴァン・ヴォレンオーヴェンとなっている）という人の人品骨柄に深く印象づけられたわたしが、その思いを何とか一著に残しておきたいという動機に突き動かされるようにして書き続けてできあがったものであった。やや大げさな表現になるが、その一つの動機のみがヴォレノーヴェンの周囲を取り巻く人物、事象についての勉強を続けさせる力になった。その思いを伝えることに成功したか否か、それは読者のご判断にお任せする以外にないのだが、わたしとしては少しばかりの「達成感」を感じることはできた。

しかし、親しくしている友人たちからメイン・タイトルの『ジャーニュとヴァンヴォ』では何のことだか全く分からないという評をもらった。考えてみると、まことにしかり。副題を見て、はじめて内容についてわずかな手掛かりを得るだけであって、標題はわたし個人の思い入れの強さだけが唐突に前面に現れたものであることが了解された。わたしとしては、その唐突さを狙ったのだと強弁したい部分もあるのだが、そうすると何のことだかさっぱり分からないメイン・タイトルに比して、それを補うために副題を説明的に過ぎるものにせざるを得なかったのだろうと見透かされる。つまりは、わたしの強弁も腰砕けになってしまう。メインと副の間で均衡を欠くと言われても仕方がない。

少し落ち着いて考え直す必要がある。

思えばわたしの先著はこのように一人の人間への思いから出発したのだが、わたしがその人と「遭遇」したのは第一次大戦時の西アフリカ植民地兵について勉強する過程においてであった。一九世紀末に制度的に確立したフランス領西アフリカ植民地から徴発された兵士たち、つまり「セネガル歩兵」と称されることになる若者たちはフランス本国の面積とは比較にならないほどの広大な面積をもつ西アフリカ各地の村々で、兵士として取り立てられなければ昔からなじんでいる自分たちの落ち着いた日々の生活を送っていたはずの人々である。その若者たちは宗主国フランスがドイツとの戦争に入ったことをもって急遽駆り立てられるように兵士に仕立て上げられ、人類がそれまでに経験したことのない近代兵器・砲弾が激しく咆哮、炸裂する戦場にいきなり送り込まれた。四年余りに及んだ戦争で命を失い、あるいはその後の生涯に大きな影響を与える傷を負った兵士は数多い。

かつての西アフリカから奴隷として西洋人に買い取られ、大西洋を越えて移送された人々の数はたいへん多いが、四年余という期間で比較してみると奴隷貿易が続いた四世紀間のどの四年余の期間に捕らわれた人の数より第一次大戦時の四年余の間に徴兵された人の数のほうが多い。

植民地とは西欧諸国（一時期の日本もだが）がみずからの生活の富裕化のために他の国・地域に同胞を植民し、それらの国・地域を自らの意に添うように開発することであるが、それを支える理論的根拠としては遅れた文明段階にある人々を開化、教化することとされた。であるならば、本国がする戦争に植民地の人々を巻き込むためにはどのような理論構築がなされたのであろうか。戦争は植民地現地民の開化、教化に貢献したのか。貢献という言葉が言い過ぎであれば、どのような役割を果たしたのだろうか。戦争に参加した、つまり本国防衛に貢献したということに対する戦後補償はいかになされたのだろうか。

と、こうして考えてみると、わたしたちにとって第一次大戦時の西アフリカ植民地兵はいかにも「遠い」存在であることに気づく。

この「遠さ」はじつのところわたしたちだけにとってではない。今回の勉強の過程で、あるアメリカ人戦争史家の手になる「戦略」史を参照する機会があった。そこではマキアヴェリからヒトラーに至るまでのヨーロッパの一五人の政治家・戦略家の戦争観、戦略、戦法が記されている。その書中において第一次大戦、第二次大戦における西アフリカ兵士たちへの言及は全く、文字通り一言もなされてはいない。第一次大戦時、フランスの首相、陸軍大臣として重責を果たしたクレマンソーについてその戦法など詳述している中でもセネガル歩兵は「存在」していない。

こうした事実を鑑みるとき、ジャーニュという人とヴァンヴォ（ヴォレノーヴェンの愛称）という人物中心の記述は残しつつ、セネガル歩兵についてその全体像がもう少しよく分かるような記述をすることが望ましいのではないかと思うに至った。この考えに沿って先著を改訂したものが本書である。

本書は四部構成になっている。第一部は六つの章で構成され、第一次大戦に至る時期のフランスの社会状況から始まる。第二章で詳述されるシャルル・マンジャンという人とその著はまさに西アフリカ植民地の若者たちをフランスがする戦争に起用するための「理論」的根拠となるものである。そして、大戦開戦になると同時に徴発された西アフリカ植民地の人々に関する諸事象が第三章で詳述される。その章を読むと理解されるが、西アフリカの人々は嬉々として戦争に赴いたわけではない。彼らはさまざまな手段を用いて忌避し、できうる限りの抵抗をしたのである。第四章でブレーズ・ジャーニュという西アフリカ、セネガル出身の政治家について見る。彼は西アフリカ植民地の若者たちがフランスの戦争に参加するための理論的根拠を植民地側の人間として構築したのである。第五章に登場するのが先著においてわたしが「深く印象」づけられたと記すことになったジョースト・ヴァン・ヴォレノーヴェンである。ジャーニュがそうであったように、ヴォレノーヴェンももともとのフランス人ではない。人生の過程においてフランス人になった。フランス人になったヴォレノーヴェンはジャーニュと同じように強い意志をもって「わが祖国」フランスに貢献しようとした。しかし、その貢献の仕方はジャーニュのそれとはたいへん異なっていることを読者は読み取られるであろう。そして、第六章においてわたしたちは文字通り「人生を駆け抜ける」ように生き抜いたヴォレノーヴェンの姿を見る。

第二部の三つの章は第一部の人物論から離れ、一九世紀末から二〇世紀初めに至る時期のフランスの植民地統治に関するやや理論的なものである。その中の一つの章（第八章）において、わたしたちはセネガル歩兵と呼ばれる西アフリカの兵士たちの来歴を詳しく見ることになろう。これら三つの章は本書が成している「物語」の進行においてやや脇に逸れるものになっている。その意味で物語を先に読み進むためには第二部はひとまずとばして第三部へと進み、物語を完結させたうえで、必要に応じて第二部を読んでいただくのがいいかもしれない。

第三部は先の第一部の最後の章（第六章）で大きな山場を迎えた物語の続きであり、ここに含まれる三つの章も山の続きをなしている。ブレーズ・ジャーニュという人の魅力と不可思議さを詳述した。

第四部は三つの補遺からなる。本書本文中ではセネガル歩兵と「女性」の問題について触れていない。しかし、女性に関わる問題は重要であり、補遺1で検討しておく。もう一つの補遺2は第一次大戦後のセネガル歩兵に関わるものである。実際、セネガル歩兵は西アフリカの国セネガルが独立に至る一九六〇年直前まで存在したのである。この補遺中、ブレーズ・ジャーニュという人の複雑さはじつのところ彼の「先進性」と関わっているのかもしれないことに触れている。この点については今後の議論になるかもしれず、わたしとしてはここで挑発的に述べておくことに意義はあろうと思っている。巻末には本書が関わる時期における諸事項を示す年表を用意した。

以上が全体の見通しである。

第一次大戦と西アフリカ

フランスに命を捧げた黒人部隊「セネガル歩兵」

目次

装丁 的井圭

第一次大戦と西アフリカ

フランスに命を捧げた黒人部隊「セネガル歩兵」

第一部　マンジャン、ジャーニュ、ヴォレノーヴェン——三つの個性

第一章　第一次大戦前、フランスの社会状況

本書の主題が関わる時期は第一次大戦前後の数十年である。第一次大戦に入っていく直前の時期、フランス一般社会の状況はどのようであったのだろうか、そのことについてまずこの章で検討しておこう。

一九世紀後半から二〇世紀初めにかけて、フランスの文芸界、思想界は現在のわたしたちもその名をよく知る人々を輩出していた時代である。文芸界にはヴィクトル・ユゴーがおり、アナトール・フランスもしかり、アンドレ・ジッドもその時期の人である。ヴェルレーヌが若きランボーに熱をあげ、結婚して間もなかった妻を見捨てたことで世間を騒がせたのは一八七一年から七二年にかけてのこと。ふいに詩作をやめて暑熱の地に旅立ったランボーがそれから一五年後、病を得てマルセイユの病院で右足を切断、その後死んだのは一八九一年だった。他方では観念的で難解な詩をもって名声を博したマラルメがいた（一八九八年死去）。ヴァン・ゴッホがオーヴェール・シュル・オワーズで拳銃自殺したのは一八九〇年七月のこと、そしてゴーギャンが「すべてが腐敗した」ヨーロッパを捨て、野蛮を求めて

タヒチに向かう船に乗ったのは翌年三月末のことだった。思想界においてはヴァレリーがおり、エルネスト・ルナンもしかり、また音楽界にはドゥビュッシーがいたし、ラヴェルやフランクもそうであり、さらにまた彫刻界にはロダン、ブールデル、マイヨルがいた。こうしてみると、その時代はのちの人々が「ベル・エポック」と呼んだのがなるほどとうなずける華やかな時代であった。戦争へ向かう危機が国民一般に強く意識されていたわけではない。

フランスにおける「国民」概念の醸成

ところで、二〇世紀初頭のフランスにおいて、「国民」概念はすでに疑う必要のない、確固とした意識としてフランス人一般に共有されていたのだろうか。もし、フランス人の間に国民意識、国民概念が確立していなかったとするのなら、フランスはいかにしてドイツとの国家間の戦争に入っていったのだろうか。フランスはいつのころから「一つの国」になったと言えるのだろうか。

この問いに対しては「フランス大革命」からフランス人はフランスという一つの国に住む人々になったのだというのが一般的な「常識」とされている。革命期に言われた「一にして不可分の共和国」という標語がそれを物語っている。ところが、ユーゲン・ウェーバーが記すところによると、一九世紀後半の時期においても、一般のフランス人は自分が住む土地、いわば故郷が自分の「国」として意識されているだけであって、その人の中では自分がフランス人であるという意識は抽象的なものでしかなかったのだという。大方の人々はフランス人といった「国民」意識などもっていなかったというのである。

ウェーバーは一八六〇年代にフランス国内を旅したイギリス人の言として記しているのだが、そのイギリス人によれば、「ランド地方（フランス南西部）の人々は確かにフランス領土に暮らしているが、フランス人とはとても呼べない。人々はイギリス人に分からないどころか、当のフランス人にも理解できない言葉をしゃべっているし、フランス人らしい特質なんてもってはいない」という状態だったというのである。そのような状態であるからして、フランスを愛するという「愛国精神」は地方人には縁遠いものであり、都会（パリ）人たちのものでしかなかったのだ。そのため（普仏戦争で苦杯をなめた後の）一八七五年においても、たとえば南部出身者だけで一つの軍団を構成したりすることの危険性が指摘されていたという(1)。こぞって戦線離脱する危険が現実的なこととして恐れられていたのである。

実際、一八六三年の公式統計によると当時のフランスにあった三万七五一〇の市町村のうち八三八一の市町村においてはフランス語は話されておらず、人口にすればおよそフランス人の四分の一の人々はフランス語話者ではなかった。また、公教育省によれば、学童約四〇〇万人のうちの四五万人ほどは全くフランス語を解さず、その他の約一五〇万人はフランス語を話し、聞いてわかる状態ではあるものの、書くことはできなかった。当時のフランスにあった八九の県のうちの二四県においては各県内の市町村の半分以上においてフランス語は話されていなかった。つまり、相当程度の人数のフランス人にあってフランス語は自分の言語ではなかったのである。そのような状態であるから、多くの人々にとって政府、あるいは国というものは直接的には税金を取り立てるものだという認識しかなく、せいぜいのところでも暴動などを起こせば介入してくるものだという認識しかなかった(2)。

一九世紀後半から二〇世紀初めに至る時期におけるこういった状況は、元をただせばアンシアン・レジーム下の支配層の考え方に由来しているようである。往時の支配者たちにとって言語は支配のために必要不可欠ではあるものの、それ以上の重要性、つまり国民意識に関わる重要性をもつとは認識されていなかったようなのだ。結局のところ、フランス大革命の当初からすれば約七〇年から八〇年以上もの時を経たフランスにおいてフランス国民という意識はフランス人誰もが共有するものとはとても言えない状況だった。

そのような全体状況の中、一八七〇年七月一九日、戦争が起こった。フランスとプロイセン＝ドイツとの間で戦われたこの戦争はフランスでは「一八七〇年戦争」と呼ばれ、日本では一般に「普仏戦争」と呼ばれているが、開戦からわずか一か月半ほどのちのスダン（セダン）の戦いでナポレオン三世が捕虜にされるという屈辱を味わい、これでフランス第二帝政は終わった。帝政下のフランスは敗戦したが、それはフランス国の敗戦ではないとしてパリを拠点に臨時政府を打ち立てて戦いを続けた人々がいた。その結果、プロイセン軍はパリを包囲、かくして一八七一年一月二八日、フランス人はパリ陥落という重大危機を経験して最終的にこの戦争は終わった。フランスは結果としてアルザス、ロレーヌ地方をドイツに奪われ、五〇億フランの賠償金支払いという屈辱を味わった。フランスではこの屈辱をもって「この世の終わり」と声高に言う人までいたという。これは一国を相手にした戦争に敗れたという意味でフランスにとっては初めての経験であった。ところが、まさにこの「屈辱」自体がそれまで「国民」としてのまとまりを完成させていたわけではないフランスにあって、国民概念を醸成することにつながっていったのである。

ナポレオン三世自身、その統治の末期、フランスがヨーロッパにおいて名誉ある地位を占めるためにはそれにふさわしい軍隊をもつ必要があると考えていた。その当時のフランスでは軍隊の構成は職業軍人が主であり、その数は十分とは言えなかった。徴兵制を布《し》く必要が考えられていたが、世論の反対にあい、それは実現に至っていなかった。戦争に負けたという事実は職業軍人のみで構成される軍隊の不十分さを国民の多くに認識させる結果になった。戦後の一八七二年七月二七日法、および一八七三年七月二四日法により、五年の兵役が一律に課されることになった。それのみならず、五年の兵役終了後は予備役として四年、さらにその後の一一年を地方ごとに創設される国土防衛軍の兵士として務める、つまり総計で二〇年という長きにわたって兵籍に身を置かせることが決まったのである。実際には、この法律を全男性に適用すると費用がかかりすぎることもあり、五年の兵役はくじ引きにより全体の四分の一の青年のみに課されたというが、いったん動員令が出ればドイツ軍に人数で勝る軍隊を組織できるほどまでになった。しかし、兵役期間はその後の一八七七年には四年に短縮、そして七九年には四〇か月へと短縮され、さらに八九年には三年に短縮された。そして、その後の一九〇五年、兵役期間は二年に短縮されていた(3)。

国民概念の醸成、およびナショナリズム運動という問題にもどると、一八八〇年代において当初ナショナリズムを標榜したのはむしろ左派の人々であったのだ。当時の思想界の大御所の一人であったエルネスト・ルナンが八二年にソルボンヌでおこなった講演を見ればよい。その講演においてルナンは国民はある王朝によって形成されるものではないことを述べ、国民とは魂であり、精神的原理なのだと述べている。魂は過去にあり、精神的原理は現在にある。一方は豊かな記憶の遺産の共有であり、他方は現在の同意、ともに生活しようという願望、共有物として受け取った遺産を運用し続ける意志だと述べている。このような魂、このような意志をともにもつ人々が国民なのであり、それがナショナリズムという思想なのである(4)。ナショナリズムという言葉が右派の人々によって呼号されるようになったのは一八八〇年代後半以降のことである。「愛国者同盟」といった運動の中で用いられるようになった。アルザス・ロレーヌの解放、それがフランスの解放につながるといった形で用いられ、したがって具体的には反ドイツの思想を意味するものになっていった(5)。

ナショナリズムが思想的にもまた政治的活動としても人々の間に浸透していったのと時を同じくして、植民地拡大への活動が強まったのも普仏戦争（一八七〇年戦争）後である。それには「地理学会」が推進の役目を果たしてもいる。国家の栄光を担う重要事として新しい土地の探検、踏査の必要が叫ばれた。一八八〇年から九五年の間にフランスが領有している植民地の面積は一〇〇万平方キロから九五〇万平方キロへ、そこに住む人口という観点からは五〇〇万人から五〇〇〇万人へと拡大した(6)。本書の主テーマであるセネガル歩兵が徴発された西アフリカの広大な地域がフランス領植民地連邦として制定されたのが一八九五年である。このような植民地拡大の活動は当然、フランスの利益拡大を目指すものであり、ナショナリズム意識の強化に関わる。フランス国家、フランス国民という意識は人々の間で次第に強くもたれるようになっていった。

国民意識の醸成という観点からは児童の教育のための教科書の内容整備も重要なことであった。当然、愛国的、ナショナリズムを鼓吹する内容になっている。小学校で歴史教育が始まったのは一八六七年以降のことだという(7)。

一八八二年、フランスに金融恐慌が起こり、ユニオン・ジェネラル銀行が倒産、多くの中産階級や下層階級の人々が財産を失い、その恨みが金融界に力をもっていたユダヤ人たちに向けられた。これがドレフュス事件の社会的背景につながる。ユダヤ人排斥の社会的ムードを作り出していくのである。ブーランジェ将軍の愛国主義、反ドイツ主義はドイツへの復讐を標榜する運動として具体化し、これら一連の動きは極右的運動に連なっていく(8)。

もう一つ同じ観点から記しておくと、王党派反革命活動集団アクシオン・フランセーズの誕生もこの時期（一八九八年）であった。当初はナショナリズム運動の集団として誕生したのであったが、急激に力を強め、王党派、反革命、反共和制を標榜した。よく知られるように、現代フランスで極右を標榜する政治集団として力を強めつつあるように見えるフロン・ナショナル（国民戦線）の前身を遡《さかのぼ》れば、このアクシオン・フランセーズに連なっている。

もちろん、このような植民地拡大の活動はフランスだけのことではなく、イギリスなどヨーロッパ諸国においても同様であった。その結果として諸国間の利害調整という観点から開かれたのが一八八四年一一月から翌年二月にかけてのベルリン会議である。この会議後、ヨーロッパ諸国は実質的に植民地支配するための活動を激しく繰り広げた。

左派の動き

普仏戦争後のフランスにおいてはナショナリズムという言葉のもとでの右派的動きが顕著になっていく反面、他方ではこの時期に平和主義、社会主義活動、反戦といった動きも活発だったのである。

左派的な運動としては、まず労働者たちの国際連帯を目指す組織であるインターナショナルがある。一八六四年に「国際労働者協会」が創立されて以降のことであるが、この協会はマルクス理論にのっとって「労働者の解放は労働者自身の手で勝ち取られなければならない」という考えのもとに設立されたものであった。一八八九年、フランス大革命一〇〇周年を記念してパリで開催された会議は第三回目であったが、路線の違いから二つに分かれ一九か国の外国代表を集めた会議が第二インターナショナルと称されるものである。この第二インターナショナルの二回目の会議（ブリュッセル）では「戦争に対する戦争を」という標語が掲げられ、その決議には「社会主義体制の創設だけが、人間による人間の搾取を終わらせ、軍国主義に終止符を打つとともに確固たる平和を保証するであろう」と謳われた。それは単に労働者の権利擁護の運動というより、反戦平和思想を高らかに掲げるものであったのだ。フランスの社会主義者ジャン・ジョレスが活躍し、ドイツのローザ・ルクセンブルク（もともとはポーランド生まれ）が理論的に先導したのもこの第二インターナショナルであった。基本的に労働者の解放を目指す運動であったことは間違いないが、それは同時にこの時期フランスやドイツでも激しくなりつつあったナショナリズム運動、軍国主義に対して反戦、平和、反植民地主義、反帝国主義を目指す運動となっていったのである(9)。

二〇世紀初頭のフランスにあって、右派、左派の動きはそれぞれに過激なものも含めて活発であったのだ。そんな中で、本書の陰の主役とも言えるシャルル・マンジャンの著も公刊（一九一〇年）されている。

シャルル・マンジャンの著が世に問われたころ、ナショナリズムを高揚させるような著作は他にもいくつもあった。たとえば、シャルル・ペギーは初め社会主義者であり、反戦思想の持ち主であったが一九〇五年のモロッコをめぐるドイツとの戦争の危機後、急激に右派ナショナリズムを標榜するようになった。モロッコをめぐってのドイツとの危機は深刻なもので、それまでドイツへの「復讐」や「戦争」はいわば言葉の上でのものであったのに対し、この危機は戦争を眼の前に差し迫ったものとして人々に認識させたのである。ペギーは著書を通じて激しいドイツ批判を展開したのみならず、社会主義者であるジャン・ジョレス批判をも展開した。ペギーより一〇歳若かったエルネスト・プシカリ（その母はエルネスト・ルナンの娘）は俊才として名をはせていたが『武器の呼び声』（*L'appel des armes*）という著でカトリック信仰にもとづくナショナリズムを呼号していた。大戦がはじまってすぐペギーは九月五日に四一歳で、プシカリはペギーよりさらに早く八月二二日に、つまり開戦からわずか三週間後に三一歳を目前にして戦場に斃《たお》れている。

一九一二年、戯曲作家であったエチエンヌ・レイは『フランスの誇り再興』（*La renaissance de l'orgueil français*）において共和政称讃の立場からのナショナリズムを訴え、多大の成功を博したという。また、カトリック信仰を強く表明した政治家アルベール・ド・マンは一九一三年、『時、至れり』（*L'heure décisive*）を著し、ドイツとの戦争の不可避性を述べていた(10)。一方においてはドイツとの戦争反対が叫ばれ、あるいは平和主義思想（労働総同盟ＣＧＴなどはたとえドイツとの戦争がはじまり、動員令が発令されてもそれに従わないと表明していた）が謳われていたが、他方においてはナショナリズム思想、そしてドイツとの開戦を呼号する思想、それらが激しく交錯する時代だったのだ。

ノーマン・エンジェルの「戦争不可能論」

そんな中で、現在の時点で考えると異色とも思える平和主義を鮮明にした著が一世を風靡《ふうび》した。平和主義というよりも戦争不可能論を説くという点で異色なのだが、戦争と平和をめぐる論議が沸騰していた時期にヨーロッパの多くの人に読まれたという。それがイギリス人、ノーマン・エンジェルの著作である。

経済学者でありジャーナリストであるノーマン・エンジェルが一九〇八年に公刊した『ヨーロッパの錯覚』と題する著は当初さほどの注目を集めることはなかった。ところが、その内容に手を加えたうえで一九一〇年に『大いなる幻影』と題して刊行したところ、これがイギリスのみならず世界中で大きな反響を呼び、数年のうちに二〇か国以上の言語に翻訳されたばかりか、その著が説くところについて多くの大学で数百もの研究会が作られたというのである(11)。社会の思潮に多大の影響を与えたのだ。そしてノーマン・エンジェルは第一次大戦後の一九三三年、ノーベル平和賞を授与され、イギリスにおいてナイトの称号を受けてもいる。

彼の著を一読してみると分かるのだが、その論の主旨は戦争反対というよりも、二〇世紀初めの時代においてヨーロッパ諸国間での戦争は「不可能」というものである。現在の時点で読んでみると、いくつかの彼独自の命題を挙げたのちに、それを例証するためにさまざまな例を数多く上げて自説を繰り返し、補強しているという印象が強く、それゆえに全体としては平板な印象を受ける。しかし、それが当時のヨーロッパ諸国の一般社会に大きな影響を与えたという事実を知るとき、またその著が公刊されたのが次の章で詳しく検討することになるフランスの軍人シャルル・マンジャンの著が公刊された時期と奇しくも重なることを併せ考えると、やや不思議な感懐にとらわれる。

エンジェルはいくつかの「論理命題」を提示している。それらは彼自身が言うように「単純な」ものであるが、人々が抱いている「幻想」を理解するのに役立つと彼は言う。エンジェルは多くの言を費やして説明しているのだが、それは要するに、現代（第一次大戦直前期の時点）ヨーロッパにおいて他国を侵略することが利益になるという考えは幻想にすぎないということである。彼の論理に従えば、他国の侵略（そして、他地域の植民地化も同様に）は多大の経費支出を要するものであり、それは侵略（あるいは植民地化）によって得られる利益をも上回る。つまり、他国侵略のために引き起こす戦争などは利益よりも損失をもたらすばかりだと言うのである。

エンジェルの論は堂々巡りをしている印象を与えるものもあるし、いかにも根拠薄弱という印象を与えるものもあるという感想をわたしに残す。また全体にいかにも「善意の人」の立場からの考察のようにも思える。たとえば、各国が完全に誠意をもって攻撃意志を放棄するならば、防衛の必要というものも全く不要になるのだといった記述(12)などを読むと、いささか呆然とする思いがある。

問題はこの著が当時のヨーロッパ、いや世界の多くの国で読まれ、「戦争は割に合わない」という考えを人々に与え、それがさらに「戦争は不可能」論に発展し、したがって「戦争は起こらない」というあまりにも安易な予断を多くの人々に与えたという事実のほうにある。「戦争はもう起らないのだ」という安心感を多くの人に与えたとしたら、そのこと自体は誠に不幸、いやそれ以上に罪作りなことであったというべきではないだろうか。実際にはヨーロッパ諸国において戦争に向けての準備は着々と進んでいたのだ。これはエンジェルの著にも記されているのだが、当時、ヨーロッパにおいて最も軍国主義的、したがって戦争準備に怠りない国として一般的にはドイツとフランスの二国が考えられていたという指摘がある(13)。普仏戦争以降、アルザス・ロレーヌ問題は両国間にトゲのように残り続けており、そして一九〇五年のモロッコをめぐる利害の衝突を経て、ドイツとフランスの両国は「いずれ戦争に至るのではないか」と多くの人に思われていたのである。

フランス人の外国観

先の節で、一九世紀後半から末に至る時期のフランスでの国民意識の醸成について検討した。では、その時期から二〇世紀初めの時期にかけての一般的フランス人は外国というものにどの程度の知識や関心、興味をもっていたのだろうか。というのも、一九世紀後半期の地方在住フランス人の多くは、自分が住んでいる土地が「くに」なのであって、その「くに」独自の言葉を話し、関心もその「くに」に集中しており、フランスという全体についてはさほどの「忠誠心」ももっていなかったという事実に並行して、フランスの外、外国への関心、興味はごく一部の人々の「特権」であった様子がうかがえるからである。

フランス人一般はほとんど外国、外国人について知らなかった。当時のフランスにはすでに相当数の外国人が労働者として入国、居住していた。それらは国境を接する国々からの人々である。最も多かったのがイタリア人（一九一一年に四一万九〇〇〇人）、ついでベルギー人（二八万七〇〇〇人）、そしてスペイン人、スイス人、ドイツ人などである。フランス人一般がイタリア人労働者を見下すという風潮はこの頃から始まっている。

他方で、フランス人がフランス以外の国に出かけるというのは移住のためであれ、観光のためであれ、稀なことであった。フランス人は自国に閉じこもる人々だったのだ。当時のフランス社会の構成は農民が主であり、農民は仕事の性質からして動かない。こういった状況の中で、唯一、遠隔の地への移動をしていたのが宗教宣教者と植民地業務に携わる軍人たちだった。それらの人々が口にし、文章にする世界の状況、その世界には優秀人種（民族）と劣等人種（民族）が存在すること、優秀人種が劣等人種を教化し、文明の恩恵に浴させることの重要性といった言説は当然、大衆に大きな影響を与え、一般に受け入れられるものになった。知識人たちの間においても、フランス人である自分たちは大革命を経験して、その経験の中から人類の大原則を学び取ったという意識は強かった。しかし、その一方で隣国ドイツの文明に対しては劣等感も抱かれていた。カントからニーチェ、そしてショーペンハウアーやヘーゲルへと受け継がれていく哲学者、あるいはワグナーの音楽を前に彼らは「負け」を意識していたのだという(14)。

一九世紀末の時期におけるフランス植民地帝国の拡大のすさまじさ、それはフランス国内での国民統合と対を成していた。一八九四年（リヨン）と一九〇六年（マルセイユ）に開催された植民地博覧会において「会場には現地スタイルの植民地パビリオンが建てられ、植民地原住民が軍事パレードや〝野蛮生活の実演〟などの催しに出演し、植民地軍事征服の栄光・文明化の諸事業・原住民の忠節などが入場者の眼前で開示された」。「博覧会以外でも一般国民が原住民、とりわけ黒人を直接見る機会は少なくなかった。パリではブローニュの森の動物順化園やシャン・ド・マルスで、そして地方の小さな町では巡業の見せ物小屋で、黒人が野生動物並みの〝野蛮な生き物〟として入場者の好奇な目にさらされていた」(15)。そういった見世物において黒人は肌の黒さと目鼻立ちの「異様さ」、そして動きの滑稽さが売り物にされ、相棒となる白人道化師にやっつけられる様が人々の爆笑を買っていたわけである。

絵画の領域においてもアラブ地域の「秘められた」エロティシズムが強調される一方で、医療・教育の面でもフランスの文明化の使命が強調された。植民地拡大はこういった社会的な仕掛けを背景に進められていた。

文学に見られる外国とアフリカ

文学に表れた外国人観、特にアフリカ、それも本書と関わりの深いセネガルが当時の文学においてどのように表現されていたか、当時の売れっ子作家であったピエール・ロチの作品を検討してみよう。『アフリカ騎兵』である。『アフリカ騎兵』の初版出版は一八八一年であるが、当時の植民地へ赴《おもむ》く若い兵たちが現地でどのような日々を送っていたかを彷彿《ほうふつ》とさせる内容である。フランス中部出身の二〇歳の若者が兵役としてセネガルに送られ、そこで現地人の娘を情人にしている。その名をファトゥー・ゲイと称するこの娘は「肉感的な、不純な、得体もしれぬ蠱惑《こわく》を、何か護符のような魅力」をもって主人公ジャン・ペーラル青年を虜《とりこ》にしているという出だしで始まる。

軍の駐屯地周辺の様子について次のような記述がある。「けがらわしい半白半黒の淫売婦たちが、この薄汚い家で兵士たちを待っていた。そして、そこでは、アブサントの酒気とアフリカの気候のために、熱に浮かされたような途方もない底抜け騒ぎが行われるのであった」。ここに記される半白半黒（混血女性）はセネガル植民地において「シニャール」と称されていた女性たちで、ヨーロッパ人男性と現地人女性との間に生まれた人々であるが、かつての奴隷貿易時代には奴隷を買い取りに来るヨーロッパ人男性の「現地妻」になるものも多かった。しかし他方で、手にした富をもとにヨーロッパ人を手玉に取るような政治力を発揮した女性も少なくなかったのである。ジャン・ペーラル自身は「淫売婦」たちには嫌悪を感じ、避けつつも、美しい一人のシニャールに「燃え上がる頭と穢れない肉体とを奇怪に混乱」させられてしまう。こうしてジャンはこのシニャールとの恋愛に陶酔の日々を送るのだが、やがて彼はこの多情なシニャールに仕える黒人の奴隷女の方にとらえられていく。物語はこの黒人の小娘ファトゥー・ゲイが他方の主役になる。まだ婚期に至らず、「全裸体」で首と腰にお守りをつけただけというこの小娘は目鼻立ちの整った上品な顔と記されながら、他方では「盛りのついた小猿のようなしなを作る」と表現されている。

　要するに、この小説は植民地における怠惰な日々と、その隙間を埋めてくれる現地人女性との愛欲の日々を描いているのである。「セネガル狙撃兵」としてセネガル歩兵に言及されてもいる。小説は最後には主人公ジャン・ペーラルが戦いの中で命を落とし、彼とファトゥー・ゲイとの間に生まれた息子もファトゥー自身の手で殺され、その後にファトゥー自身も息絶えるという悲劇になっている。

　この小説が著者ピエール・ロチ自身の体験を下地にしているのは言うまでもないが、ロチはこの種の「異国」での体験、つまりフランス人一般には手の届かない異境での愛欲、性愛、安楽といったものを次々に描いて、当時、「当代きっての人気作家」と言われた人であった。日本には二度滞在し（一八八五年、ロチ三五歳時と、二度目は一九〇〇年ロチ五〇歳時）、多くの女性との交情を結んでおり、作品として『お菊さん』他を残している。それは「一夏の日記」をもとに書かれ、リシュリュウ侯爵夫人に「非常に敬虔《けいけん》な友情のしるし」として捧げられているのだが、「すべての奇怪の原産地であるこの不思議の国から持ち帰ったおかしな花瓶」と同様におさめて欲しいと前文としての献辞に記され、その本文には俗受けを狙うあまりに陳腐さに堕した決まり文句に満ちた表現が頻出している。たとえば、日本はなんという得も言われぬ楽園かと一方では記されるが、すぐさま「それにしても、まぁ、この人間たちはいかに醜く、卑しく、グロテスクなことだろう！」という記述が続く。いわば、文明の地から来た白人が奇異にして醜怪な異国人を眺める視線のそれこそ「グロテスクな」羅列である(16)。

ロチは日本に来る前（二二歳時）、タヒチ滞在中に土地の娘、一四歳から一五歳になるところの「小柄だったが、すばらしくスマートで、すばらしく均整のとれ」た娘ララフと、ここでもしばしの「結婚」をし、『ロチの結婚』という作品にしている。『アフリカ騎兵』、『お菊さん』同様、異境での「愛の冒険」の公開である(17)。

そのロチは四一歳の若さでアカデミー・フランセーズ（フランス学士院）会員に選ばれるという文学者として最高の栄誉を手にしている。ロチより一〇歳年長だったエミール・ゾラ、あるいはロチより四八歳年長だったアレクサンドル・デュマ・ペールが望んで果たし得なかったアカデミー会員である（滞在中のアルジェでその報に接したロチは「歓喜して三日流連荒亡《りゅうれんこうぼう》」(18)したという）。

杉本淑彦はこの時期の文学に見られる特色の一つとして「労なしに手に入れることも捨てることもできる原住民女性との性愛が、大衆小説の道具立ての一つとして用いられた。フランス国内では成立困難なこのような男女関係は、男性読者の植民地関心を高めずにはおかない」(19)ことを挙げており、まさにロチは身をもってそれを実践し、それらを誇り、わずかに文学的な味付けをしたうえであからさまに記すことで「当代きっての」文学者にのし上がったのである。

ピエール・ロチの無思慮、不見識ぶりに比べればはるかに奥行きの深さと教養の幅広さを感じさせるポール・ゴーギャンの思想と行動にはある種の不可解さと不可思議さがある。ロチとほぼ同年代（ゴーギャンの方が一歳半の年上）のゴーギャンはヨーロッパでの「金銭との戦い」の日々を呪《のろ》い、「陶酔と、静寂と、芸術だけを糧《かて》に生きる」ことを夢見てフランスを離れる。過剰な限りの野蛮への憧れである。「野蛮人といわれている人たちとしかつきあわないつもりだ」と言い、みずからを野蛮人と称することに酔うのである。タヒチ滞在二年後、一度フランスに戻る必要が生じた際に、彼は思い入れたっぷりに臆面もなく次のように記している。「さらば、心やさしき土地よ。私は、二歳年をとったが、二〇歳若返り、一層野蛮になり、それなのに、一層賢くなって、去った」(20)。そこにあるのは、野蛮さへの過度の期待であり、称讃である。ゴーギャンが時のフランス政府による植民地政策を厳しく批判するのも、野蛮の称讃、野蛮への憧れにもとづいているのだが、次の表現に見られるようにゴーギャンの中での「野蛮」には曖昧さがある。彼は言っている。

植民地化するとは、或る地方の荒れ果てた土地を耕して、まず最初、そこに住む人々の幸福に役立つようなものを作るようにする、という高貴な目的を意味する。こうした地方を征服し、国旗を立て、首都の栄光によって、そしてそのためだけに、厖大《ぼうだい》な費用で運営される寄生的な管理機構をそこにもうけるとは、野蛮な気違い沙汰であり、恥だ！(21)

一方の野蛮はあくまでも高貴なものとして称讃しながら、他方の野蛮を「気違い沙汰」というのである。ゴーギャンにとっての「野蛮」とは何なのか。この曖昧さがのちにゴーギャン自身の足元をすくうことになる。彼はやがてその諸島の一つで死ぬことになるマルキーズ諸島（マルケサス諸島とも）の人々について次のように記している。

マルキーズの原住民は、おそるべき連中ではない。それどころか、利口で、悪いことなど考えることもできない人々である。馬鹿みたいにおとなしく、すべて命令するものに対しては、臆病だ。人々は、彼等が人喰い人種だったと言う。そしてそんなことは、今ではなくなった、と考えている。これも間違いだ。彼等は相変わらず人喰い人種だが、ただし獰猛《どうもう》なところは少しもない。彼等は、ロシア人がキャビアを、コサック騎兵が酒瓶を好むように、人肉を好むのである。眠っている老人に、人肉が好きかどうかきいてみたまえ。彼はたちまち目をさまし、目をかがやかせ、とても楽しそうに、《ああ、実にうまいよ！》と答えるだろう(22)。

「野蛮人」のみならず、ロシア人、コサック騎兵をもステレオタイプ化された見方そのままに決めつけてしまううかつさがゴーギャンにはある。竹沢はゴーギャンのこの文章に見られる「人喰い」「臆病」「馬鹿」(23)などの表現について、「他者」を形容するための一九世紀の常套語なのであり、それを連発するゴーギャンを厳しく批判している(24)。ゴーギャンは腐敗した西洋をこきおろし、野蛮の真正性に憧れながら、みずからの身の置き所を失っていた。彼が、ピエール・ロチについて「われらが偉大なアカデミー会員」と言うとき、これは辛辣な皮肉なのか、みずからの心情に近いものをもつ偉人への称讃なのか、理解しがたいところが残るのである。その理解しがたさは次のような記述についても言えるだろう。

タヒチのイヴは、天真ながら、とても鋭敏で、物事を心得ている。その子供のような眼の奥に宿る謎は、私には解けないままだ。これはもう、ピエール・ロチ（引用した書においてはピエル・ロティ）がギターをひきながら歌うきれいなロマンスに耳を傾けているきれいな少女ララフではない（ピエール・ロチ自身もきれいなのだ）。これは、恥知らずでもないのにまだ裸で歩くことのできる、天地創造の第一日目のような動物的な美しさをそっくり残している、罪を犯したあとのイヴなのだ(25)。

この文章に続けて、身体は動物のままだが、頭は文化の発達とともに進化し、思考が鋭敏さを育て、愛情がその唇に皮肉げな微笑を残していると書かれているのだが、「子供のような眼の奥に宿る謎」こそ、ロチがもっとも本国人たちの空想を駆り立てるものとして訴えたかったことなのであろう。謎めいた野蛮、罪を犯したイヴ、皮肉を宿した愛情、そういうものをゴーギャンは本国人に訴える際の武器にしたかったのだろう。それもまた、いかにも型にはまりきった思考ではないのか。

　みずからは自国本土以外の土地へ赴《おもむ》くことはなく、それどころか異国の地への個人的な関心、興味をいだくことさえほとんどなかったという一般の人々からすれば、自分たちとは対極の領域にあるともいえる海軍人や、植民地関係者たちが提供する、現実離れしたような、また冒険に富んだ日々の記述が読者の心に植民地についてのある特別なイメージを深く刷り込んだのは間違いあるまい(26)。

第二章　シャルル・マンジャンと西アフリカ植民地兵起用論

この第二章からわたしたちはいよいよ本書核心部へと入っていく。

一九一四年六月二八日、ボスニアのサラエボで起こった一つの暗殺事件をきっかけに、ヨーロッパの多くの国はあっという間の戦乱に巻き込まれていく。その状況の性急さは現在のわたしたちの目からすると驚くほかはないのだが、一八世紀後半以来のヨーロッパ諸国（ロシア、南欧、トルコを含む）が複雑に相互の利害、権益をめぐって政治的同盟や経済協商、軍事協定を結んでおり、諸国間の約束（協定）が多国間で複雑に影響しあい、作用しあっていたことを物語っている。

オーストリア・ドイツ二重帝国の帝位継承者フランツ・フェルディナント大公夫妻が暗殺されてから一か月もたたない七月二三日、ハプスブルク帝国はセルビアに最後通牒を突きつけ、四八時間以内に全面受諾を要求、それが拒否されると二五日には国交を断絶、二八日にセルビアに対して宣戦布告を発した。オーストリアはドイツの全面的支援をとりつけたうえでセルビアとの戦争を望んでいたと考えるほかはない。しかし、ことはオーストリアとセルビアとの戦争だけにとどまるものではなかった。それぞれの国の背後には同盟関係にある諸国があるからである。

八月一日にはドイツがロシアに対して宣戦布告。翌二日、イタリアはこの戦争における中立を宣言したが、その翌日の八月三日、ドイツはフランスに宣戦を布告している(1)。さらにその翌日、イギリスがドイツに宣戦布告、アメリカはこの時点で中立を宣言した。八月六日になるとロシアに対してオーストリア・ハンガリーも参戦を宣言している。こうしてヨーロッパで「大戦」(La Grande Guerre)といえばこの第一次大戦を意味する大戦争になっていく(2)。

当初、中立を表明したイタリアは一九一五年五月にオーストリアに対して宣戦布告、アメリカも一九一七年四月にドイツに宣戦し、大戦に加わった。日本は日英同盟(一九〇二年)に基づき、イギリスが宣戦布告した一九一四年八月四日の後、同年八月二三日にドイツに宣戦布告する形で参戦した。とはいえ日本にとってのこの戦争は欧州戦争、あるいは欧州大動乱といった表現で捉えられるものであって、一般の日本人にあっては遠い地域での戦いであった。ただし、これに乗じて日本はアジアでのドイツ軍の要塞を奪い、さらには当時ドイツ領であった南洋諸島を奪っている。「千載一遇のチャンス」と言われたゆえんである。アメリカも遅れて参戦はしたが、アメリカ本土での戦いはなく、やはりヨーロッパでの大戦であった。この大戦では次々と新兵器が開発され、それが使われ、塹壕《ざんごう》戦が展開される凄惨なものであった。

大戦が始まる直前の時期、ドイツとフランスとでは双方の人口にかなりの違いがあった。ドイツが総人口約六五〇〇万人を擁していたのに対し、フランスは約四〇〇〇万人であった(3)。もし両国が戦火を交えることになった場合、それぞれの国が兵員として集め得る人員数にも大きな違いが生ずることになる。フランスでは国内での徴兵だけで安全を保てるのかといった不安は多くの人が共有するものになっていた。当時のフランスはすでにアフリカ、とくに西アフリカに広大な植民地を形成している。「フランス領西アフリカ」(Afrique Occidentale Française)という名称でアフリカ大陸内に広大な植民地連邦が創設されたのは一八九五年のことであり、それからすでに二〇年近くが経過しているときであった。この西アフリカ植民地の人員をフランス本国の戦争に役立てることができるのではないかという考えが出てくる。もともと、フランス領西アフリカ植民地の創設に際しての平定活動自体に現地の人員が兵士として多く使役されており、これら兵士たちの「有効性」を充分に認識したうえで、ならば彼らをフランス本国の戦争に用立ててしかるべきであろうという考えが出てきたのである。

フランスは西アフリカの広い範囲において一九世紀後半に入る時期から何度もの軍事的な平定活動をしてきた。平定活動に対しては現地住民のさまざまな形での抵抗がある。簡単に屈服させられるわけではない。そこに派遣されている本国からの兵士だけで現地住民の討伐が充分にできるわけのものではない。こうして現地人青年層のうちのあるカテゴリーのものが早くからフランス軍の兵士として養成・訓練され、フランス軍がおこなう討伐や平定の補助ないし支援をする兵士として加わっていたのである。このことについては後に詳しく述べる（第八章を参照）ことにして、今は先を急ごう。これら植民地における現地人兵士をフランス本国の戦争にも役立てるときが来たというわけである。

シャルル・マンジャンとその著『黒い力』

フランスがヨーロッパにおいて戦う戦争に西アフリカ植民地人を兵士として使うという考え、実際にこのような考えが出てきたのは西アフリカでの平定業務、つまり武力による討伐業務に従事していた軍人からであった。直接的なきっかけは一九〇七年から一一年にかけてフランス領西アフリカ駐在フランス軍に在籍していたシャルル・マンジャンという人が著し、世に問うた一著である。シャルル・マンジャンは一九〇九年以降、いくつかの論文を著し、当時の陸軍省(4)や植民地省の大臣、フランス軍司令部の高官、そしてフランス領西アフリカ植民地連邦総督への進言をすると同時に、フランス社会一般人への訴えを通して西アフリカ植民地の現地人兵士を使うことの利点を述べている。この著それらを総括して一九一〇年に『黒い力』（*La Force Noire*）(5)という一冊の本にまとめて出版したのである。この著は当時のベストセラーになった。

マンジャンが諸論文を通してアフリカ人兵士を活用することの意義を強調し始めた一九〇九年から一二年にかけての四年弱の間に、マンジャンの提議に対し各種の新聞、雑誌を通して賛否両論の議論が激しくなされ、それらの記事、論文の数を総計するとなんと四三〇〇本にもなったという(6)。著書『黒い力』自体の出版は一九一〇年であるが、この本はマンジャンが『ルヴュー・ド・パリ』という雑誌に「黒人部隊」（Troupes noires）というタイトルで二回に分けて発表した論文をまとめたものである。これら二本の論文は別に抜き刷りが作られ、より広範な人々の手に渡った。つまり一九〇九年七月以降、多くの人が目にしており、それへの賛成、反対の立場から多くの議論が展開されたのである。この著は、ドイツとの戦争に向かってフランス社会を推し進めようとするマンジャンの意図が明確に読み取れるものであり、その具体的な方法として植民地兵の起用を促すものである。と同時に、その記述を通して見ると、第一次大戦直前のフランスの社会状況、当時取りざたされていた問題の一端が分かるものでもある。この章で、その概要をやや詳しく紹介することを通して、当時のフランスでの社会状況、軍事状況がどのようであったのか、それを検討してみよう。

著書『黒い力』は五部に分かれており、第一部ではフランスの人口減少が問題にされている。第二部では黒人を兵士として使用した諸外国の歴史、たとえば古代エジプト軍やギリシャ軍が黒人兵を使用したことが述べられる。黒人兵を起用することには古来歴史的な裏付けがあるのであって、不当あるいは恥ずべきことではないことを強調する意図がうかがわれる。第三部からがセネガルに関することであり、セネガル人の兵としての優れた素質などが述べられる。ここで記しておくが、マンジャンがいうセネガルとは現在のセネガル共和国（の範囲）そのものとは大いに異なり、西アフリカのより広い領域を意味している。マンジャンの頭の中で正確に範囲認定されていたわけではないが、たとえば現在のマリ共和国やコートディヴォワール共和国、ブルキナファソ共和国、ニジェール共和国などの大部分も含まれていたのである。要するに、当時の西アフリカ植民地連邦全体のことと考えてよい。最後となる第五部はセネガル兵の組織の仕方に関わることであり、非常に具体的な記述がなされている。

第一部の冒頭部を見るとフランスの人口減を語って、衝撃的である。過去四〇年来（マンジャンの著出版の一九一〇年から遡って）のフランスの人口減は「現時点では不安を覚えさせ、近い将来の時点では恐怖を覚えさせるものである」という書き出しだ。一八六一年から七〇年にかけての一〇年間、人口一万人について毎年の出生数は二六三人であった。それが一八七一年から八〇年にかけての一〇年では一万人について二三四人となり、一八八一年からの一〇年間では二三九人、一八九一年からの一〇年間では二二二人、そして一九〇一年から一九〇八年については一万人について二〇八人の出生数という具合に減少している。人口減傾向は加速しており、二〇世紀末には人口増はゼロになるというのである。

それに対し、ドイツでは一八三三年から七五年にかけて、人口増は一万人について毎年四〇九人であり、二〇世紀初めの時点でも一万人について年三三九人増とフランスをはるかに上回る数で増えている。

マンジャンが言うように、一九世紀末の時点でフランスとドイツでは人口増に違いがあったのは事実である。普仏戦争での勝利によりドイツはそれまでフランス領であったアルザス・ロレーヌを占有したから、当然その地域住民の人口分が増えた。戦後、一八八〇年にフランスの人口は三七〇〇万であったが、ドイツは四五〇〇万、そして一八九〇年にはドイツの人口は四九〇〇万に増加している。人口比で一〇〇〇万人ほどの差があり、しかもその多くが若年層であるという状況は確かに戦力的に危惧を抱かせるものであった(7)。ただし、当時のドイツでは人口増による社会不安の方が大きく、国外移住する人も多かったという。

フランスの人口減少、そのことはマンジャンのみならずカトリック系の雑誌をはじめ、あちこちで問題にされていた。マンジャンはその事実を背景に強い危惧を表明したのである。その上、フランスでは兵役期間はかつて七年であったものが、五年、三年と次第に短縮され、マンジャンの著発刊時点では二年になっていた。これではフランス軍の力を維持するには充分ではない、と彼は考える。さらに続けて彼は言う。一九〇七年、フランスで軍に召集された兵士の数は四五万七〇〇〇人であった。しかし、兵役期間が二年に短縮された結果、兵士数は四三万三〇〇〇人に減少した。そして、現在フランスの男性数が減少しつつあることを鑑みれば、一〇年後には兵士数は三九万九〇〇〇人になり、二〇年後には三七万一〇〇〇人になる。つまり、現在よりもさらに六万二〇〇〇人もの兵士が減少する。この減少数は四個軍団に相当する、と彼は言う。

フランスにおけるこのような人口減は結婚数が減ったからではなく、人々の宗教心が弱くなったからでもない。離婚数が増えたからでもなく、アルコール（酒）のせいでもなく、また兵役ゆえのことでもない。要するに、現代フランス人一般が個人の安楽を求めるあまり、子どもをもつことを望まぬという利己主義ゆえのことなのだ、とマンジャンは断罪する。そして、人々が子どもをより多く生むにはどうすればよいかといった具体的な提案がなされている。しかし、現下の問題は戦争が予想される今の時点でフランスの兵士数が顕著に減少していること、これである。事態は差し迫っているのだ。フランス人がより多くの子どもを産むのを待ってはいられない。

マンジャンは第二部で黒人兵を起用することには問題がないこと、たとえばナポレオン・ボナパルトのエジプト、イタリア遠征においても黒人兵が使われたことなどを詳細に述べていく。そのうえで第三部以降、セネガル兵の起用を主張していくのである。先にも述べたが、マンジャンの認識におけるセネガルは現在時点でのセネガル共和国よりずっと広い範囲に及ぶものであり、したがって彼が言う「セネガル兵」というのもセネガル出身者だけではなく、西アフリカのより広い範囲の出身者を意味している。

マンジャンは言う。二〇世紀初頭のヨーロッパにあって、戦争になれば人間（の数）のみが勝負を決する力である。武器など、他の要因についてはどの国も同じような状況である以上、この数という要因こそもっとも重要なのである。兵士の増員という問題について、あらゆる対処法が考えられはしたものの、それらが充分な解決を見ていない以上、ここに考えうる唯一の有効な手法、それはわれらがアフリカ植民地の兵士たちを活用することしかない、とマンジャンは結論する。

フランスとドイツの間にある人口差、したがって当然生じる兵力の不均衡、それを補うために必要な長期的な解決法はアフリカが蓄えている力、これをヨーロッパで戦われる戦争においても活用すること、まさにこれであるというのがマンジャンの基本的考えであった。ヨーロッパでの戦争に用立てるに十分な数の若者たちがアフリカにいる。これらの若者たちを強制的に徴発することは可能であり、こうして集められた若者たちは兵士としてすぐれたものになるだろうというのである。マンジャン独自の三段論法であった。

現在の時点で考えれば、この三段論法はわたしたちに強い違和感を覚えさせる。本国の兵士数が足りないのだから、植民地の若者たちを呼び寄せよという論法はいかにも横暴そのものであるし、マンジャンが西アフリカ人の人種的、生物学的な特殊性（根拠）からして彼らは兵士にふさわしいのだと述べていることなどを見ると、簡単には首肯しがたいのである。しかし、マンジャンの論が当時のフランスで大きな反響を呼んだという事実を鑑みると、そこにはもちろん賛否両論があったとはいえ、マンジャンの提議は一般人にも受け入れやすいものであったのだろう。

アフリカ人を兵士として使うことの利点、それについてマンジャンは次のように言う。

黒人兵たちの比類のない強暴さ、上官へのゆるぐことのない信頼、規律を固く守ろうとする心的傾向、強固な克己心、これらはマンジャンが用いている表現である。その表現には当然想定される誇張が混じっており、それを差し引きさえすればまだ理解可能かもしれない。しかし、彼がこれらに続けて、黒人たちが備えている肉体的疲労への耐久力、いかなるものの欠乏にも耐える精神力、そして冬の厳しい寒さにも耐える抵抗力、と記述を重ねるのを読むと、わたしたちは疑問を抱き始めないわけにはいかない。マンジャンに言わせれば、黒人兵たちはこのような諸資質を備えているからこそ、西アフリカでフランスが植民地を広げていくときの真の先兵たり得たというのである。西アフリカ内における現地兵の活動については第八章で詳しく述べる。マンジャンによれば、西アフリカの植民地において兵士という仕事（職業）のみが「黒人が白人と真に同等になり得、黒人の威厳というものが顕著に看取されうる」（*La Force Noire*, p.110）唯一のものだという。彼の言ではそれを例証するという数多くの具体例を列挙し、彼の主張の論拠を示そうとしている。

彼によれば、西アフリカの諸民族は森林地域に暮らすものから半砂漠状の地域に暮らすものまで、またその居住様式も集村的なものから散開居住するものまでさまざまであるが、いずれもが古来、戦争を繰り返してきたことに変わりはない。民族間の戦い、村同士での戦い、そして奴隷狩りのための戦いが繰り返された。彼はイスラームについて、そのような状況にある種の秩序をもたらすものとして捉えている。しかし、そのイスラーム諸集団も互いの勢力争いでさらに戦いを続けた。彼は言う。

> 現在に至って、われわれはみずからの血の犠牲とわれわれの武器のおかげをもって、激しい戦いの結果、フランスの平和を浸透させ、奴隷制を終局に導くことに成功したのである（Ibid., p.228）。

黒人たちははるか遠くの昔から常に戦いを繰り返してきたというその歴史により、その血の中に戦士としての資質を刷り込まれており、その資質は当然のことながら今後何世紀にもわたって保持され続けるのだという。そういった性「強暴」なる人々が、他方では規律に服しうるというのは矛盾のように見えるが、それには理由があるとして彼が挙げるのが古来強力な指導者が現れたからであるというのである。たとえばエル・ハジ・オマールはそのような強力な指導者であったとしてオマールについて詳述している。そのうえで彼は言う。

> こう述べて来ると理解されようが、われわれは黒人たちには戦士としての資質に加えるにその他にも資質があり、それゆえにこそ彼らをわれらの近代的軍隊においても使用しうることをいささかの感動をもって認識せざるを得ない。つまり、彼らは戦士であるというのみならず、まさに軍人なのである。これら黒人たちは危険、冒険を好むのみならず、根本的に規律に服し得る人々なのだ（Ibid., pp.233–234）。

セネガル人がフランス人に対して抱く愛着の思い、それは絶対だとマンジャンは言う。植民地行政府で働く現地人においては例外的であるとはいえ、脱走したり、裏切り行為をするものもいる。イスラームへの狂信がそういう行為を起こさせもした。しかし、われらが兵士たちにあっては一兵たりともそのような行為はなく、それを疑わせることさえ絶えてないのだ。セネガル兵士たちがその上官を誇りにすること、それはフランス人上官がその部下であるセネガル人兵士たちを誇りにすることに対応している。であるからこそ、彼らは言うのだ「セネガル人は黒人のうちの最良のもの、フランス人は白人のうち最良のもの」だと。

マンジャンの論の進め方は単純というか、一方的なものであるように見える。同時に人に同意を強いる強い押しつけがましさを見せる。

黒人は生まれつきの戦士、というより軍人なのである。なぜなら、彼らは規律とはどういうものかを理解し、したがって彼らに軍というものを教えるのは簡単だからだ。彼らが規律を理解するということ、これは一見したところ驚きに思えるかもしれない。しかし、これは未開人たちに反射作用を教えるのは実に簡単であるという事実に基づいている。黒人どもは苦労というものを知らない。土を耕すこと、それはヨーロッパ人にとっては多大の苦労となるものである。しかるに、アフリカにおいては表面の草を適当に取り払い、次いで土の表面を浅く削りさえすればいいのである。第一、彼らはほんのわずかしか働かないのだ。新兵たちは見よう見まねで学ぶ。何かを実行するにあたって考えるということはほとんどしない。意識の領域をほとんど通過させずに、無意識的に事をなすこと、これに慣れているのだ（Ibid., p.236）。

ただ次のように付け加えることも忘れていない。射撃の習得について困難があるというのである。西アフリカの現地では三か月から四か月の訓練、時にはほんの一週間の訓練で兵士を戦いに出す必要がある。絶対数が足りないがゆえだ。その場合、一部の兵士については優秀といってよい。これらは充分に訓練をうけた者たちである。しかし、非常に多くは射撃について十分ではない。これらは訓練が不十分な兵士たちである。そして、さらにもっと多くの兵士たちについて言えば射撃は全くダメである。訓練を全く受けていないからだというのである。ならば、西アフリカ兵士の大半は射撃はうまくない、ほとんどダメだという結論に至るのだが、しかし、と彼は付け加えている。行進などについては問題はない。正直といえば正直な記述である。それでいながらマンジャンはヨーロッパでの戦争に植民地兵を起用することは単に可能であるのみならず、必要そのものと本気で考えていたのだ。

日本人として興味をひかれる記述もある。マンジャンは言う。黒人社会は大変階層化されている。そして、兵士たちは本能的にこの階層構造を軍隊にも求めるのだ。それは日本兵が軍隊に自分の家族内での支配構造と同様のものを認識するのと同じことだ、というのである。兵士にとって軍隊の長は家の長と同じ、食事を与えてくれ、服を着せてくれ、その上に給与もくれる人なのだということになる（Ibid., p.240）。

黒人という人種は他のどのような人種も耐えることができない厳しい気候をものともしない。ヨーロッパ人がアフリカで暮らす場合、衛生に細心の注意を払い、そのうえで定期的に自分の故郷の空気を吸いに帰ることで何とか耐えられる。何年も続けてそこに暮らすことなどできないのだ。アルジェリア兵、モロッコ兵、中国のクーリー（苦力）、安南（ヴェトナム）兵たちも西アフリカの気候には耐えられない。しかるに黒人たちがこの気候に耐えられるというのには理由がある。彼らにあっては幼時死亡率が恐ろしく高いのだ。その中で生き残った人たち、これは丈夫なのである。そこからマンジャンは一気に飛躍して次のように記している。黒人たちは酷暑に耐えられるだけではない。彼らは寒さにも充分に耐えられる。そのことはアメリカに送られた黒人奴隷たちが北米の冬の寒さに耐えているのを見れば、その上、そこで数を増やしているのを見れば分かるではないかというのである（Ibid., p.248）。

このような記述が次々と続いていく。次の記述を見ていただきたい。

黒人種における神経組織の不十分さは戦いにおいては貴重なものとなる。黒人兵は戦いにおいて無感覚であること、他のいかなる人種にも勝り、それゆえに抵抗力に優れ、行動力の優秀さが保証されるのである。黒人たちの気楽さ加減、そして運命を受け入れる従順さ、それらは兵士として優れた資質となる（Ibid., p.252）。

黒人の神経組織は未発達であるがゆえに肉体的な痛みを感ずるところ少なく、したがって戦いで受ける傷などを恐れることはないということになる。だから彼らは戦争に行くのを恐れないというわけである。かてて加えて、黒人たちは生来、気楽な人種、運命に従順、まさに完璧ではないかと言っているのである(8)。マンジャンはあれこれと黒人兵たちの資質を列挙していくのだが、そこに彼は根拠となるものを同時に挙げている。自分で勝手に捏造《ねつぞう》しているというわけではない。彼は西アフリカに駐在した先達の軍人たちが書き残した記録をよく検討している。そうして得た「根拠」を彼の論拠にしている。その意味ではマンジャンは周到な人であった。そのうえで、

将来の戦いにおいて、たぎりたつ血を大地に吸わせることを恐れず、命なにするものぞと考えるこれら未開人たちはかつてのフランス人がもっていた豪胆と勇猛に匹敵しようし、また必要あらばいつでもそれを思い起こさせてくれもするであろう（Ibid., p.258）

と自分たちフランス人に引き付けて述べるのである。

西アフリカの現地兵たちがいかに優秀であろうと、必要な数の兵士を具体的にどのようにすれば召集できるのか。村ごとの住民台帳などが整備されているとは言えない時代である。マンジャンはあるカテゴリー（たとえば年齢区分な

ど）に限って集めようとしてもそれは無理だと認めている。そこで一挙に飛躍し、要するにこちら側が必要とする人数を提示しさえすれば、それでよいというのである。たとえば西アフリカから一万人といった具合に決めてしまえば、それは集められるという。こういった表現には、西アフリカでの軍人としての彼の経験からして、有無を言わせぬやり方があるという彼の思想の一端がうかがわれる。マンジャンは西アフリカのかつての諸王国にあった兵士数をもとに西アフリカ全体地域での兵士供給数を概算している。こういったことに関する彼の知識の豊かさにも驚かされる。

その概算によれば、かつての西アフリカ諸王国には三〇万人の兵士がいた。そして、現在の西アフリカ地域において、兵士を供給しうる諸社会の総人口を約一〇〇〇万人としている（Ibid., pp.269,273）。この概数を述べるにあたっても、トゥアレグなど遊牧民や森林地域の人々は兵士に使えないとか、都市部の人々は兵士として不適ではないものの防衛要員として使える程度であるなど、細かな注釈を記している。そのうえで、一六歳から三五歳の男性は約一〇〇万人いるというのである。そして、その半分（一六歳から二五歳まで）の五〇万人は徴兵の対象になると述べる。かくして、ただちに年一万人を、近い将来には年一万二〇〇〇人の徴兵が可能というのである。マンジャンによれば、兵士として優れているのはウォロフ人、トゥクロール人、セレール人、そしてバンバラ人、マリンケ人、ギニアのスースー人、サラコッレ人などであるという。また、モシ人、ボボ人、ハウサ人も優れている、とそれぞれに理由を挙げて説明している。

と、このように記したうえで、マンジャンは彼の提議に反論として上がる可能性がある問題点を三つ記している。予防線を張っているわけである。

（一）西アフリカは現在、開発中の地域である。大きな開発事業がいくつも始まっており、それらには多大の労働力を必要とする。兵として多くの人手をとられれば、開発に遅れをきたし、ひいては植民地化そのものを遅れさせる可能性があること。

（二）開発事業に駆り出される現地人には報酬が支払われている。また、農民も作物により報酬を手にする。つまり、西アフリカの人々は自分たちの仕事で報酬を手にすることを知っているのであり(9)、兵士を多く集めようとすれば、それは本国財政に莫大な経費としてのしかかるだろう。

（二）そして、問題は現在だけではなく将来に関わる。西アフリカはこれからさらに発展しうるのである。ここで兵士として多人数を召集すればそれは農業開発を遅らせ、人口増加をも遅らせてしまうであろう。

こういった疑問はマンジャンが最初に論文を発表して以降、次々に指摘されていたのだ。それらを「想定問答」としてマンジャンは論を進めているのである。

マンジャンは次のように反論する。西アフリカが現在、平和と繁栄を享受しているとしたら、それは何よりもフランス人のおかげではないか。集団同士の争い、戦いを平定し、王の圧政・暴虐を止めさせたのは何よりもフランスの兵士たちがみずからの血をもって戦い、平和をもたらしたからである。フランス植民地行政のおかげなのだ。もしここでフランスが手を引くようなことがあれば、西アフリカはすぐにもかつての無秩序、混乱に陥るであろうことは誰しもが分かっていることではないのか。すべてはフランス本国の予算にもとづく、平定事業のおかげなのだ。セネガル歩兵を召集しようというのは、まさにかような善き業を守るためにこそであるのだ（Ibid., pp.282–283）。マンジャンはこう見栄《みえ》を切った上で具体的に反撃を加えようとするのだが、その答えは想定される反論に対するものにはまったくなっていず、フランス植民地活動の「偉大さ」を述べているだけである。アフリカでは畑の仕事は男ではなく女、子どもがするものであって男を兵隊にとっても支障は生じないといった一面の真理を部分的に突いているものもあるが、結局は大上段からの植民地化活動の偉大さの強調に終わっている。フランスは文明の使者として自らの血と汗をもって野蛮状態にあったアフリカに絶対的な善をもたらしてきたのだから、今度は西アフリカ人たち自身が、みずからの血をもって返済する義務があるというのである。これが「血の税」という言葉になっていく。

ここに「想定問答」として挙げた三つの疑問は、その内容からしても理解されるように、当時西アフリカに居住していたフランス人から提出されたものであった。セネガルの都市、主にダカールで商業を営んでいた人々から挙げられたものであった。

西アフリカに進出していたフランス人商業従事者、現地産品をフランスに輸出し、逆にヨーロッパ、あるいはフランス産品を西アフリカで売ろうとする業者たち、彼らの多くはフランス南西部のボルドー出身者、およびフランス南部のマルセイユ出身者であった。彼らはマンジャンが意図していたような強制的徴兵に強く反対する意を示したのである。その反意はまことに理にかなったものであった。西アフリカ地域からの輸出に関わる産品生産に従事する現地人若者たちの数はそれでなくても十分とはいえない状況である。その上、彼らを兵士として召集されたりすればたちまち生産者不足に陥り、その結果として生産量の低下を招き、そのことがひいては自分たちの商業活動を停滞させることになる。直接的には彼らはそれを嫌ったのである。しかし、彼らの危惧はさらにその先の次元にも及んでいる。徴兵された兵士の家族には徴兵手当と称する一時金が与えられる。現地住民は今より多くの金を手にすることになる。それは現地の諸物価上昇につながる。そのことは商業従事者が現地人から産品を買い取るときの値段の高騰をもたらすことになる。すると自分たちが雇用する現地人への給料も上げなくてはならなくなる。雇用条件はむずかしくなっていき、結果として社会不安が生じるであろうというものであった。先の先を見通したもっともな理由であったのだ。

意外な感を与えるかもしれないが、西アフリカ現地においてマンジャンの提議に対する反対論はフランス植民地行政府自体の中にもあった。西アフリカ植民地において総督などの高官はひとまずおくとして、実際に各地方での統治、管理にあたっていた現地行政官（フランス人）たちの多くが強制的徴兵には反対、ないしは強い疑問を抱いていたのである。それについては、次の第三章で現地行政官たちからの報告を紹介しつつ、詳しく検討する。第一、マンジャン自身が認めているように、現地の村々の住民を正確に把握することさえ充分にできていないではないか(10)。二〇世紀初めの時代、西アフリカ地方部にあってはフランス語を知らないどころか、アラビア文字を見たことはあるが、アルファベット文字などというものの存在さえ知らないという人が多かった時代である。季節はともかく、西洋暦での月日も知られてはいないから、自分の出生日を知る人などほとんどいない。人は自分がおよそ何年前のどの季節に生まれたのかを（親などに教えられて）知るだけである。そういった状況で植民地行政官としてはそれぞれの村の住民について知りうる範囲のことを調べ、課税し、秩序維持に努めなければならない。税金を納めるとはどういうことか、それから教えなければならないのである。そういう状況で、兵としての召集は強制的手段に頼るしかなく、それは今の時点で考えただけでも多大の困難を伴ったであろうことが分かる。マンジャン自身、この点についてはきちんとした規定に基づく徴兵は難しいことを認めており、この村からは何人といったふうに割り当てることで強制的に召集する以外にないだろうと述べている。現地行政官らの危惧は後に想像を絶するほどの抵抗、暴動、反乱という形で現実のものになる。そのことをわれわれは次の章で見るだろう。

言うまでもないことだが、マンジャンの提議に対してはフランス国内でも多くの反論、疑義、異議が呈されていた。マンジャンは著書の最後の部分（結論の直前）で一章すべて、二七頁の長きにわたってそれらの反論を取り上げ、これにも再反撃を加えている。

マンジャンは自分の提議が当時の政府関係者、西アフリカ植民地行政府高官の支持を得ていることを強調するために、次のように続ける。

植民地兵の部隊を作る計画、これはすでに古い昔から検討されていたことだ。それはまさに世論がそれを求めていたからだと彼は言う。植民地現地の当局者たちもそれは可能だと言っている。軍部高官たちも国会に対しその実現を急ぐように強く要請している。その点は政治家たち、国務院長、陸軍大臣、外務大臣、これらフランスの運命をその手中にしている人々についても同様である。さらに重要なことだが、国会の予算委員会は四部からなる報告書をもって四年で二万人の兵士を召集すべく、予算計上しているのである。予算委員長クレメンテル氏は次のように言っているではないか。

現時点ではマンジャン中佐が提示している予算要求すべてをそのまま計上するというわけではない。しかし、われわれは彼が提議する計画を全面的に認めるものである。政府としては手に入れうるすべての兵力を用意しなければならない。フランス共和国はヨーロッパのすべての国に勝る軍事力を維持する必要があり、その観点からして共和国政府は兵力整備を国家の義務としなければならない。失敗は許されない。フランス国会はわが国の兵員不足という状況を修復しうるすべての措置を取らねばならないことは明白である。

　陸軍省高等委員会副委員長のラクロワ将軍の指導のもと、陸軍大臣自身が一九〇八年初頭以来、マンジャン中佐の計画を検討している。一九〇九年初頭、陸軍大臣から諮問を受けたアルジェリア総督は同地にセネガル歩兵部隊が来ることに何らの不都合も見出さないこと、またアルジェリア現地人もセネガル歩兵部隊受け入れに何の抵抗も示すことはないだろうことを回答している。他方、西アフリカ植民地の高名なるウィリアム・メルロ＝ポンティ連邦総督(11)はこの問題が提起された当初から現地軍の正確な戦力を詳細に分析したうえで、さらに年に五〇〇〇名の兵士を召集することは容易であり、それらが必要とされる地に即座に送ることが可能と言っているのである。

　兵役期間を四年とすると、一九一三年末にはフランスは二万人の西アフリカ兵を手にすることができるであろう。西アフリカ全域に徴兵担当者を派遣し、兵士になったものに与えられる年金について説明させ、西アフリカの若者たちに対し軍に入ることが西アフリカの植民地化にどれだけの善をもたらすか、それを説明させよう。ウィリアム・ポンティ連邦総督の現地での豊かな経験にもとづく明晰な分析は確実な根拠に基づいている。最初の年に召集される五〇〇〇人により、現存の中隊を二〇〇人規模にすることができ、同規模での新規中隊一二個の創設が可能となろう。これら計画の実現に二四〇万フランの予算計上が必要となるが、国会予算委員会におかれてはその要請あり次第、予算計上を承認されたい（Ibid., p.317）。

マンジャンは各界の支持はすでに取り付けてあると説明し、そのうえで植民地黒人兵の部隊を組織化することの緊急性を強調する。時間はない。われわれの目前にある解決法により、それが間に合ううちに成果を得ようと思うのなら、上記のような諸施策をただちに実現すべく努力しなければならない、と彼は言う。

こうしてマンジャンは諸反論、諸批判を受けて立つ。書中に記されているマンジャンの反撃を読むと、当時のフランスで黒人兵たちが到来することについてどのような心配がなされていたのか、具体的に知ることができる。その意味でわたしたちにとっても興味深いものがあり、もう少し検討しておこう。

血の混じり合い

マンジャンが言うアフリカ兵導入という提議に対しては、根幹的な問題として混血の恐れとでもいうべき疑義が呈されていた。多くのアフリカ兵たちがフランス本土に来ることになれば、当然、フランス女性との性的関係を想定しなければならない。フランス人の「血の純潔性」維持、それが危惧されていたのだ。

これに対しマンジャンは一応答えているのだが、その答えは誠に短く、しかもその答えは彼が提議していることとは完全に矛盾しているようにわたしには見える。彼は「黒人兵は西アフリカ、およびアルジェリアにとどめ置くのだから、フランス（本土の）国民と血が混じる危険はない」（Ibid., p.319）と言うのである。これは彼の提議との本質的な矛盾である。

彼はその著書の冒頭部で過去四〇年来のフランスの人口減少を述べ、したがって兵員不足が深刻であることを強調していた。しかるにフランス植民地である西アフリカには兵士として優れた資質をもつ多くの若者がいる。彼らを野蛮な未開状態から開明へと導いたのはフランスである。今こそ彼らをしてフランスに恩義を返すべく、フランスが戦う戦争のために本土に呼び寄せる必要があるのだと繰り返し述べてきているのである。「本土に呼び寄せる」と、みずからが繰り返し強調してきたことに矛盾する答えというしかない。マンジャンがそのことに気づいていないはずはなく、分かっていながら完全にしらばくれたうえで無視し、問題をやりすごそうとしているのだろう。ここら辺はマンジャンという人の不思議な心性というほかはない。しかも彼はやや論点をずらし、臆面もなく次のように付け加えている。

黒人兵たちがアルジェリアの現地人と血を交えるとすると、これは誠にもって有益なことではないか。モロッコのベルベル人たちを見よ。彼らは黒人と血を交えること多大なものがあるが、それゆえに彼らは身体的な耐久力を増加させ、労働に対する執着力の強さ（マンジャンは先の記述で、黒人はほんのわずかしか働かないと言っていたのだが）を増している。それはアルジェリア人やチュニジア人に比して見れば明らかではないか、というのである。論点をすり替えて反撃しているつもりなのであろうが、これでは批判への反撃には全くなっていない。

「血の混じり合い」という問題、じつはこの点はフランスが盛んに奴隷貿易をしていた時代から問題になっていたことであった。白人が他の人種と交わると、必ず白人側の「負け」になる、言い換えると白人側の質が劣ったものになっていくと言われた。それは論理的にそうなることである。なぜなら、白人は文明のもっとも高い位置にまで昇りつめた人種なのであり、そのような資質をもった人間として位置づけられているのである。白人以外の人種は白人より劣った位置にいる人種なのであるから、両者が交われば、当然、白人側がその位置・資質を下げる結果になる。白人以外の人種は白人と交わることによって、みずからの位置と資質を高めることになるのだ。したがって、白人はそれ以外の人種のものと交わるべきではないという結論になる。一八世紀末の神父プレヴォは自分が言ったことではないが、そう言われていることとして、「混血者はヨーロッパ人と黒人がもつあらゆる欠点を併せもつものだ。それは掃《は》き溜《だ》めのようなものだ」という言葉を残している。マンジャンと同時代の人、一九一三年にノーベル医学賞を受賞したシャルル・リシェは次のように言っているのである。

優秀人種と劣等人種の血の混じり合いはとにかく避けねばならない。黒人を白人に同化できるなどと、いったいどうしてそんなことが言えるのだろうか。われわれ純粋白人は地球上にあるすべての人種中、真の貴種をなしているのだ。アフリカやアジアの蔑《さげす》むべき人種の人々がこの白人中に浸透させられたりすればどんなことになるだろうか(12)。

ノーベル医学賞をもらうほど高名であった医学者がかくも悪びれるところなく、このような発言をし、それが受け入れられていたということは、当時のヨーロッパにおける白人優位の考えは確固としていたのだと言えよう。それを思えば、マンジャンの植民地兵導入論に対する批判としての血の純潔性喪失論に対するマンジャンの反論が正面切ってのものになりえなかったのは当然であろう。マンジャンは逃げの論法を使う他はなかった。

社会主義運動弾圧への黒人兵使用可能性

次の問題はマンジャンの言葉で言えば、こういうことになる。「フランス本土での諸問題に際して、黒人部隊が介入する恐れについても（血の混じり合いへの恐れ論と）全く同様の答えができる。一八四八年時、あるいは五一年時にアルジェリア兵たちが諸問題の解決に使われたなどということは全くない。それと同様、黒人兵たちがフランスでの問題解決に使われる恐れはない」と述べているように、黒人兵がフランスに導入されれば、いずれはその兵士らは労働者を弾圧する道具に使われるのではないかという問題である。

明瞭に言い換えてみよう。「フランス国内での諸問題」というのは労働者たちがその不満表明のために起こしうるストなどの社会問題という意味である。社会問題が発生した時に、権力側はアフリカからの兵士たちを官憲の補助要員として労働者弾圧のために使うのではないかという恐れに対して答えているわけである。ここでも彼の反論は破綻をきたしている。彼はつい先ほど、黒人兵たちは西アフリカ内、あるいはアルジェリアにとどめ置くのだから（フランス人との混血の）心配は無用といっていた。しかし、ここに来るとフランス本土での諸問題に黒人兵たちが介入する恐れに対して、以前にフランス国内にいたアルジェリア兵たちが社会問題に際して使われたことはないのだから、それと同様、黒人兵たちも社会問題解決のために使われる恐れはないという。ここでは、黒人兵たちがフランス国内に来ることを認めているわけだ。

マンジャンが述べている「諸問題」、つまり労働者のストなど社会的問題へのアフリカ兵の使用に対する恐れとはどのようなことであったのか、もう少し具体的に見ておこう。

一九一〇年前後の時期、つまりフランス大革命勃発から一二〇年ほどたったころのヨーロッパ諸国では社会主義運動は反戦平和運動とも関連をもっていた。国際的な労働者の運動である社会主義インターナショナルについては第一章で触れた。フランスにはフランス社会党の中心人物であり、かつ国際社会主義運動の中心人物でもあったジャン・ジョレスがいた。彼は一九一四年六月末のサラエボでのフランツ・フェルディナント大公夫妻銃撃事件のあとの国際情勢の急激な進展の中でも戦争防止のための活動を続けていた。七月三一日、ロシアで総動員令が発令された後も、ジョレスはロシアが暴発しないように活動を続けたという。そして、その日の夜、ナショナリスト急進派の学生に銃撃され、その場で死去した。フランスが大戦に参戦することになる三日前である。

ジャン・ジョレスら社会主義者たちはマンジャンが強く提唱する西アフリカ兵の導入に対し、これらの兵士たちがフランス国内での労働運動抑圧のために使われることへの危惧を表明していたのである。マンジャンはそれに応えているのだが、彼の反論は上に述べたとおり反論になっていない。アルジェリア兵たちが社会問題抑圧に使われたことはないのだから、西アフリカ兵たちが使われる恐れもないというのでは人は納得しない。実際、西アフリカ兵たちは、のちにフランスでのスト鎮圧のために使われた。第一次大戦からはずっと後のことになるが、第二次大戦後の一九四七年、フランス南部ニースでの港湾労働者のストに際して、その鎮圧のために二度にわたって西アフリカ兵士が使われた。また、第一次と第二次の戦間期、共産主義運動の盛んな時期にフランス本土内に強力な植民地兵士軍を置いておくのは社会問題解決のための有効な手段と考えられてもいたのだ(13)。

フランス軍の完全性への疑問

マンジャン自身が想定問答への反論として挙げている第三番目の問題は次のようである。それはフランスの軍隊の完全さに関わる疑問であった。西アフリカ兵をフランス本土に連れてくる必要があるということ、それはとりもなおさずフランスの軍隊組織に不備、不完全さがあるからこそではないのか、という疑問である。これはまことに辛辣、痛烈かつ的を射た疑問であった。

マンジャンの答えはこうである。これは問いそのものが逆だというのである。痛みに対する治療薬の役割が分かっていないという。ここでも彼の論理は独特で、疑問に答える代りに彼独自の理論を再展開する。フランスでの出生数の低下、それによる兵力低下を補うための植民地兵の導入、それは現フランスの軍組織への補充となるものであり、この補充をもってフランス軍はそれが果たすべき任務を遺漏なく発揮できるようになるのである。これら新資源（植民地からの兵士の導入）の重要さはわれわれの必要をはるかに上回るものであり、状況は一気に改善されるであろう。つまりは黒人兵の導入は現フランス軍隊を脅かしている欠陥を埋めるための治療薬なのである、というのがマンジャンの論理であり、彼言うところの「痛みに対する治療薬」であった。これは呈された疑問に正面から答えていると言えるだろうか。呈された疑問はフランス軍自体の資質を問うているのだ。

マンジャンに対してなされたもう一つの批判はフランス人としての道義的責任に触れる問題であるように見える。フランスがその防衛のためにヨーロッパ大陸の外の、人種的にも異なった人々、言い換えるとフランスに「打ち負かされた人々」に助けを求めて、呼び寄せるというのはフランスの堕落そのものではないのかというものであった。人道的見地からして、植民地兵の導入には問題があるというのである。植民地兵はつまるところ金で雇われる「傭兵」にすぎないのではないか。そこに問題はないのか。これは先のフランス軍の完全性に対する疑問と対をなす本質的な問題提起というべきであろう。

マンジャンの答えも歯切れがよくない。「フランス化された原住民」をして、われわれにとって代わらせるというのではない。あくまでも補充のためだという。確かに、植民地兵士を導入すれば、それはフランスの欠陥である数千人の虚弱兵にとって代わるであろう。しかし、こうして植民地兵を導入することがフランスの軍事費軽減に役立つなどということはない。マンジャンが言う意味はこうである。安い賃金で植民地兵を働かせようというのではない。正当に賃金を支払って、働いてもらうのだから、「傭兵」としての役割をさせようというのではない、と彼は言いたいのだろう。

そもそも、われわれが呼び寄せようとしているのは外国の人間などではない。フランスの領土において、フランス人士官、下士官などフランス軍人が召集し、訓練したフランス人としての兵士たちである。肌色が日焼けしていようが、もともとの黒色であろうが、彼らはフランスの領土の人間である。この事実を見れば、「傭兵」などという言葉はおよそ不適切というほかはない。彼らはフランス人兵士なのだ。フランスには外人傭兵部隊というものはない。外人部隊の半分はフランス領土の人間で構成されており、フランス人士官により指揮されているのであって、外人傭兵部隊ではないのだ。

職業軍人、生涯軍人に対比して「傭兵」という軽蔑的表現がなされているが、これは誤りである。士官、下士官、古参兵、憲兵、植民地兵、アルジェリア歩兵、セネガル歩兵、安南古参兵、トンキン兵、マダガスカル兵などわれわれには陸軍、海軍併せて二〇万人以上の兵士がおり、われわれはこの数を常に増加させようとしているのだ。一生涯をもって、われわれの領土防衛にあたろうとする（植民地の）兵士たちが、人生のうちの二年だけ軍旗のもとに参集しようとする（フランス本土の）兵士たちより劣っているということがあり得ようか。これら各地の兵士たちはいずこにあってもフランスのために喜んでみずからの血を流そうとしている者たちなのである。こう言ってマンジャンは色をなして反論する。

マンジャンがみずからに向けられた批判として最後に挙げているのは次のようなものである。わたしたちの国フランスはヨーロッパにおいて単独に存在しているのではない。ヨーロッパにはいくつもの国があり、それらはわれらの同盟国にもなり得るし、逆に敵対国にもなり得る。フランスの人口が減少していると繰り返し強調し、それゆえに兵員数も顕著に減少しつつあると繰り返すことがどのような結果をもたらすことになるか、マンジャン氏よ、お分かりか。あなたのように兵員数の減少を強調し続ければ、それはフランスの弱体化を強調するのと同じことになる。つまり、敵側は喜んでいるのだ。他方で、同盟国になりうる国は嘆いているのだ。人はいつでも強い側に身を置こうとするものだ。つまり、あなたがしていることは敵に対してはつけ入るスキを見せつけ、同盟国となりうる友邦にもわれわれの弱みを誇示しているようなものだ。

このような批判に対してマンジャンは開き直るほかはなかったようだ。彼は言う。ドイツの新聞はフランスの人口減をすでに以前から、何度も声高に報道し続けている。わが国の人口減を隠すことなどできるわけがない。すでによく知られていることなのだ。かくの如き事情を前に、隠し続けるべきか、あるいはどこに問題があるのかを明確にし、それに対する対処法を現実に探るべきか、答えは明瞭ではないか。フランスの人口減に対して今からいくらかずつでも改善すべく努力するか、あるいは今ただちに黒人兵の助力を得るか、答えは明白ではないのか。それが他の国々に対して弱みを見せることになるのか。そうではないだろう。真逆こそ、真実ではないのか。かような批判こそ、マラリア熱とキニーネ治療薬とを取り違えることに等しい。マラリア熱があるからこそキニーネ治療薬を用いるのであって、キニーネ自体に問題があるのではない。マラリア熱に対するキニーネという比喩もマンジャン独特で、分かりにくい。

セネガル歩兵を起用する場合、彼らはまずアルジェリアに送ると計画されていた。フランス領土であるアルジェリアの治安維持にあたらせると同時に、フランスでの戦争に備えての訓練をそこで施すためでもある。この点について少し解説すると、黒人をアルジェリアなどアラブ人の国に送ることにはいくつかの問題が指摘されていたのである。つまり、アラブ人と黒人の間に起こりうるさまざまな軋轢《あつれき》の可能性が心配されていた。アラブ人はイスラーム教徒であり、またとても誇り高い人々であることからして、自分たちの間に黒人たちを容易に受け入れようとはしないだろうと言われた。また、アラブ人は一般に黒人に対して人種的な差別意識をもっており、劣ったものとして侮蔑《ぶべつ》感をもっている。その侮蔑の対象である黒人たちが自分たちの上に立つ者のごとく治安維持の側に回ったりすれば、それは当然、住民の間に強い抵抗感を生むはずだと言われた。

それらについて、マンジャンは反論しつつ、次のような疑問についても答えている。その疑問は先程の問題とはむしろ逆の観点に立つもので、セネガル歩兵（黒人）をイスラーム教徒の住地であるアルジェリアに送ったりすれば、黒人たちがイスラームに感化され、大量のイスラーム教徒を新しく生むことにつながるのではないかというものである。それに対してのマンジャンの答えはいかにも苦しいものになっている。セネガル歩兵はアラブ人とは隔絶した場所にキャンプを作り、収容するというのである。また、三年ごとに交代させることで、アラブ人との接触は最小限になるだろうという。続けて、彼は次のように言っている。西アフリカの黒人たちが狂信的なイスラーム教徒になることはない。彼らにあってはイスラームと、彼らに伝統的な呪物崇拝とが混合している。宗教にも彼ら独自の世界観が入り込んでいるのである。わがセネガル歩兵軍において兵士たちは宗教とは無縁、軍事のみがすべてに優先している。つまり、兵営の規律への絶対的信頼、上官への絶対服従、戦功をたてることへの強い願望、命令遂行の思い、それらのみが兵士の心にはある。それが彼らの宗教であり、儀式である、という。ここでも防戦一方、逃げの論理でしかない。

そして、マンジャンは次のように付け加えている。いずれにしてもセネガルからの黒人兵たちはいずれも「大きな子ども」である。ゆえに、彼らは都会の下町（歓楽街という意味）からは遠ざけておく必要がある。彼らがヨーロッパの白人に抱く敬意、これは非常に深いものがある。それは彼らが日頃から植民地の行政官、軍の上官ばかりを目にしているからだ。白人への敬意は当然、行政官、軍人以外のすべての人々に対しても抱かれるべきものである。そのためにはセネガル歩兵たちを（下町での歓楽から遠ざけて）軍施設内にとどめ置きさえすればよいであろう。

彼が言うところを別の言葉でいえば、フランス人（白人）との接触のあり方がここでも問題として意識されていたということである。マンジャンとしても黒人兵士たちがフランスの歓楽街などのよくない面を目にすることへの危惧を抱いていたことの表れでもある。そのようなものを目にすれば、「子ども」のように純真な心をもっている兵士たちはヨーロッパ人への尊敬の心を失うかもしれないというのである。これはまったくのところアフリカ人の心性についての「買い被り」であり、差別的でしかない。婉曲表現を使いつつ、本当のところはマンジャン自身、黒人兵とフランス人女性との性的接触、混血の可能性を危惧していたことの表れとも考えられる(14)。黒人兵たちを「軍施設内にとどめ置く」ことなどできるわけがないのだ。

「比類のないショック部隊」

マンジャンはその著の最後の部分で予算的な問題に触れている。ただ、そこでも自分の議論の繰り返しが目立つ。黒人兵たちは「遺伝的に」戦士なのであり、彼らにはたぎる血がある反面、神経組織は不十分（したがって痛みなど感じにくい）である。このような兵士たちを有した国はない。フランスにはこれらの兵士たちがいる。戦場に一〇万人のアルジェリア兵、一〇万人の黒人兵を連れて来るのに年五〇〇〇万フランかかるとして、それを躊躇する理由があろうか、と循環論法的に締めくくっている。

一つだけ気になる表現がある。それは黒人兵たちを前線で使えば、それは敵に対して「比類のないショック部隊」となり、敵に与える心理的打撃は多大になるというものである。その理由として彼は黒人兵たちの素朴さ、武骨さを挙げ、さらに黒人兵たちの耐久力、頑強さ、本能的な闘争心、神経の未発達などを挙げている。しかし、この説明だけではなぜ黒人部隊がそれほどまでに強力な「ショック部隊」になりうるのか、よく分からない。フランス軍の白人兵士たちも、みずからの生死をかけて戦うわけだから、自分たちの耐久力、頑強さ、闘争心、それらを全開にして戦うはずである。マンジャンが「ショック」という言葉で言おうとしているのは、より直接に黒人兵たちの肌色、要するに戦場に突然現れる黒い肌が敵軍兵士たちに与える印象の強さのことではないかと思われる。もっと言えば、マンジャンは口にこそ出していないが、肌色の黒いアフリカ人がその「野蛮性」を前面に出して戦ってくれれば、それは敵兵に対して強烈なショックになるだろうという思いがあったのだと考えられる。実際、大戦がはじまると、彼らがアフリカで使う「クプ・クプ」と一般にいわれる長い刃の山刀を振りかざし、形相もすさまじく敵に襲いかかろうとしているセネガル歩兵を図柄にしたポスターなどが流布したのである(15)。こういった考えがあってマンジャンは西アフリカ植民地からの兵士たちを前線で戦わせることに強くこだわったのではないかと思われる。

本章ではマンジャンの著書について解説してきた。三六五頁に及ぶ「大著」の結論としてマンジャンは一四頁をあてている。多くは彼の論を再確認し、補強、強調する文章といってよいが、注目すべきことがある。西アフリカ兵を使用することが西アフリカの将来のためにもなり、それは同時にフランスの将来のためにもなると述べている点である。

西アフリカのためになるというのは、兵士たちには年金が与えられ、それが西アフリカ住民の生活改善につながるであろうということである（実際には年金支給はほとんど実現しなかった）。フランスのためにもなるというのは、黒人兵士たちがフランスに来れば、フランスの品々に慣れ親しみ、かの地に戻ってもそれらの品々を使おうとするであろう。わが国から西アフリカへの小麦粉、ブドウ酒の輸出量は増えつつある。戦い終わって、黒人兵たちがみずからの国へと帰っていけば、彼らのみならず村の人々もフランス産品に慣れ親しむようになり、フランスからの物品の輸出はさらに増えるであろう。つまり、西アフリカはわがフランスの農業にとっての重要な市場になる、という論理である。

セネガル歩兵が退役すると、彼らは現在の西アフリカがかくも必要としているエリート層を形成するはずである。われらフランスは西アフリカの人々を抑圧状態から解放した。われらフランスはアフリカ各地で残酷な支配を繰り広げていた王侯貴族層を壊滅させた。われらは父親の愛情をもってフランス行政の支配をゆきわたらせたのだ。しかし、アフリカ植民地でのフランス行政組織に雇用される人々はあまりに数が少ない。他方、大衆は無数である。これら両者の間を仲介する人々、これが必要なのだ。この中間層がなければ、われらフランス行政組織もうまく機能することはないであろう。フランスの直接統治が完遂されるためにはここで述べた中間層が重要なのだ。退役したセネガル歩兵、これこそが要石《かなめいし》となり、梁《はり》となる人々なのだ。国を愛する「社会のセメント」、これになるのである。

フランスの国土はヨーロッパ世界にとどまるものではない。サハラのはるか向こうまで見通さねばならない。黒人世界、未だ手つかずの未開の世界、それらがわがフランスのために貢献しようとしているのだ。これらの地域には二〇〇〇万の人が住んでいる(16)。この人口は世代を経るごとに倍増する。二〇世紀半ばまでに彼らは五〇〇〇万人に達するであろう。これこそがフランスの未来なのだ。

黒人兵を訓練し、アフリカを文明化すること、そうすればわれらがフランスはわれらが祖先から受け継いだフランスよりさらに広大、偉大なものとなるであろう、という壮大な夢を語ってマンジャンはその著を締めくくっている。

「血の税」と「貯水池」

マンジャンには、フランスが西アフリカ、およびアフリカ一般において果たした文明化という貢献について確固とした信念があった。ヨーロッパの白人、とくにフランス人は暴虐な王の支配のもとにあったアフリカ人を解放し、未開から開明へと導き、文明の恩恵に浴させたというのである。このような考え方は軍人特有のものではなく、植民地を拡大させていたこの時期の時代的なものとも言うべきで、一般人、知識人を問わずフランスの多くの人がそう信じていたのである。

かつて、一六世紀から一九世紀半ばまで公然となされていた奴隷貿易についても、それを支える思想は、ヨーロッパ人がアフリカ各地で暴虐な王侯貴族の抑圧にあえぐ人々をキリスト教の愛情をもって買い取ることによって、その抑圧から解放してやるのだというものであった。この思想、論理が三世紀半にも及んだ大西洋を挟んでの人身売買を支えたのである。マンジャンの考え方を見ると、奴隷貿易時代の思想、論理が二〇世紀初頭においてもほとんど形を変えないまま受け継がれているように見える。

とまれ、わたしたちがこの著について特に注目すべきは次の二つの表現ではないだろうか。一つは「血の税」であり、もう一つは「貯水池」である。「血の税」については、先に説明した。もっとも、「血の税」(l'impôt du sang)という言葉自体はマンジャンの発明になるものでもないし、この時代に至って初めて使われたというわけでもない。遠く一八四八年の奴隷制廃止の政令においてすでに用いられていた。

フランスにおける奴隷制廃止はシュルシェールを委員長とする奴隷制廃止委員会が打ち出した方針に基づくものだが、これは大革命の理念をよりどころとしており、そこから植民地の人々をフランスに「同化」させるという方針が生まれた。この奴隷制廃止の政令には付帯条項があり、そこには植民地が友愛のもとで本国フランスに速やかに同化されるために、フランスが「自由にした住民を、即座に祖国の防衛のために協力させること」は最も急を要する施策の一つであると記されている。それはすなわち植民地のすべてのものに「血の税」、つまり兵役をフランスの利益のために担わせるべきであることが記されている(17)。植民地人はフランス本国の人間と「同等」の地位に引き上げられたのであり、そうである以上、植民地人にとってフランス本国は祖国なのだから、祖国防衛のために兵役に就く義務を明確化しているのである。

また、ナポレオン三世時代の一八六六年以降、皇帝はプロイセンとの戦争の可能性を思い、そのために軍の増強が必要と考えていた。その上で皇帝は「血の税」という言葉を用いて、国民の多くが兵役に就く義務をもつことを述べていた(18)。ただ、この当時の「血の税」はフランス国民にみずからの血をもって国に奉仕する、つまり命をもって国を守ることを意味していた。マンジャンの言うところはその意味を一八四八年の時点での原義に戻って使っていることになる。

また、マンジャンは西アフリカを兵士供給の「貯水池」として認識していた。その人口は彼によれば世代を経るごとに倍増するのであり、尽きざる泉のごとく人が生まれる。兵士を召集するための泉と考えられたのである。この点に関して、イギリス領植民地であるインドの人口が四億人であることとの連想から、インドより面積の大きな西アフリカからは尽きることなく兵士を召集しうると考える人もいたらしい(19)。

一方、西アフリカ植民地連邦現地の反応はどのようであっただろうか。現地の反応と言っても現地住民の意見というわけではなく、連邦総督個人の反応ということでしかないのだが、時の連邦総督ウィリアム・ポンティは一九一一年の連邦総督府閣議の議事録中に次のように記している。「西アフリカ住民たちの間において、税の支払いは屈辱的な隷従の印として否応なく甘受されているなどというものではなく、人類の進歩の段階を一歩進んだ状態に向かって歩み始め、文明の道に入る証拠として受け取られている。彼らにわれらが公共の支出のために貢献するように要請することは、言うなればその人々を人類の進化段階のより高い位置に高めることになるのである」。ここでは、西アフリカにおける住民からの徴税が、住民側の喜びをもって受け入れられていることが強調されている。さらに少しのちのことになるが、開戦時の一九一四年になると、ポンティ連邦総督は管轄の上司である植民地大臣ドゥメルグ宛に「現地住民たちはフランスでの戦いに参加する栄誉が自分たちに与えられることを知らされれば、その喜びはいかほどでありましょうか」という電報を送っている(20)。

西アフリカ現地住民たちの間では徴税がいかに嫌悪されていたことか。村の住民たちの税不払いが続き、それへの懲罰として軍を派遣する必要まであったのだ。そこに大戦が始まり、始まって以降の西アフリカにおける徴兵は税の支払いとは比較にならないほど、どれほど嫌悪されていたことか。ポンティ連邦総督の個人的、かつ希望的観測と村々での現実はいかにかけはなれたものであったことか。そのことについては次の章で詳しく見ることになる。

フランス議会、および軍部内から呈された疑問

マンジャンの提議に対しては、フランス軍内部においても疑問を呈する人がいた。彼らが呈した疑義は軍人としての専門的な立場からのものであり、当然の根拠があるものであった。黒人兵がヨーロッパでの戦争で本当に存分の働

きをなしうるのかという具体的な疑問である。

たとえばマダガスカルにおいてフランス軍の司令官を務めたことがあるド・トルシー将軍、またモロッコ派遣軍の司令官を務めたモワニエ将軍などは黒人兵の召集に慎重であった。彼らはまず、アフリカの黒人兵たちがヨーロッパの寒い気候になじむことができるのかという点を指摘した。アフリカの黒人兵たちがヨーロッパの寒さの中におかれれば即座に病気という敵に遭遇することになる。そして彼らが病気になればそれはただちにフランスの白人兵たちにも伝染する危険があるだろうという危惧である。これはまったく具体的、かつ理にかなった問いである。さらに、黒人兵たちはフランス本国の白人兵たちとは訓練の基礎からして違うのだから、黒人兵を独自に訓練する専用の軍キャンプを作る必要があろう。その費用は無視しうるものではないのであって、そのような多額の費用を支出する用意はあるのか。また多数の黒人兵たちがフランス本土に来るということになれば、彼らとフランス人との接触も当然増すことになるが、それは日常的な次元で諸種の問題を生むことにならないか、といったことであった。

この最後の点、つまり黒人兵たちと一般のフランス人との接触という問題についてはマンジャン自身がその著でまことに曖昧模糊とした形で触れているのをわたしたちは見た。端的に言えば、兵士たちの女性問題である。いずれにせよ、一九一〇年という時点、つまりフランスが戦争に向かうのはほぼ確実と思われていた時点で、このような冷静な議論をする軍人がいたということは注目に値する。ド・トルシー将軍、モワニエ将軍らが危惧したこと、後にそれらはすべて現実のものになったのである。

軍人たちから呈された危惧、それはより具体的に軍人としての資質そのものに触れるものでもあった。アフリカの黒人兵には基本的な観点からして兵士としての不十分さがあり、軍事能力に優れているとは思われないというのである。射撃能力一つをとってもアフリカ兵たちは戦場でいたずらに興奮するばかりであって、前線での銃撃戦になれば彼らは無益に、やたらに銃を撃つばかりで役に立つとは思えない。黒人兵たちに現場での作戦従事能力があるなどとは到底思われないというのであった(21)。

兵士としてのアフリカ人の具体的な銃撃能力などについてはマンジャンも著書中で触れていた。率直に言えば、射撃どころか、どうやら行進ができるのがやっとという兵士たちが大部分だというのである。この点はまさに軍人としての資質に関わるものであり、もっと真剣に議論されるべきであったのではないか。マンジャンはとにかく兵員の「数」にとらわれすぎている。アフリカの村で暮らしている人をいきなりフランス本国での戦争に連れて来るとして、日常生活や戦場の前線において命令や指示はどのような言語でするのか、そこからして疑問がある。

一九一二年のことになるが、フランス国会内でもマンジャンの提案に疑義が呈されていた。コンクリンが当時の官報をもとに記述するところによると、ヴェイヤ議員は西アフリカ現地人たちが税の支払いと公共工事への労働の提供をもって人々の生活に活気を与えることについては賛意を示しつつも、それと「血の税」の徴収とは別の話だとして批判していた。さらに、セネガル植民地（直接にはサン・ルイ）選出の国会議員フランソワ・カルポ（混血者）は次のような議論をもってポンティ連邦総督の意見を批判していた。その議論は次の通り、率直かつ激烈である。西アフリカ住民にとって、徴兵されることがフランス文明への同化とフランス人としての市民権獲得のための第一歩になるのであればそれは受け入れ可能かもしれない。しかし、現実にはフランスはアフリカ現地民をフランス人化するための真剣な教育などしていないのであって、つまり同化はなされていない。

わたしたちは教育こそが進歩と文明化への最善の道であること、それこそが市民権獲得のための不可欠の前提条件であることをあまりにしばしば忘れがちであります。アフリカ人にその各々の環境の中で独自のやり方で進歩させるという口実のもと、教育はおろそかにされ、フランスは現地民をしてフランス市民とは別のものとして位置づけ続けているのです(22)。

西アフリカ現地民を同化すると言いながら、そのための努力がなされていない中で、兵士としての徴発など論外だというのである。カルポはさらに続ける。西アフリカ現地民はフランス市民権を得るために徴兵に応じようなどとは全く思っていない。フランスは自分たちの旧来の土地を奪ったと思っている。そのような現地民にフランス領土防衛戦争のために貢献せよなどというのがいかに理不尽なことか。そんな状況の中で、徴兵を実施などすれば、それはただちに反フランスという形で返って来るであろう。そして、カルポは言っている。その言は現地事情を熟知した人の率直、かつ痛烈な意見というべきものである。

　フランスがアフリカ人を支配する時のやり方、それはしなければならぬこと、義務をうんぬんするときにはアフリカ人をフランス市民として扱い、しかし逆に権利だとか特典だとかいったことに関わることになるや否や、現地民は臣民の扱いしか受けない、ということです。

フランス国会議員フランソワ・カルポの人となりについては、本書全体での中心的人物となる人々の一人ブレーズ・ジャーニュとの関わりで第四章において触れることになるが、ブレーズ・ジャーニュがアフリカ初の黒人としてフランス国会議員に選出される直前の議員である。ブレーズ・ジャーニュという人は完全な同化主義者(23)になりきっていた。彼はその思想に基づき、結果的にフランスが西アフリカにおいて兵士徴発するにあたって多大な貢献をした。その時に彼が根拠とした考え方と、カルポがここで述べている率直な意見表明との間にはなんと大きな隔たりがあることか。カルポはフランスの西アフリカ植民地政策の基本原理についてその欺瞞性を述べている。カルポは黒人ではなく、サン・ルイ出身の混血者であり、その混血性ゆえに見方によってはフランスへの思い入れ、肩入れの強い人であったのではないかと思われるかもしれないが、現地民への理解の深い人であった。

西アフリカ植民地兵起用決定

軍部、およびフランス国会議員の一部から疑義が呈されはしたものの、国会議員の多くはマンジャンの意見を強く支持していた。彼らは大方が軍部の後押しを背景にしていたからだ。軍総司令部は西アフリカ植民地人を兵士として召集すべきことを政府に進言し、彼らのフランス軍内部での具体的な位置付けについてまで提言していたのである。軍の提言は最高司令部の考えによってなされたものであったが、それには当然ながら実際に西アフリカで植民地経営に関わっている現地部隊司令部の考えが強く関わっていた。

マンジャンの論文二本が公刊された一九〇九年以降、フランス陸軍省はマンジャンの提言具体化を強力に推し進め、植民地省もこれに同調した。そして予算省がより踏み込んだ意見を表明する。ことはフランス国の将来に関わることである。予算省としてはすべての関係省庁に対し意見調整の上、一九一〇年内にフランス領西アフリカの現住民によって構成される軍隊を実現すべく努力すべきと考える。フランス本国の軍兵士に不足をきたしている以上、これは当然なされるべきことである、という結論になった。

政府、およびフランス軍司令部の諮問《しもん》を受けた西アフリカ植民地駐在のポンティ連邦総督はマンジャン中佐の提言を全面的に支持し、八か月以内に五〇〇〇人の歩兵旅団を作り、それを維持しうると返事した。それだけではなくより具体的に次のようにも言っている。「フランス本国防衛のためにわが黒人軍を役立てるとき至らば、ただちに全軍を召集しうる。それにはいささかの困難もないであろう」(24)と。

西アフリカ現地の軍人、植民地行政府の高官らによって西アフリカ兵の優秀性が保証されたのである。とくにマンジャンが言うところの西アフリカ兵の生来の闘争心の強さについてはフランス軍の上層部も十分に納得し、黒人兵を前線部隊として配備すれば敵に与える衝撃の大きさは計り知れないだろうと強調した。ある将軍はマンジャンに同調して、黒人たちが生来受け継いでいる戦士としての資質は現代（一九一〇年当時）の戦争においても彼らの「冷血さ」、そして運命を従順に受け入れる彼らの性質からして実に恐るべき攻撃力になると保証を与えた。もっとも、これはマンジャンの言を繰り返しているにすぎない。

フランス国会はポンティ西アフリカ植民地連邦総督の意見を受け、次のように結論した。ポンティ連邦総督の現地での豊かな経験、見識の高さ、その人徳を鑑みるとき、彼の予測は全く実現性の高いものと思料される。ついてはフランス本土での西アフリカ兵士軍創設のために二四〇〇万フランの予算が必要となろう。政府からの要請があり次第、本国会はこの予算計上を実現することになろう。

こうして計画は具体化され、一九一二年、西アフリカ兵の起用は法的に整備された。西アフリカ人兵士二万人で構成される歩兵部隊をフランス軍内に創設するに必要な予算が計上された。アフリカ人に「フランスの救助」に向かわせることが決定されたのである。

当時のヨーロッパにおいて、自国防衛のために植民地人を兵士として使用するということ、これはヨーロッパ植民地勢力の中では特異なことであった。第一大戦が始まる直前、ドイツは東アフリカのタンガニーカや西アフリカでもトーゴなどに植民地をもっていた。また、第一次大戦中、タンガニーカの現地人兵士、アスカリ部隊をイギリス領インド人兵士部隊と長期にわたって現地タンガニーカで戦わせたという事実はある。しかし、それらの植民地から現地人を兵士としてヨーロッパ戦線で起用しようという動きはなかったし、実際、ドイツは植民地兵を本土防衛に使ってはいない。その点についてはイギリスも同様である。イギリスはフランスと並んで西アフリカや現スーダン、およびその南の地域に広大な植民地を形成していたが、現地の人間を当該植民地現地の治安維持要員（警察をはじめとする諸種の人々）として、また兵士としては現地防衛要員として使っていたのは事実だが、イギリスがヨーロッパでする戦争に用立てることなどはしなかった(25)。ドイツやイギリスは植民地現地人を本土防衛のための兵士にすることには慎重であったのだ。フランスはその点、違った。

ドイツ側の情勢分析

その観点から見れば、当時のドイツがフランスでの動き、とくにマンジャンが主張していたことについて詳細な情勢分析をし、神経質になっていたのは当然であった。ドイツの軍司令部はマンジャンが『ルヴュー・ド・パリ』誌に論文を発表して（一九〇九年七月）以降、詳しい検討、分析を加えていた。その内容を簡単に言えば、次のようである。フランスはドイツに比して急激な人口減少の状況にあり、それを主な理由にマンジャンは西アフリカ植民地の黒人どもをフランス軍の中に取り入れよと叫んでいる。マンジャンの言うところによれば、西アフリカの兵士たち、特にセネガル歩兵と称される兵士たちは優れた兵士であり、その忍耐強さ、上官への忠実さが喧伝されるところであるが、その点についてはわれわれドイツ軍も知らないわけではない。フランスが彼らを西アフリカの外の地域で（つまり、フランス本国で）長期間活用することにフランスは特に障害を見出さないであろう。フランスは近い将来に二〇万人からなるアフリカ人兵士を新しく加えることになるだろう。もしヨーロッパで戦線が開かれた場合、これらアフリカ人兵士たちは現代（第一次大戦時）の輸送手段をもってすれば短期間のうちにヨーロッパに送られてくるはずである。動員がかけられてから遅くとも一八日後にはこれらアフリカ人兵士たちがボルドーやマルセイユなどのフランスの港に到着することになろう。黒人兵士どもはフランスの白人兵士より安く使えるのは言うまでもない。

フランス政府としてはひとまず試験的に八〇〇人の西アフリカ人兵士を今年（一九一〇年）五月にはアルジェリアに送り、短期間の訓練の後、実際に戦場で使い物になるかどうか見てみるという意向のようである。現在の段階では西アフリカ兵を本当にフランス本国で使用するかどうか、事態は動き始めたばかりのところであり、確実なことが言えるわけではない。とはいえ、われわれとしてはこれに対処するに急を要すると思われる。結論的に言えば、フランス政府は同国の軍事力の状況に不安をもっているわけであり、その不安を解消するための有効な手段であればいかなるものでも活用するはずである。他に適切、かつ急場をしのぐ方法はない以上、アフリカ人兵士の活用を実際におこなうのは間違いない。メシミィ代議士が言うところ、つまりアフリカ人に血の代償を払わせるということは間違いなくおこなわれるであろう(26)。

ドイツはこのような分析をしていたのである。フランスでの事態の動きは的確に捉えられていた。それにしてもフランスでのマンジャンを中心とした動き、つまり、ドイツとの開戦に向けてのあからさまな諸施策の急なこと、国威発揚のあり方には驚きを感じていたのではないだろうか。

メシミィ代議士と「血の税」

ところで、ドイツでの分析に現れている代議士メシミィが言うところ、それはメシミィがマンジャンの助言を受けて常々口にしていた西アフリカ兵起用論のことであるが、彼は一九一〇年九月三日付の新聞『ル・マタン』紙にて「血の税」論を展開している。このアドルフ・メシミィという人、当時はセーヌ県（パリ近郊）選出の代議士であったが、後に陸軍大臣という要職につくことになる人であり、本書の一方の主人公であるヴォレノーヴェンが個人的に信頼と忠誠の意を表明している人でもある。この新聞記事が発表されたのは九月初めだから、マンジャン中佐を筆頭とする調査団が西アフリカ各地で現地兵活用の具体的可能性について調査を続けていた（後述）時期である。

メシミィはマンジャンの提議を受ける形で次のように言っている。

> われわれにとってアフリカは莫大な経費、数千人の兵隊、そして大量の血をもって手に入れ、開発してきたところである。費やした莫大な額のお金については目をつぶろう。しかし、人間、そして彼らが流した血、これについてはアフリカはわれわれに彼らの血をもって返済する義務がある(27)。

メシミィの記事に表れている「血の税」論はマンジャンの論を受けている。代議士が一般新聞紙上で「血の税」論を展開したことに見られるように、二〇世紀初めのフランスにおいて「血の税」という言葉も「貯水池」という言葉も誠にリアリティのある表現であった。

それにしても、もともとフランス本国から遠く離れた西アフリカの植民地での軍務に服していたマンジャンの提言がかくも真剣に討議され、ついには彼の言うところが受け入れられたということ、その事実にはマンジャンという軍人の資質も反映されているのではないだろうか。

マンジャンは一九〇七年以降、フランス領西アフリカ植民地軍の司令官という高い地位にあったとはいえ、何といってもフランス本国の軍隊とは格が違うはずである。でありながらマンジャンが本国の軍司令部高官から一目置かれたということには注意すべきであろう。この点について背景となる理由がある。それがファショダ事件といわれるものであった。

ファショダ事件

フランスが西アフリカの広い地域をフランス領西アフリカ植民地連邦として制定したのが一八九五年。その約一〇年前の一八八四年秋から翌年の二月にかけて、ヨーロッパの多くの国がベルリンに会し、アフリカの「分割」について議論を重ねた。この会議の目的は長きにわたった奴隷貿易に一応の終止符が打たれた後のヨーロッパにおいて、諸国がアフリカ大陸内を自国の領土として植民地化するにあたっての利害調整という性格が明確であった。しかし、ベルリン会議においてはベルギー、レオポルド二世の「私有地」がコンゴ自由国という名で承認され、またニジェール川、コンゴ川の自由航行権が認められはしたが、アフリカにおけるヨーロッパ各国の「領土」が確定したわけではなく、むしろ各国の植民地確定に向けての競争の号砲が鳴らされたとさえいえる。イギリス、フランスなど有力な植民地勢力は自国領土の拡大を狙って進出を続けた。

大局的に見るとフランスは西アフリカのサハラを横断するようにニジェール川とナイル川を結ぶ線での領土拡大を狙い、イギリスはすでに勢力圏に入れていたエジプトと南部アフリカ、ケニアを結ぶ線での領土拡大を狙っていた。つまり、現在のスーダンと南スーダン地域は未だイギリス領になってはいなかった。フランスが目指す進出線とイギリスが目指す進出線、これを地図上で見ると分かるが両国がそのまま勢力圏拡大を続けると、いずれはナイル川上流あたりでぶつかることになる。それが起こったのである。

フランスは一八九六年、コンゴ川から東北に進む形でナイル川を目指す探査隊を派遣した。「コンゴ＝ナイル・フランス探査隊」と呼ばれるが、実態は武力部隊を伴った勢力圏拡大のためのものであった。探査隊を率いたジャン＝バティスト・マルシャン少佐の名をとり一般にはマルシャン探査隊と呼ばれる。イギリスは現スーダン北部からキッチナー少将を隊長とする探査団が南下していた。

フランスのマルシャン隊に、当時大尉であったマンジャンがセネガル歩兵一五〇人を連れて護衛団として同行していたのである。コンゴ川流域のブラザヴィルを出発したのち、困難な行進を続け、一八九八年七月に現南スーダンに位置するファショダ（現在はコドク Kodok と名を替えている）に到着した。もちろんすべて徒歩での行軍である。

これがイギリス側に伝わるとイギリス軍側もファショダ到着を急ぎ、同年九月から一〇月にかけて両軍衝突の危機が強まった。イギリス、およびフランス各々の本国では相手国非難が高まった。しかし、フランス国内ではその時期、一八九四年に起こったドレフュス事件がフランス国内を揺るがす大事件になっていたころである。また、フランスは先の普仏戦争において負けた相手であるドイツとの再びの戦争の可能性もあり、ここでイギリスと事を構えるのは得策ではないという戦略上の考えもあった。結局、イギリスとの間で外交的な解決（大枠としてはナイル川はイギリスに、コンゴ川はフランスに）が図られ、ファショダ事件は本格的な衝突にはならずに済んだ。同年一一月三日、フランス軍はファショダを離れたのである。

マンジャンは大尉という身分でマルシャン少佐の護衛隊長を務めたわけだが、これでマンジャンは世にその名を知られるようになった。他方で、マンジャン自身はマルシャン隊の護衛を務めたセネガル歩兵の兵士としての優秀さを確信するようになった。マンジャン大尉率いる護衛隊はコンゴ川のブラザヴィルからナイル川まで、一八九六年の出発から九九年に戻るまで往復で総計六千キロに及ぶという長い距離の行軍を、途中の宿営地を切り開き、そこに菜園を作り、ということを繰り返して前進したという。これがマンジャン大尉自身にはもとより、フランス本国の人々にも大きな感銘を与えたのである。この護衛隊を務めたセネガル歩兵たちは一八九九年七月一四日（フランス大革命勃発記念日）、パリのロンシャン競馬場での大パレードに招待され、マンジャン大尉先導のもと、堂々たる行進をしたのである。これがセネガル歩兵といわれる兵士たちがパリの土を踏んだ最初のこととされるが、パリ住民はもとより多くのフランス人にセネガル歩兵を強く印象づけることとなった(28)。この経験をもとに、マンジャンはのちにセネガル歩兵をドイツとの戦いに呼び寄せるキャンペーンを張ったというわけである。

シャルル・マンジャンという人

第一次大戦開戦前数年間のフランスにおいてシャルル・マンジャンという軍人は、少なくとも一部インテリ層の間では時代の寵児《ちょうじ》になっていたかのように思えてくる。彼の提議に賛成か反対かは別にして、ともかく多大の議論を呼び起こした。

実際のところ、マンジャンという人はどのような人であったのだろうか。毀誉褒貶《きよほうへん》はおくとして、シャルル・マンジャンという軍人、その人となりについて少し見ておきたい。

当時のマンジャンを知る人々の言によると、マンジャンは血気にはやるところ大であり、手に負えないほどの気性の激しさをもち合わせた人であったらしい。しかし、まさにそのことがリーダーとしての資質の一端を証するものであり、ある種の思いやりの深さをもつ人でもあったといわれる。激しく憎まれもするが、逆にそのことが強い個性となって表れる。両極端をもつ人であったようだ。ファショダ事件の際にマンジャンの軍団にともにいたある軍人によると、マンジャンは行をともにしたセネガル歩兵たちに対し、「神と教会、それのみが真の導き手だ。唯一、従い、敬うべき人間（白人）はこのマンジャンのみ。他のすべての白人については軽蔑をもって接せよ」とまで言っていたという。先に見たとおり、ファショダ事件に際してマンジャンはその場の司令官という立場にいたわけではない。マルシャン将軍という人が司令官であった。その上官を差しおいて、事の真偽のほどには疑問があるが、このような発

図1　シャルル・マンジャン
(Michel 2003 に掲載されている写真をもとに描画)

言をしていたという伝聞が残るほどの人であったということである。

　生まれたのは一八六六年、フランス東部ロレーヌ地方の町メス（メッツ）の代々軍人を輩出していた家系である。一八七〇年から翌年にかけて戦われた普仏戦争での敗戦以降、ドイツ領になっていたロレーヌ地方に生まれたことで、幼時からドイツに対しては強い反感をもっていた。カトリックを強く信奉し、義務に対しては絶対の忠誠を大切にするが、保守の塊《かたまり》というわけではなく、新しいことに勇敢に挑む精神を大切にする人であったという。

　一八八五年、一九歳で軍に志願入隊したのも早期にドイツに復讐するためだったという。翌年にはパリ近郊のサン・シール士官学校に入学。海軍少尉、そして中尉へと昇進、西アフリカに送られ一八九〇年にセグー（現マリ国内）という町の平定に功績を挙げた。一八九一年、一八九四年に戦いで負傷している。また、現在のマリ国内に位置するカイという町に駐屯していたときには現地の言語バンバラ語を身につけたのみならず、現地の地理、歴史に通じる存在になった。彼の著にもそれは表れているのだが、勉強好きであったことは間違いない。こうして西アフリカ各地の平定に積極的に参加し、名を挙げていった。

　一時期、フランスに戻り、レジオン・ドヌール勲章（軍功賞）を授与されている。一八九六年に大尉昇進、ファショダ事件で名を成した。一八九九年には軍司令部大隊長に任命され、インドシナ派遣軍司令部付きになった。一九〇五年、中佐に昇進、西アフリカ駐在軍司令官になった。司令部での任官よりも現地軍指揮の方を好む人であった。一九〇八年、西アフリカ植民地軍総司令官を務めた。マンジャンがフランス本国の防衛に西アフリカ人兵士を使うことについて具体策を検討したのはこの時期である。一九一〇年、大佐に昇進。一九一二年から一三年にかけて、モロッコ占領に際しての戦闘に従事。一九一三年には旅団長となり、フランス軍総司令部付きとなった。第一次大戦がはじまった一九一四年八月、陸軍歩兵部隊司令官を務めた。功績により表彰されている。一九一六年、師団長。一九一七年、シュマン・デ・ダムでの激戦に参加するも、ドイツ軍の前に敗れ、彼はポストから外された。同年一二月に軍に復帰、一九一八年のマルヌの戦いで功を挙げた。第一次大戦休戦後の一九二〇年、将軍になっていたマンジャンは軍の参謀本部員を務め、一九二二年には植民地軍総監察官となった。一九一九年にレジオン・ドヌール最高勲章を受けた。一九二五年五月一二日死去。その後にフランス軍功章を授与された。五九年間の人生はそのすべてをフランス軍のために捧げられたと言えよう(29)。

第三章　第一次大戦開戦と西アフリカ植民地兵

モロッコへの派兵

二〇世紀初めの時期、フランス人の多くはドイツとの戦争はそれほど差し迫ったものとは思っていなかった。ここで述べるモロッコ事件（一九〇五年、および一九一一年）が起こる前の一九〇四年にパリを訪れた若き哲学博士シュテファン・ツヴァイクは当時のパリの太平楽な様子を記している。いわば潜在的な「仮想敵国」であったドイツから来た若者の目に映ったパリは表面的には戦争の可能性を思わせるものなど全くないかのようであったらしい。彼の著には日々の普通の生活を送る人々が話し、飲み、食べる様子が活写されている(1)。

一九〇五年三月三一日、ドイツ皇帝ヴィルヘルム二世が突然のようにモロッコ北端のタンジールを訪問したことがきっかけになり、いわゆるモロッコ事件と言われるフランス、ドイツ間での問題が起こった。ドイツ皇帝の行動はフランスがモロッコ進出に向けて優勢であった状況を牽制《けんせい》しようとしたものであった。この事件はフランス国内での対ドイツの緊張を一気に強める結果になった。国際会議においてフランスは自国に有利な判定を得るに至ったが、ドイツへの警戒を強める意味でモロッコへの兵の進出を始めている。そして一九一一年、モロッコで起こった内乱に際してフランスはさらに本格的にモロッコに派兵するに至った。

モロッコ防衛を目的にセネガル歩兵が派遣されるようになったのは一九〇八年が最初である。その年、セネガル歩兵二個大隊がモロッコに送られた。

フェス条約（一九一二年三月三〇日）によってモロッコはフランス保護領下におかれ、モロッコのより広い範囲を実質的に平定するためにさらなるセネガル歩兵が必要とされ、六個大隊が派遣された。その年九月、マラケシュが陥落するがその際に大きな働きをしたのもセネガル歩兵である。翌一九一三年にはさらに五個大隊が追加派遣された。そのころ、モロッコには一万人ほどのセネガル歩兵が派遣されており、これはモロッコに派遣されたフランス軍部隊総数の六分の一にあたるという。兵士は途中で交替するから、モロッコに送られたセネガル歩兵の総計としては一万七〇〇〇人になるという。第一次大戦が始まる以前、セネガル歩兵はアルジェリアにも送られていたが、モロッコに送られたセネガル歩兵も数多かったのである(2)。

モロッコへの派兵に関連することとして記しておくと、セネガル歩兵たちには家族、特に妻を帯同することが認められていた(3)（ここに記す「妻」が正式な夫婦関係にあるものであったか否か曖昧な部分がある。その点については第四部、補遺1で記す）。一九世紀後半の時期、つまりフランス軍がセネガル現地で兵士を雇い、植民地拡大のための平定活動をしていた頃、兵士たちに妻が帯同することはなかった。征服した土地で得られた戦利品としての現地の女が報酬として兵士たちに与えられたのである（補遺1の三〇一頁の図9参照）。戦地への家族の帯同はしかし、モロッコ派兵のときが最後であった。

アルジェリアやモロッコでの「防衛と平定」活動に際して、西アフリカ植民地のセネガル歩兵を使うことについてはフランス国内において異論が多かった。その有効性に関して、むしろ疑義を呈する人の方が多かったのである。第一に多額の経費がかかる。西アフリカから連れてくる経費、しかも家族帯同で、そして病気や負傷をすれば兵士を西アフリカまで送り返さねばならない。実際、西アフリカの兵士たちはアルジェリア、モロッコの風土になじまず、病気になりやすいとも言われた。

西アフリカ植民地の兵士起用については、フランスの軍部内にも反対論があった。それは、軍部内での昇任に関係する理由からであった。植民地軍を指揮する軍人の場合、本土でフランス人兵士を指揮する軍人の昇任に比べて目に見えて早かったのである。自然環境が異なった地での軍務ということに加えて、意思疎通が簡単ではない植民地人で構成される軍を指揮することの「苦労」への見返りとしての昇任の速さがあった。そのことに対する「嫉妬心」が軍部内にあった。とはいえ、「背に腹は代えられぬ」事情があった。マンジャンが言うような「(兵士の)貯水池」が本当に西アフリカにあるわけではないことは本国でも分かっていた。しかし、現実に兵不足の状況は眼前にあり、セネガル歩兵は必要だったのである。フランスの新聞などは植民地兵起用の必要性をキャンペーンしていた。

マンジャン調査団

第二章で詳述したが、シャルル・マンジャンはドイツとの開戦の可能性を叫び、そのために西アフリカ植民地からの兵士起用の必要性を主張した。彼は以前に西アフリカ植民地においてなされていた「志願兵」制だけでは間に合わないことも分かっていた。ここで言う「志願兵」とは言葉の上でのまやかしでしかなく、実際は奴隷をその主人から買い取るという形だった(そのことについては第二部の第八章で詳述する)のだが、それよりももっと強力な方法での徴兵が必要である。そのためには西アフリカ現地にマンジャン自身が赴き、各地からどれだけの人員を徴兵しうるのか、具体的に調査する必要があった。

一九一〇年五月から約半年にわたって、マンジャン中佐を団長とするフランス領西アフリカにおける徴兵のための調査団が派遣された。その目的は明確であった。実際の徴兵について、その具体的な可能性、その際に生じうる問題を予測・検討することである。そのためには、西アフリカのできるだけ広い範囲を実地に歩き、できるだけ多くの村々で村長など現地責任者たちと会合を開く必要があった。

フランス領西アフリカ植民地は実に広大な面積をもつのみならず、自然環境は地域ごとにさまざまに異なり、過酷である。ましてや五月以降の半年といえば西アフリカは大方の地域で雨季であり、暑さと降雨による湿度の高さなど相当に困難な踏査であったと思われる。マンジャンが任務遂行に大変熱心な人であったことは確かだろう。

セルクル（次に出てくるカントン同様、フランス領西アフリカ植民地内の行政区画のこと。第九章を参照）内の村々に徴兵目的の調査団が赴くとき、フランスから来たマンジャン一行とともに、当然ながら西アフリカ現地行政官も同行した。彼らが赴いた際、具体的に何がなされたのか。つまるところはカントン長、村長はもちろん、地域の長老など主だった人々との「パラーブル」である。フランス語でパラーブルというのは長談義、おしゃべりのことであるが、それはある用向きのためにする談義のことでもある。アフリカの人々は一般に「演説好き」であるといって誤りではないだろう。文字文化が発達せず、その代わりに口での表現、つまり話術に長けた人が多い。人を説得するための術に長けている。長広舌も辞さない。一人が演説すると、次の人の演説が始まる、といった具合で、パラーブルは村の広場で延々となされるのが常である。その場に、暑い陽射しを避ける日陰を作ってくれる大きな木があったとしても、それは相当の苦労を伴うものであっただろう。

パラーブルにおいて、マンジャン一行が村人を前にして軍兵士になった場合の利点を強調したのは当然である。兵士になれば制服、帽子、靴が支給されること、給与が与えられること、そして家族にも徴兵手当として一定の金額が与えられる。さらに兵士が任務を終えた後には年金というものが支給されること、そして兵士になれば他の人々から羨望のみならず信頼、安心の思いも寄せられるであろう、といったことが強調された。もちろん、人々がもつ弓に代わって銃が支給されることも説明された。しかし、兵士になれば先祖の地である村どころか、それよりもずっと遠く離れた白人の国での戦争に赴くことになるという詳しい説明や、ヨーロッパの冬の苛烈さについての説明はなされなかったであろう。

各カントン、村での人々の反応は一様ではなかった。一方には、「われらが母国フランス」が困っているのだから、自分たちとしては積極的に力になるべきだと人々に演説する村長がいた。その一方で、どんなに多くのものを与えると約束されようとも、それよりも今の自分たちの生活をそのまま続ける方がいいと答える村長もいた。しかし、多くの場合は「自分たちはフランスのエライさんが言うことに従う」というのが結論であった。

問題はこの次の段階である。では、具体的にどのように兵士を集めるのか。それは「友好的な協議」で、つまり「示談」で解決された(4)。フランス側からはカントン長、ないし村長を前に「兵として志願する若者を提示してほしい」という意思表示をする。カントン長、村長としてはフランス側から示された意向に応える決定をしなければならない。つまり、村側としては兵の提供を強制されたのと同じことである。それに対し、フランス側としては志願兵を集めたのだと強弁しうる。結局のところ、アフリカ現地側としては強制的徴兵に従わざるを得ないのである。こうして強制的に「志願兵」が集められた。ではその時、どういった人々が兵として提供されたのだろうか。

これは想像される通りである。まずは奴隷所有者が自分の奴隷を提供した。この時期、フランス植民地においては奴隷はいないというのが法律上の設定である(5)が、二〇世紀初め、西アフリカの村々には奴隷身分とされる人は多くいた。

兵を提供する家族には徴兵手当が支払われた。自分の奴隷を兵として差し出した奴隷所有者には、この徴兵手当が支払われる。要するに、かつての時期におけるフランス軍のための兵士集めの方法と変わるところはない。奴隷所有者から買い上げたのと同じである。かくして第一次大戦に至る初期の時期におけるセネガル歩兵の大半は奴隷身分出身者であった。

さらに、奴隷身分ではなくとも、村にいる貧困家庭の若者が兵として差し出された。若者を提供する家族には徴兵手当が出されたから、フランス側としては現地の貧困家庭に対する一つの救済策、言い換えると社会的な善行と言うことができた。このケースも相当に多かった。そして、くじ引きでの決定もなされた。この方法での決定にはそれなりの平等性があるように思える。しかし、くじ引きで富裕家庭の若者が当たった場合、当然のようにその家庭の所有とされた奴隷身分の若者が身代わりで提供された。もう一つ忘れずに記しておかねばならないのは、各家庭の長男が提供されることはなく、多くは二男、三男以下のものであったことである(6)。

現地調査の結果としてマンジャンは六三本の報告書を西アフリカ植民地連邦総督、およびフランス本国植民地大臣に提出した。それら報告書では各セルクルの人口に始まり、セルクル内の民族構成の内訳、主な市場でのさまざまなものの値段、結婚に際して婿側親族から嫁側に支払われる婚資の額、そしてそれぞれの村の長たちとのパラーブルでの討議の内容が詳細に述べられていた。

それを結論的に言えば、西アフリカのそれぞれの植民地から毎年一パーセントから五パーセントの人口を兵士として供出しうること、言い換えるとダオメからは三六〇〇人、コートディヴォワールからは四八〇〇人、ギニア、およびセネガルからはそれぞれ六〇〇〇人、フランス領スーダン（現マリ共和国に相当する地域）から八五〇〇人を毎年徴兵しうる。さしあたって一九一〇年には、フランス領西アフリカにおいて一六五〇人の現地人を徴兵する。これらをセネガル歩兵として二個大隊に編成する。一九一一年以降はすでに形成されている二万人のセネガル歩兵部隊に加え、一年あたり五〇〇〇人を新規に徴兵し、それを四年間続けることとする。こうして形成される計四万人の軍団のうち、一万人は原則的にフランス領下にあるアルジェリアに駐屯させる。残る三万人は西アフリカ諸地域とマダガスカル、およびコンゴに駐屯させる。西アフリカに駐屯させる一万人の軍団について、配属は次のようにする。ギニアに一個連隊（四個中隊四大隊）、コートディヴォワールに一個連隊（一二中隊）、ダオメに二〇〇人編成の六個中隊、セネガルには一六個中隊を置く。これらの単位を形成し、西アフリカ以外に駐屯する連隊に必要ある場合の予備軍団とする、というものであった(7)。ここに予備軍団と記したのはフランス語では「レゼルヴォアール」、つまり第二章でも記したが必要に備えての貯水池といった意味の語である。フランス本国での戦争に備えて、いつでも供出しうる予備軍団、尽きることのない貯水池といった意味合いであった。

マンジャン調査団の報告に基づき、一九一二年二月七日の政令をもってフランス領西アフリカにおいて召集令状をもって徴兵をすること、兵役期間は四年とすることなどが決定された。召集令状による徴兵であるから強制的なものである。とはいえ、対象は適齢（二〇歳から二八歳）の青年すべてではなく、徴兵される兵士の数が当該地域住民数の一パーセントから二パーセント以内に収まるようにすることも決定された。奴隷身分の若者が主であるが、残りはくじ引きで必要人数を徴兵することになる。

住民数の一パーセントから二パーセントという規定が表明されたのは、西アフリカ現地において活動していたフランス人商人たちが徴兵への不安、ないしは反対を表明していたからである。マンジャンが公刊した著においてもこの点に触れられているのだが（第二章を参照）、現地で活動する商人たちは西アフリカからの兵士徴発に反対であった。徴兵は商業活動を阻害するからである。

第一次大戦開戦とセネガル歩兵

少し話が先に飛ぶが、第一次大戦が終わって一三年後になる一九三一年開催の国際植民地博覧会(8)に際して、『フランス領西アフリカ軍事史』という大著が公刊されている。

同著の最後の部分、第六部（p.805 以降）と第七部（p.833 以降）において、第一次大戦時、西アフリカからフランスに送られた兵士たちに関する記述が見られる。この著は当時の各地軍部がまとめたものであるから、史家たちが歴史記述する際の基礎資料（史料）になりうるものであり、そこに記されていることは当然信用するに足ると思われる。しかし、軍にとって都合が悪いと思われることについては明らかに記述を避けたと思われることがあると同時に、その意味するところについて少々頭をひねる必要がある記述もある。たとえば、次のような記述がある。第六部「第一次大戦時におけるフランス領西アフリカの軍事的努力とフランス本土の一般的必要事への協力」の初めの部分において、開戦時にどこにどのぐらいの兵士が送られたかが記されているのだが、それを見ると次のようになっている。

フランス本土―なし
アルジェリア―セネガル歩兵二個大隊
モロッコ―セネガル歩兵十三個大隊、騎兵隊一個中隊、フランス・セネガル混成砲兵部隊二個、車両操縦者四個中隊
マダガスカル―セネガル歩兵一個大隊

などとなっており、開戦時にはフランス本国には送られていないと記されている（p.807）。ところが、それに続いてすぐに同じ頁内の文章に「開戦と同時にセネガル歩兵団の多くが本土防衛に参加要請され、一九一四年八月には最初の軍団がフランスに到着し（…）、同年九月一八日にはピカルディでの戦いに最初のセネガル歩兵たちが加わった」（pp.807–808）と記されている。

ドイツがフランスに宣戦布告したのは一九一四年八月三日である。確かに、開戦の八月三日当日にはフランス国内にセネガル歩兵はいなかったことは分かる。しかし、続けて「一九一四年八月には最初の軍団がフランスに到着し」とあるのだから、セネガル歩兵たちは八月三日の開戦からさほどの間をおかずにフランス本土に送られていたのである。セネガルからフランスまで蒸気船で二週間ほどかかるから、彼らがセネガルを出発したのは同年の七月中であった可能性さえ排除できない。ただ、すでにアルジェリアやモロッコに送られていたセネガル歩兵が開戦と同時に、そこからフランス本土に向けて急送されたと考えるのが妥当だろう(9)。

大戦開戦直後、セネガル歩兵の派遣には相当の混乱があったことは容易に想像される。大量の兵士を港に集め、何隻かの船に分散して乗船させる作業には混乱が伴ったはずである。いずれにせよセネガル歩兵たちはフランスに着くとほとんど息つく間もなく、激戦の前線に送り出されたのだ。『フランス領西アフリカ軍事史』に記されているとおり、セネガル歩兵部隊は大戦が始まって一か月半ほどのちの一九一四年九月一八日、ピカルディでの戦いに参加したのが前線での戦いの最初である。

『フランス領西アフリカ軍事史』は上記の記述に続けて、前線に送られたセネガル歩兵部隊の兵士たちは一一月二四日まで塹壕《ざんごう》戦を戦い、その後、冬を乗り切るために気候温暖なフランス最南部のマルセイユに移送されたと記している。

『フランス領西アフリカ軍事史』には次のようなことも記されている。一九一四年八月二日、つまりドイツが宣戦布告する前日付けでのセネガル歩兵部隊員数として西アフリカ植民地内に一万四一四一人、西アフリカ植民地外（アルジェリア、モロッコ、マダガスカル）に一万六六〇〇人、合計で三万七四二一人。この日以降、兵員増強のために徴兵活動が活発化された。セネガル歩兵五〇〇〇人の増強が目標とされたが、陸軍大臣の命により八〇〇〇人の増強とされた。これに志願兵九〇〇〇人が加えられた（p.811）。

セネガル歩兵たちは次々に西アフリカから送られてきた。たとえば、一九一四年八月三一日にダカール港を出た兵士三個大隊は同年一〇月一日、マルセイユ港着。一〇月五日にはモロッコ軍と合流して、アルトワ地方での塹壕戦に参加した。同月二一日、アラス、およびサン・ポルに送られた。同地では激戦あり。兵士の損失大きく、一一月に残存兵をいったん戦線離脱させ、モロッコのカサブランカにて休養させた。三大隊とも二個中隊の規模になっていた。モロッコに集められた連隊は解散し、三つの大隊に編成替え。

一九一四年、冬が近づくにつれセネガル歩兵部隊はフランス北部の前線から撤退させ、南部温暖地域に集める必要が生じた。フランス南部のフレジュスに集められた兵士たちについては新しい大隊に編成替え、などと記されている（pp.809–810）。

マルヌ、ピカルディ、アルトワ、フランドル地方においてセネガル歩兵部隊は英雄的に戦い、その名を高からしめた。彼らの活躍ぶりには目覚ましいものあり、政府はセネガル歩兵部隊の一層の増強が望まれることを実感した。かくして、陸軍大臣は植民地大臣に諮《はか》ったうえで西アフリカからさらに一万人の兵士増員を要請した。

一九一五年二月、西アフリカ植民地当局から予告された一万八〇〇〇人の兵士のうち、一万人が未到着。早急な移送が強く望まれた。この状況を前に、陸軍大臣は以降、セネガル歩兵部隊については現地での事前の訓練なしにフランスに移送しうることが通達された。かくして、一九一四年一〇月から一九一五年三月までの期間について、移送された兵員数は予測を上回り二万一〇〇〇人の兵員増加がなされた（pp.812-813）。

西アフリカの若者たちはほとんど強制的に徴兵され、軍事訓練など受けないまま、フランスに送られ、そのまま前線に送られたのである(10)。

その後、しばらくはセネガル歩兵の増員は特に必要ないだろうと考えられた。というのも大戦自体が間もなく終わるだろうと思われていたのだ。ところが一九一五年半ば以降、戦局はさらに悪化したのである。前線では毒ガスや照明弾といった新兵器が使われるようになっていた。兵員の損失は甚大だった。そんな中で、西アフリカからはあらゆる手立てを尽くして兵員増強することが求められたのである。

ここで『フランス領西アフリカ軍事史』は次のように述べている。マンジャン調査団一行が西アフリカの広い範囲での調査を終えた後に当時の西アフリカ植民地連邦総督ウィリアム・ポンティに提出した報告書を受け、その返答としてポンティ連邦総督が約束したことがあった。それは次の通りであった。「もしフランス本国政府が国家防衛のためにわが優れた黒人部隊の応援を必要とすると判断されることあらば、西アフリカ植民地連邦総督であるわたしとしては必要とされる兵員すべてを

図２　正装したセネガル歩兵
(Champeaux et Deroo 2006 に掲載されている写真をもとに描画)

徴兵しうること、その点については何らの困難もないであろうことをお約束したい」。

『フランス領西アフリカ軍事史』はポンティ連邦総督のこの言葉を明記している。こうして一九一五年九月にセネガル歩兵五万人の派遣が決定されたのである。じつは、この増派が決定される前の同年六月一三日にポンティ連邦総督は急死し、連邦総督は後任のクロゼルになっていた。新任のクロゼル連邦総督は一九一六年になって、五万一九一三人の兵をフランスに送る旨、打電した（pp.813–814）。

このように大戦が始まって以降、西アフリカ植民地からは次々と兵員がフランスに送られた。しかし、フランス国内の一般人は西アフリカからかくも多くの兵士たちが前線に送られていることを知らなかった(11)。

大戦の経過

第一次大戦の様子、特にフランスとドイツ間での戦いについて、ここで概略記す必要がある。

第一次世界大戦が戦争の歴史、というよりも人類史における一つの画期をなしたことはしばしば指摘されている。大砲という重火器は早くから開発されていたが、第一次大戦時の戦場での戦死者の七割は大砲によると言われるように、この時期、大砲の精度、破壊力は飛躍的に向上した。兵士一人一人の力を無力化するような有無を言わせぬ戦場での大量殺戮兵器が開発された。そして、機関銃、安全ピンを取り外して投擲《とうてき》する手榴弾、あるいは照明弾、榴散弾《りゅうさんだん》（一つの砲弾から多数の弾が飛び散り、多くの人を殺傷する）、さらに火炎放射器、戦車、毒ガスといった新兵器が開発された。塹壕を掘り、そこを根城に攻撃と防御をするといった方法が生み出された。塹壕掘り自体の大変さはもちろん、夏の塹壕の不衛生さ、冬季の塹壕の苛烈さ、雨の下での塹壕の悲惨さ、その塹壕への水・食糧、砲弾の運搬の大変さなど、わたしたち経験のないものにも容易に想像がつく。こういった戦場の苛烈さについては文学において表現されたものがわたしたちに具体的なイメージを喚起させてくれるだろう。レマルク著『西部戦線異状なし』、およびバルビュス著『砲火』の二著を挙げておく(12)。

フランスもドイツもこの戦争は短期間で決着がつくと当初考えていたというが、両軍の損害の激しさはすさまじいものであった。あるドイツの機関銃手は次のような手記を遺している。

夜になって突撃してくるフランス兵を一〇〇メートルまで引き寄せてから、われわれは機関銃で応射した。すさまじい効果だった。彼らはまるで草が刈り取られるようになぎたおされた。夜が明けるにつれて、目の前に恐ろしい光景があらわれた。機関銃の一〇〇メートル先に、二〇〇人から三〇〇人の敵の死傷者が横たわっていたのだ。われわれは初めて機関銃の威力を目にした(13)。

このような戦闘が続き、開戦からわずか四か月後の一九一四年末の時点ですでにドイツ軍側に六八万人、フランス軍側には八五万人の死傷者が出ていたのである。今の時点で考えると愕然とするほかない。

一九一五年時、フランス軍側では戦争はそう長くは続かないであろうと考えられており、セネガル歩兵についても、さほどの補充をせずに済むだろうと考えられていた。しかし、一九一六年二月に始まったヴェルダンでの戦い、そして同年七月に始まったソンム川流域での戦いは長期間に及ぶ消耗戦としてよく知られる。

ヴェルダンの戦いは九か月間に及び、両軍合わせて二〇〇〇万発以上、一三六万トンの砲弾を消費、戦場は月面のようなクレーターに覆われたという。一方、ソンム川流域での戦いではドイツ軍とフランス・イギリス連合軍が戦ったのだが、連合軍側二五〇万人の兵士、ドイツ軍側一五〇万人が投じられた(14)。

兵士たちの肉体的消耗の激しさゆえに前線部隊員は短期間で交代させられた。それゆえに非常に多くの兵士がこの地獄を経験するという結果をもたらすことになった。ちなみに記すと、第一次大戦を生き延び、のちに世界を震撼させることになるヒトラーはこの時期、二五歳から二六歳になるころであったが、彼も西部戦線の激戦を経験しており、セネガル歩兵たちとの戦闘も経験している。彼は「わたしを前線に、しかもニグロ兵どもの気まぐれな撃ち方でもわたしを撃つことができる場所に置いたのだ」(15)とあからさまな嫌悪を記している。

実際、ヴェルダン、およびソンム川流域での戦い、そしてやはり激戦地であったシュマン・デ・ダムでの戦いにおいて、セネガル歩兵たちは数多く戦っていた。当然ながら、これらの地で斃《たお》れたセネガル歩兵も数多かった。この事実をもって、一時期、マンジャンには「黒人殺し」という汚名がかけられることさえあった(16)。西アフリカにおける徴兵の張本人と目されたからである。

『第三共和政政治史』、第二巻「第一次大戦時」にはヴェルダンの戦闘時、一九一六年六月一六日から二二日にかけて開かれた秘密会議の模様が議事録として記されている。秘密会議というのは、一般聴衆を入れず、国会議員のみの会議という意味である。その会議ではまずマジノ議員がドイツ軍の前で劣勢に立たされていることを数字をもって説明した。彼はヴェルダンでの劣勢は軍司令部の責任であることを述べている。続いて、多くの議員もマジノ議員の見方を支持する議論をしているが、翌六月一七日の会議の席では陸軍大臣ロク議員が国会議員を前に今次大戦での戦況について詳しい数字を挙げて説明した。戦争のすさまじさを理解するために、ここにその一部を引用してみよう。

開戦当初、フランス軍兵士は一九〇万人であった。一九一五年一月一日、兵士数は二三〇万九〇〇〇人になっている。四〇万九〇〇〇人の増員である。一九一五年七月一日、兵員は三六万五〇〇〇人増員され、二六六万四〇〇〇人になっている。一九一六年一月一日時点ではさらに六万三〇〇〇人増員され、二七二万七〇〇〇人になった。一九一六年五月一日、前線には二七五万三〇〇〇人が送られていたのである。

ロク陸軍大臣はこれに続けて、各戦闘地での状況について詳しい数字を挙げて説明するのだが、ここではそれらは省略する。ロク大臣はアルジェリア、およびモロッコには三〇万八〇〇〇人の兵士がおかれていること、またフランス国内後方に一五五万人の兵士がおり、そのうち四七万人は傷病兵であり、一二万七〇〇〇人は戦闘不可なるも再訓練下にあると説明している。現在、さらに三〇万五〇〇〇人が訓練中ないし戦闘参加可能であること、工場勤務として三三万二〇〇〇人おり、そのほかに領土各種保全・整備要員として二一万五〇〇〇人、そういった要員すべてを合計するとフランス軍兵士数は五〇一万三〇〇〇人になることを述べている。
ロク陸軍大臣は続けてフランス軍兵士死者・不明者数として次のように説明した。

死者数	六〇万六〇〇〇人
敵の捕虜になった者	三三万人
行方不明者	一〇万一〇〇〇人
退役者	一八万四〇〇〇人
合計	一二二万一〇〇〇人 (17)

甚大な数の死者、行方不明者という他はない。フランス軍の損失の大きさ、補充兵の必要はますます強く認識されていた。一九一七年になると、西部戦線での膠着《こうちゃく》状態に嫌気がさしていたフランス国民の間には敗戦の予感を抱く人々も多かったという。

西アフリカでの徴兵

再び、西アフリカに戻ろう。マンジャン一行の克明な調査報告により、フランス本国政府では西アフリカはフランス軍にとって兵員の「貯水池」であり、必要な兵士をいくらでも提供してくれる場であるかのように思われていた。そして実際、フランスでの戦線の激しさに応じ、西アフリカの若者たちは次々と徴兵されたのである。一時期「黒人殺し」という汚名を着せられさえしたマンジャンは、しかし一九一七年秋にクレマンソーが首相兼陸軍大臣に就くと、ふたたび脚光を浴びるようになる。クレマンソーはドイツを激しく敵視するかたくなな戦争継続派であり、その点での彼の態度は一貫していて、「虎」と呼ばれたという。

しかし、大戦開始後の西アフリカの現地において、徴兵という作業は容易になされていたのだろうか。西アフリカの人々はフランスが言うままに、従順に、徴兵に応じていたのだろうか。そうではない。

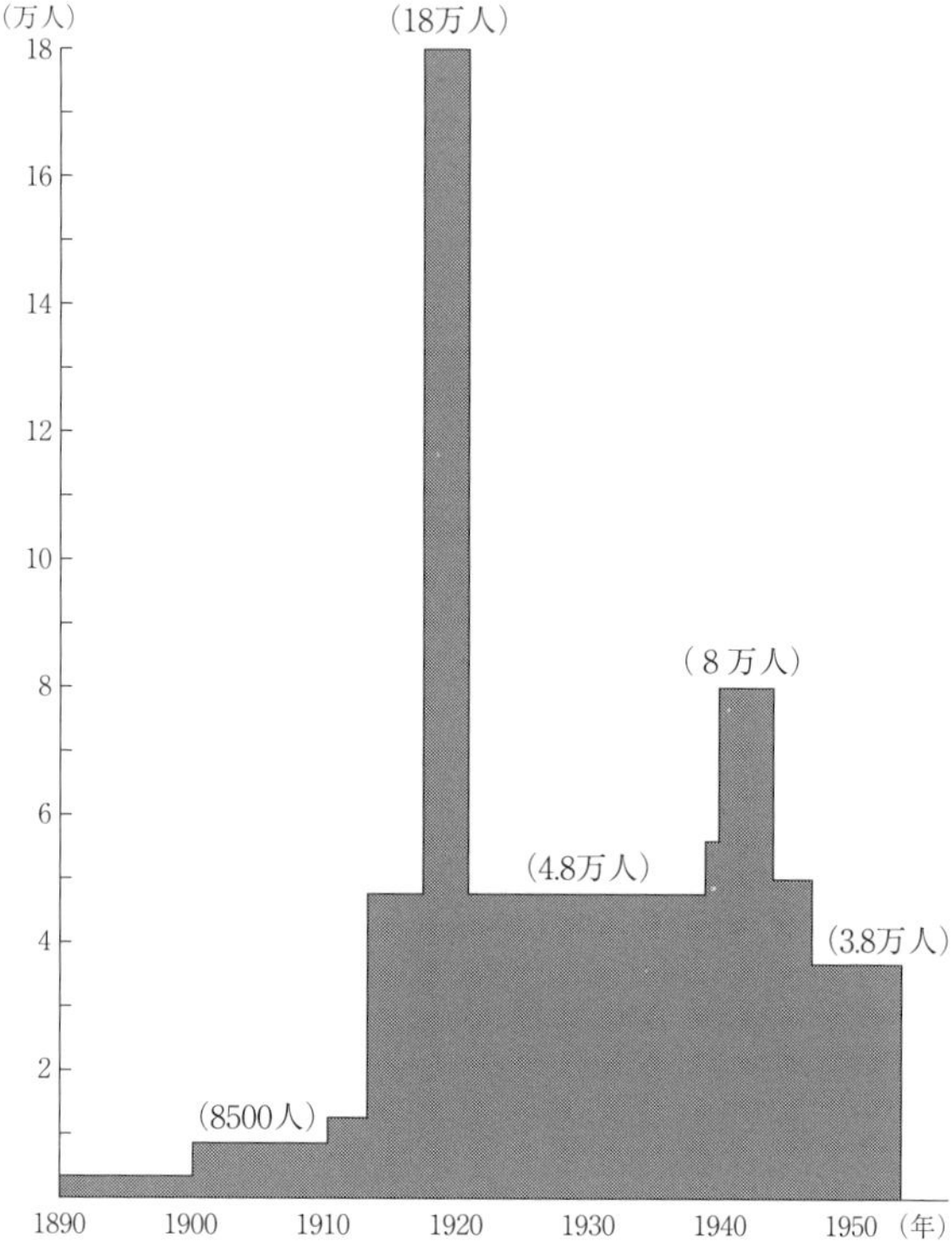

図3　1890年から1953年までの間のその時点でのセネガル歩兵総数（Echenberg 1991: 26 に基づく）

エチェンバーグはセネガル公文書館所蔵の徴兵に関する資料をもとに、当該年におけるセネガル歩兵の概数を計算し、それをグラフで示している(18)。

マンジャン一行が調査に来た一九一〇年秋以降、一九一一年から翌一二年にかけて西アフリカでの徴兵数は伸びており（約五〇〇〇人）、その伸びは大戦が始まるとさらに大きくなっていき、一九一五年から翌一六年にかけてぐっと伸びた（約五万人）のち、一九一六年から翌一七年にはいったん一九一四年の水準に（約一万人）まで落ちた。しかしその後、次の一九一八年にかけて大きく伸びた（六万人以上）ことが分かる(19)。一九一八年の徴兵数の大きな伸び、これに本書の主人公ともいえるブレーズ・ジャーニュが大きく関わっている。それについては後の第三部第十章で詳述することになる。

一九一五年から一六年に至る段階ですでに、セネガル歩兵としての徴兵総数は約一二万人になっていたことを先に記した(20)。このように多くの若者が兵士としてフランスに連れて行かれることに対し、現地のフランス人商人たちが反意を表明していたことも記した。しかし、現地の人々、特に徴兵対象であった若者たちの抵抗は当然のことながらもっと強く、激しく、直接的であったのだ。

一九一二年二月七日付けの政令によりフランス領西アフリカにおける徴兵は強化された。原則的に二〇歳から二八歳までの青年すべてを召集することが決められた。翌一九一三年八月五日にはフランス本国での兵役がそれまでの二年から三年に延長された。フランスはドイツとの開戦が迫っていることをますます強く感じ取っていた。

西アフリカ現地の人々はこの強制的な徴兵に対して、どのような対応、さらには抵抗をしたのか。このことに関して、コートディヴォワール植民地バンジェーヴィル在の総督が一九一五年九月四日付けをもって西アフリカ連邦総督宛に送った報告には興味深いことが書かれている。そこにはコートディヴォワールだけではなく、西アフリカの各植民地各々に共通して言えるはずと思われることが書かれている。

フランス本国政界、また軍部の一部では西アフリカを兵士提供の《貯水池》と見なすような認識がなされているとのことですが、当地での徴兵は誠に困難なものであります。西アフリカ全体の人口を基に、その総人口の一パーセントなり二パーセントを兵として集めよといった議論がなされているとのことですが、これは重大な誤りであります。西アフリカ全体の人口といっても地域ごとに人口は大きく異なります。当植民地においての人口は一平方キロメートル当たり二人でしかないのです。東南アジア植民地での人口を基に、それにならって徴兵目標を定められるなど、まったく現実にそぐわないものであります。コーチシナ（フランス統治時代のベトナム南部）では一平方キロメートル当たりの人口は七〇人、トンキン（フランス統治時代のベトナム北部）では同一二〇人にもなるのです。こういった数字があたかもそのまま西アフリカにも適用可能であるかのように徴兵目標をうんぬんされるのは全く見当違いと申さねばなりません。その点を勘案しますと、これまで西アフリカの各植民地からこれだけ多数の兵士を集めたということ自体、どれだけの努力を必要としたか十分にご理解いただきたいと思うのであります。西アフリカは決して《貯水池》などではありません。《貯水池》などと言うのは、現実に兵を集める任を帯びているわけではなく、それができないからといって責任を取らされるわけでもなく、自分のキャリアに何の汚点も残すことはない、そういう人がこのような無責任な楽観論を述べているのです。

西アフリカの現地住民たちは、一九一〇年においても一一年においても、つまりマンジャン調査団一行が当地を訪れる前、その後にかかわらず、徴兵に熱意をもって応えたことなど一度もありません。税金の支払いと同じ、そうせよと言われるから、仕方なくそうしているにすぎないのです。自分の家や家族、先祖の土地を守るためでもない戦いのために、人々に無理にでも兵隊になれなどとどうして言えましょう。つい先年、自分たちを征服し、今や主人となっている人々が戦う戦争のために自らの命を投げ出す、そんなことに誰が喜んで出かけるでありましょうか。召集、つまり命令は絶対であり、従わぬものには武力をもって対処し、逃亡、あるいは脱走するものには見せしめとしての罰を与える、そういう強権的な方法をもってする以外にはないのです。

その上、西アフリカは島ではありません。数キロメートルも歩けばイギリス領やポルトガル領の土地があるのです。人々はそれらの土地では徴兵などないことを知っています。当コートディヴォワール植民地のアッシニエ、アンデニエ、ボンドゥクなどのセルクルから人々は簡単にゴールドコーストに逃げていくのです。しかし、わたくしはグロ、ベテ、ゲレ各民族の間で六千人近くを徴集しました。これは一九一一年に目標としていた人数の約六倍にもなります。そのためにわたくしの部下たちがどれほどの努力をし、どのような手段を用いたか、ご想像ください。ただし、これが限度であります。これ以上のことをすると、住民の不満が爆発するでしょう。また、イギリス領では徴兵はなされていないのですから、人々はヨーロッパにおいてイギリスは強く、フランスは弱い国なのだと喧伝するようになるでしょう。

また、申し上げておきますと、アフリカ人は一般に野原を走り回って生きているのだから、身体的に健康で体格もいいと思われているかもしれませんが、現実には皆が何らかの病気を抱えており、兵としての適格者はごく少ないというのが事実であります。あるセルクルでは一〇〇人の若者を集めても、徴兵基準を厳格に適用すると適格者はそのうちの一人しかいないということが起こるのです(21)。

コートディヴォワール植民地総督から連邦総督宛に送られたこの報告書は直接に現場を統括するものとしての真情を吐露するもので、率直、かつ真摯なものである。そこには、フランス本国の上層部からあれこれ指示されることへのいらだちが驚くほどの率直さで表明されている。マンジャンの名こそ挙げていないものの、「貯水池」論への反論など、よくぞここまで書いたと思わせるが、現場の思いを正直に伝えたかったのだろう。そして、そこに述べられている人々の徴兵逃れのさまざまな方法、それはまさに他の植民地いずれからも報告されている徴兵逃れの様子を端的に述べてもいるのである。

ダオメ植民地ポルトノーヴォ在の総督から連邦総督宛に送られた報告書を見てみよう。

当地においては、一九一五年五月一六日付け電報での指令に基づき、六、七、八月に五六一人を徴集いたしました。しかし、そのためにわたくしどもがどれほどのことをせねばならなかったかご理解ください。これが限度であります。(…)どうしてもさらに集めよと言われる場合、兵としての適格基準を緩《ゆる》めていただくほかありません。へそヘルニアに罹《かか》っているもの、軽度の痘瘡《とうそう》、軽度の腺炎を患うものなどは数多く、それらをも適格とするほかありません。(…)現地住民は兵士になることを仕事ととらえております。仕事である以上、報酬があるのは当然と考えますので、手当金支給については徴兵時に半額、帰還したときに残りの半額を支給するようにすれば、帰還時に手ぶらということはないでしょう。また、死亡した場合は遺族が村の伝統に則った葬式をきちんと出せるだけの金を支給する、それが必要でしょう。

いずれにせよ志願兵などいないことはご理解ください。強制的方法しかありません。村の住民、首長、長老たちすべてが徴兵に非協力的です。若者たちは村からの逃亡は言うまでもなく、みずからの身体を深く傷つけることさえ辞さないのです(22)。

セネガル植民地サン・ルイ在の総督が連邦総督宛に送った報告書では次のように述べられている。この総督はセネガルにあった旧来の王国構造においては王に仕える奴隷が兵士として機能していたことを述べ、フランスが植民地化しセネガル歩兵部隊を創設したとき、これらの旧王国兵士たちがセネガル歩兵部隊に吸収されるという形で救われたこと、したがってフランス側としては当初の徴兵には多くの問題もなかったことを記している。徴兵期間も短く、遠征した土地で戦利品としての女を妻として与えられたりもし、彼らに不満はなかったと述べている。セネガルの事情をわきまえた適切な指摘である。そして、次のように述べる。

マンジャン調査団以降の事情は全く異なります。伝統的王国は崩壊し、旧来の王の兵士というものはいません。一般人の間でも奴隷は減り、また土地をもたず、誰かの庇護下で生きているものたちも仕事には報酬が伴うことに慣れています。確実な報酬が見込めない仕事につこうとはしません。(…)しかも、マンジャン調査団が求めている兵士たちはアフリカ内で戦うのではなく、住民たちの想像を超える異境で戦うのです。セネガル歩兵はモロッコ、マダガスカルの征服に従事し、環境が大きく変わることを体験しています。また、現今では軍規も厳しくなり、征服地で戦利品としての女を手にすることもできないことを知っています。つまり、兵士になることの利点はないと認識し始めております。マンジャン中佐が述べておられるような、アフリカの兵士たちは生来戦いを好む気質をもっているなどというのは牽強付会《けんきょうふかい》の観があります。現在、旧兵士たちも、旧奴隷たちも、各々が土地を耕し、収穫を手にする喜びの中に生きているのです。喜んで、われわれに兵を提供しようとするものはありません。つまり、志願兵など一人もいません。

兵として提示されるのは村の首長が選んだものです。村で土地を耕し、商いに従事している若者の中から選んで強制的に割り当てるのです。

もう一つ申し上げねばなりませんが、兵士としての適格基準に合致するものは多くありません。各地の首長は大変多くの若者を提示してきますが、適格とされるものはごくわずかであります。第一次検査で多くのものをふるい落としますが、それでも適格審査では七割のものが不適格とされるのです(23)。その後、適格とされたわずかのものが実際に兵舎に集められ、そこでの検査でさらに不適格とされるのです。こうして一〇〇〇人から一二〇〇人の若者を集めても、兵士として採用されるのはそのうちの一〇〇人に過ぎません。この点は当地の将来に関しても多くの不安を感じさせることでありますが、さしあたっては徴兵に関して多くの問題を含むものであります。

さらに、過去四年来、モロッコ、そしてフランスに送られた兵士たちの誰一人戻ってきていないという重大な問題があります。誰一人として、フランスでこんないい経験をしたと報告する兵士はいないのです。村に届くのは誰それが戦死したという報であり、空っぽの財布、個人識別徽章ばかりです。要するに、住民の間には徴兵されることは死の宣告だという認識ばかりが残るのです。

しかも、当セネガル植民地には完全施政コミューンと保護領という問題があります。フランスではセネガルから援軍が来たとして大いに称讃されていますが、この援軍についてセネガルのコミューンから来たかのように思われているのです。セネガル歩兵が前線で戦い、戦功をあげると、それはあたかもコミューン出身の兵士の功績であるかのように語られるのです。これではセネガル歩兵たちは全く浮かばれません。コミューンからはこれまでのところ、誰一人の兵士も送られてはいないというのにです。さらに、コミューン住民の中にはセネガル歩兵を「外人傭兵」であるかのように言う人までいるのです。兵士として送り出した父親、母親の気持ちをご推察ください。結果として起こるのは、不満、忌避であり、徴兵をいかに逃れるかという結論に落ち着くのです。

大量の村民の逃亡、徴兵逃れのためのあらゆる方法、徴兵阻止のための妨害が起こります。フランス行政側としては武力行使も辞さない強制的手段をとらざるを得なくなるのです。徴兵があるという報が届くや否や、首長は若者を一斉に村外に逃がす、そして他の村々にも徴兵の報を伝える。これらに対して行政側は処罰を加えます。かくして二か月から五年もの禁固刑が下されるのです。武器をもってわれわれに歯向かうものさえ現れるのです。また、自傷のケースも多発します。若者が斧で足に一撃を加える。目に毒のある樹液をさしこむ。首長に賄賂を贈って、徴兵逃れをする者もいます。英領ガンビアに近い村の若者たちは大挙してガンビアに逃げ込む。また、徴兵されることが決まった若者たちの母親が大挙して総督の住居を取り巻き、葬儀の歌を大声で歌い続けるといったことが起こるのです。

結論的に申しますと、徴兵はすべきではないと申すのではありません。フランスが兵員を必要としていることは理解しています。しかし、本国では人口の一〇パーセントを徴兵しているからといって当地でも同様にというわけにはいかないのです。西アフリカで繰り返し徴兵するということは、フランスは弱い国だからなのだと人々は考えるのです(24)。

この報告は具体例を記述していることもさりながら、マンジャン調査団について批判していることに注目すべきであろう。現場の任に当たるものの間には本国政府の方針に不満があったことが分かる。

西アフリカの各植民地内に数多くあるセルクルからの報告多数をここで引用するのは煩雑になる。それらの報告を読むと、例外なくといってよいのだが、いずれの総督、コマンダン（植民地内のセルクルの司令官）からもこれまでの徴兵がいかに困難であったかを述べ、これ以上の徴兵は無理であること、住民たちは自殺、自傷、逃亡、権力者への賄賂の使用などあらゆる手段を用いて徴兵を逃れようとすることを述べている。これ以上の無理をすれば、それは住民暴動を引き起こすだろうと言っている。ギニア植民地総督からの報告には、徴兵にあたる行政官が村人に襲われるというケースも報告されているのである(25)。荒野に逃げ込んだ村人たちは、そこに徴兵担当官が追ってくると毒矢を放って抵抗したという。

徴兵はそれぞれの村でなされるが、村からいったんはカントンの集結所に集められ、それからさらにセルクルの集結所で訓練を受け、そこからダカールの港に向かうことになる。トラックはまだ十分ではない時代であるから、これら集結所には徒歩で向かう。徴兵された兵たちへの食糧支給が十分でないと、途中の村々で略奪がなされる。その混乱の中で脱走するものが出た(26)。

セネガル、カザマンス地方での徴兵の一つのケース

この章の冒頭部において、徴兵はくじ引きによってなされることがあったことを記した。セネガル南部の密林地域であるカザマンス地方でおこなわれたくじ引きによる徴兵に関して、一九一四年当時のカザマンス・セルクルのコマンダンであったブリュノという人が残していたタイプ書きのノートをもとに記録されたものがある。それを見ると、具体的な様子が分かる。

セネガル南部のカザマンス地方はダカールから相当に離れているうえ、密林地域でもあり、一九一四年当時、世界情勢から切り離されたような状態にあった。八月に入って、フランスがドイツとの戦争に入ったという情報はセネガルにはただちに届いたが、カザマンスに暮らす一般人にとっては文字通りのよそ事に等しかった。

そこに動員令が来る。「白人の国での戦争」がどのようなものであるか、想像すらできなかった人々はこの動員にやすやすと応じた。結局一一二人の兵士たちがセネガル歩兵として八月七日（開戦から四日後！）には故郷を離れ、ダカールへと向かった。そうして、一一月、これらカザマンスからの兵士たち全員が戦死という報がカザマンスの村人たちに届いたのである。しかも、これら戦死した兵士たちの遺体はカザマンスに運び戻されることもなかった。これはカザマンスの人々（民族的にはジョーラの人々が多かった）にとっては深刻なことであった。カザマンスの人々にとって祖先の地に埋葬されない死者の霊は安らかに眠ることなく、さまよい続けると考えられていたからである。

カザマンス・セルクルのコマンダンであるブリュノのもとに、カザマンスからさらに六〇〇人を新規に動員せよと

いう命令がセネガル植民地総督から入る。カザマンス地方の主民族であるジョーラ人たちはもちろん誰も徴兵に応ずる者はいない。そこで、ブリュノ・コマンダンはカザマンス・セルクルの主要地セージュにおいて、住民代表とイスラーム導師を交えたパラーブルをおこなった。ブリュノは次のように言っている。

「セージュの皆さん、皆さんは白人たちの国でフランスが今、敵と戦う大戦争のさなかにあることをご存じでありま す。この戦争はフランスの戦争でありますが、皆さんの戦争でもあるのです。皆さんはそのことをご存じないかもしれない。しかし、わたしがそういうのです。わたしが皆さんに嘘を言ったことがありますか？　他の村々の人々に訴える前に、まずもってセージュの皆さんに訴えるべきであろうとわたしは考えました。セージュの皆さんこそ、まず模範を示してくださると思ったからです。

これからお渡しする紙一枚一枚に、村の若者たち誰か一人の名前を書き込んでください。紙一枚に一人の若者の名を書いてください。そして、それらの紙をこの大きな容器（大ヒョウタンを半割にしたもの）に入れてください。その中から、ここにおられるイスラーム導師に一五枚を選んでいただきましょう。そうです。まずセージュから一五人の若者が欲しいのです。その一五人が誰かを決めるのは神です」。

ブリュノのこの言葉に対し、その場にいた人々は静まり返った。人々の顔はこわばった。しばらくのち、住民代表の老人が口を開いた。

「ビスミッラーイ（神の名において）、ブリュノさん、あなたが言うことは正しい。もし、あなたがアフリカの中での戦争のために若者が欲しいと言われるのであれば、われわれの誰もが喜んで行くでしょう。しかし、海の向こうの、白人の国での戦争のためにわれわれの若者を送るということ、それはできない。それはお断りする。死んだらそのまま、こちらには帰って来られないからです」。

この発言に対し、ブリュノは何も言わず、翌日、コマンダン宿舎で再度、会いたいとだけ答えた。

翌日、一五人の若者が提示された。ブリュノはこれら若者たちについて、もともとのセージュ住民ではなく、たまたまセージュに滞在していた別地方から来た若者たちであるのだろうと思った。自分たちの身代わりに事情を知らない若者の名を勝手に書いて、差し出したのだろうと思った。

その日の夕方、ある男がブリュノのもとに来る。この男はこう言った。

「コマンダン・ブリュノ殿、わたしはセージュの小学校同窓会会長です。昨日、あなたが演説なさった後、わたしたちは皆で集まりました。でも、わたしは何も言いませんでした。話しても何のことか分かる人は一人もいないからです。でも、わたしにはどういうことか分かっています。で、わたしたちは話し合いました。そうして、あなたが望んでいた一五人を決めたのです」。

一五人の若者をダカールに連れて行くための船に同行乗船したブリュノ・コマンダンは、若者たちにどのようにして選ばれたのかを尋ねた。ある若者が言うには、「同窓会長はわたしたちにガリリアーノ橋で四〇人の敵襲来を身をもって防いだ騎士バヤールの話をしてくれたのですよ」。

この話にすっかり感服した若者一五人がフランスのために命を捧げる決心をしたという。

これら一五人の若者たちは西部戦線、ドゥオーモンの戦いにおいて全員死亡、遺体は故郷カザマンスに帰ることはなかった。

ここに出てくる「騎士バヤール」というのは、一六世紀初め、フランス建国の伝説中に登場する英雄のことである。こういった悲劇が続いた後では、カザマンスでの徴兵は当然ながら困難になった。コマンダンが村に行き、若者を提出するように言うと、村の老人たちはさまざまな言い逃れを言った挙句に、ひどく歳とった老人、手足がマヒした若者、梅毒症状が見てとれる者、あるいは結核で弱った若者などを差し出したというのである(27)。

実際に起こった大暴動

一九一五年以降、西部戦線での状況は日増しに悪化、軍の損害は大きく、兵員補充が強く求められたことはすで

写真1　ダオメ植民地での徴兵に応じ,功績のあった兵士を表彰するポスター　1915年10月24日から11月24日の間に志願したもののうち特に顕著な功績をあげたものとして名前が記されている。最下段には「次の表彰ポスターにはあなたの名がのるように」と記されており,このようなポスターを張り出すことでさらなる志願兵を募ろうとした（フランス，エクス・アン・プロヴァンス在のフランス海外領土公文書館ANOMにて筆者撮影）

に記した。西アフリカにおける徴兵は強められた。身体的にもそれまでの基準が弱められ、当初は身長一メートル七六センチ以上の者とされていたのが、一メートル七〇センチに下げられ、さらには一メートル六二センチ以上、森林地域（コートディヴォワールなど）のものについては一メートル五八センチにまで下げられた。このような基準引き下げでの強制的徴兵は、それに比例するように徴兵逃れや脱走を増加させた。一九一六年のことであるが、コートディヴォワールの町ブアケにおいてバウレ民族から徴兵された青年の五分の一、アニ民族から徴兵されたもののほぼ三分の一が脱走したという。総体的に言ってセネガル、および上セネガル・ニジェール（現マリ、ブルキナ・ファソ、ニジェールの北部地域）においては徴兵数の五パーセント、コートディヴォワールにおいては徴兵数の一二・五パーセント、ギニアにおいては徴兵数の一七・五パーセントが脱走したという[28]。

徴兵のためにさまざまな方法がとられたのは言うまでもない。各地での情宣活動はもとより、兵士を称揚するデモンストレーションやフェスティヴァル、手当金の手渡しを仰々しく儀式風に演ずる、兵士の制服や給与について大げさな宣伝をする、などがなされた。セネガル歩兵として昇りうる最高の地位は曹長であったが、曹長になれば植民地行政府で通訳として働く人間と同じ給与が保証されると宣伝された。当時、行政府の通訳は現地人が就きうる最高のポストだったのである。

しかし、各地の総督、コマンダンが詳しく報告しているとおり、徴兵は簡単な作業ではなかった。結果として強制的手段に訴えるほかなく、それは「人狩り」の様相を呈した地域もあった(29)。また、イスラーム教団の協力が要請されたこともあった。セネガルの新興イスラーム教団として力を強めていたムリッドの創始者アーマド・バンバの協力は有力な宣伝材料になった。

コートディヴォワール植民地総督であったアングルヴァンは一九一五年一二月一八日付けでの連邦総督宛の報告において次のように記している。

　これ以上の兵の徴発は住民間にある種の不満の爆発を引き起こす可能性があり、社会不安の原因となる可能性があるかと思います。イギリス領植民地においては召集による徴兵はなされておらず、住民はそれを知っております。つまり、住民はフランスが自分たちに頼るということはフランス自身が弱いからだと考えております。われわれの地におきましては、強制的手段によってのみ徴兵は可能であります。言い換えますと、強制的手段によらない限り、徴兵は不可能です。また、こうして身体強健な若者たちを駆り出すことは、とりもなおさず当地における労働力不足につながり、それは当地経済に混乱をもたらすことになると思われます(30)。

状況は各地においてただならぬものになってきていた。

そんな中で一九一五年一一月一七日に始まったとされるヴォルタ川西岸（現ブルキナ・ファソからマリに及ぶ地域）での住民暴動は時を追うにしたがって大規模化、すさまじいまでになった。

はじめはブナという一つの村でなされた徴兵に対し、徴兵委員会へ青年が出頭するのを住民側がこぞって拒否したことであった。カントン長が出した出頭命令に対し、村の占い師が鶏を使っての占いをしたところ、結果は白人に対抗せよと出た。その結果に従い、村の住民全体が徴兵反対の意を示したのである。これに周辺の他の四つの村の住民が同調した。これに対し、セルクルのコマンダンと護衛兵一〇人、セネガル歩兵一三人、補助兵一〇人がブナ村に向かったが、逆に武器を持った村人たちに追い返された。セルクル・コマンダンからすれば、これは侮辱されたのと同じである。この「反逆」鎮圧のためにセルクル・コマンダンは一二〇人からなる兵士団をブナに送った。しかし、ブナ村は鎮圧されなかったのである。村は真の反逆拠点となった。さらに、これに周辺の他の一五の村も加わった。同月二五日にはセルクルの治安維持要員（警察）が殺され、電信線が切られた。こうして一つの村で始まった反逆は広い地域の人々を巻き込む一揆の様相を呈した。二七日には、自宅を現地人に取り囲まれたカントン長を救うために送られたセネガル歩兵二四人と二〇〇人ほどの補助兵たちが、逆に数千人の村人に囲まれ、襲撃を受けるという事態になった。この兵士たちは一二月五日の夜、ひそかに撤退しようとしたが、住民たちに追われ、激しい戦いを強いられた。

植民地行政側はここで強い手段に出た。八〇〇人からなる兵士団を送って鎮圧しようとしたのである。機関銃、そして大砲まで動員されたという。ところが、一二月二三日の攻撃は失敗、三人のフランス人兵士が死ぬという事態も生じた。こうなると、完全な反乱状態である。総計で五〇〇もの村、一六万人もの人々が巻き込まれた。一つのセルクルのみならず、隣接セルクルの人々、民族的にも複数の人々が関わる地域的大騒乱になった。人々は次々と反乱に加わっていったのである。結局、フランス領西アフリカ全体の重大問題になったのは当然である。四か月にわたって暴動、騒乱、混乱は続いた。一つの村が鎮圧されると、別の村での暴動が起こった。翌一九一六年の四月、広範囲にわたる暴動は極点に達した。反乱は九か月間続き、損害は甚大であった。現地住民側に数千人の犠牲者が出たという(31)。

西アフリカ住民をフランスでの戦争に駆り出すために、西アフリカ内で西アフリカ人に対してなされる戦争。悲劇というほかはない。村々では穀物倉も破壊された。その後の村々での治安維持のために、セネガル歩兵部隊が常駐するようになった。なんという悲劇であったことか(32)。

第四章　ブレーズ・ジャーニュ

本書の主たるテーマは第一次大戦におけるフランスがその植民地であった西アフリカ地域の人々とどう向き合ったかを見ることである。大戦の戦場に西アフリカの人々を引き込む際に大きな力になったのがシャルル・マンジャンという軍人であったことを、先の第二章で見てきた。フランスは自国本土でおこなう戦いへの西アフリカ兵起用を決定したのである。西アフリカ現地では半ば強制的な徴兵が各地で実施された。人口が密とは言えぬ広大な面積をもつ西アフリカ地域においての徴兵は簡単なことではなかった。そして、現地住民も徴兵に容易に応じようとはしないというのが実情であった。

先の第二章でわたしたちはブレーズ・ジャーニュという名を何度か目にしている。この人こそは本書全体の主役とも言える人なのである。先に名を挙げた軍人シャルル・マンジャンより六年遅れて、フランス領植民地であるセネガルで生まれている。植民地人である。本章でその経歴と彼の人生の前半期における諸活動を見ることになるが、その活動はセネガルという植民地人の地位向上に大きく貢献したと言えよう。そして、まさに彼の活動が西アフリカの非常に多くの若者を大戦に参加させる動因にもなったのである。

セネガル植民地はフランス領西アフリカ植民地連邦の中でやや特殊な位置、立場にあった。それは西アフリカにおいてセネガル地域が最も早い時期にフランスに植民された事実に関わっている。セネガル内のサン・ルイ、ゴレといった地はフランスとの接触の中で早くから都市化が進み、そのために完全施政コミューンという特別な地位を与えられることになった。植民地における完全施政コミューンとは何であるか、そのことについても本章で検討しておかなければならない。

第一節　ブレーズ・ジャーニュの生い立ちと人格形成期

ブレーズ・ジャーニュという名前

本論に入る前にジャーニュという名前の読み方（日本語での発音の仕方）について違和感を覚える読者があるかもしれないので、一言述べておきたい。

ブレーズ・ジャーニュという名はフランス語では Blaise Diagne と綴られ、旧フランス領植民地であった現セネガルにおいても同様に綴られる。ブレーズ（Blaise）という名（個人名）、これは例えばミッシェルやフランソワなどフランス人に多く見られるフランス人名の一つであり、それがフランス語法に則って綴られるのは当然のことである。他方で、姓にあたる Diagne という綴り、これはセネガルの現地人名をフランス語の発音規則に従って表記したもので、その意味でいかにもフランス風の綴り方になっている。セネガルが旧フランス領植民地であったことが主な理由だが、現在のセネガルにおいてもセネガル人の名前は現地で発音される音をもとに、それをフランス語風発音表記規則に従う綴り方になっている。言い換えるとフランス人がその綴りを見て発音しやすいように綴られているのである。しかし、いわば当然のことであるが、セネガル人の名前（セネガル風に発音されるもの）をフランス語表記で完全に再現表記できるものではない。そのことがジャーニュのフランス語綴りDiagneにも表れている。

セネガル人の姓として多く見られる名称の一つであるDiagneは、それがフランス語での綴り方に則った綴りであることからして日本では「ディアニュ」と読まれがちである。また、この名前がセネガル現地においてどのように発音されるかを知らないフランス人も「ディアニュ」と発音する。それはDiagneという綴りからして、当然そうなるのである。サッカー選手などとしてセネガル人が日本でも紹介されるケースは増えており、新聞、雑誌等で「ディアニュ」として記されていることがよくある。しかし、これはフランス語式綴りがもたらす「弊害」というべきもので、セネガル現地での発音はわたしたち日本人が片仮名で書かれた「ジャーニュ」という語を見て、普通に発音する際の音そのままに大変近いのである。セネガルではこのDiagneという名前が「ディアニュ」と発音されることはない。「ジャーニュ」である。

ちなみに、日本の新聞・雑誌などでも目にするようになったセネガル人の名前としての「ディオップ」（Diop）や「ディウフ」（Diouf）、「ディオール」（Dior）などについても同様で、これらはいずれもセネガルではジョップ、ジュフ、そしてジョールと発音される名前なのである。ちなみに記しておくと、アメリカやイギリスなどで発行される論文・著書などでは、これらの名は英語での綴り方に則って、いずれもJaany、Joop（またはJopp）、Juuf、Joorなどと記されることが多くなっている。英語式綴り方に則ったこれらの書き方は現地音に非常に近い表記と言えよう。

生い立ちと前半生

ジャーニュが生まれたのは一八七二年一〇月一三日、その年の八月にフランス本国のコミューンと同等の地位（本章第二節で説明する）を認められたばかりのゴレ島においてである。もともとの名をガライ・ンバイ・ジャーニュ（Galaye Mbaye Diagne）と称した。父親はニョハール・ジャーニュ（Niokhar Diagne）といい、セレール民族出身の料理人、母親はニャニャ・プレイラ（Gnagna Preira）という名の炊事係・給仕婦であった。ニャニャ・プレイラの父方の祖先がポルトガル領ギニア（現ギニア・ビサウ）出身者であったため、プレイラというポルトガル人風の姓をもっていた。両人とも黒人であり、社会的地位も決して高くはない「普通」の人であった。この、いわば「純粋の」黒人であり、かつ社会的地位も高くはない両親生まれという点はのちにブレーズ・ジャーニュが選挙に出馬する際の重要事項となる。

ゴレ島には少なからぬフランス人居住者がおり、これら白人（主として男性）と現地人女性との間に生まれた混血者も少なくなかった。その混血者の一人、アドルフ・クレスパンという裕福な混血者家族がガライ・ンバイを里子として引き取った。一般に貧困状態にある家庭の子どもを他人が里子ないし養子として引き取るというのは現在のアフリカでも少しも珍しいことではないが、当時のゴレ島でもそうであった。ジャーニュはゴレ島にあったカトリック系の学校に送られ、すぐさま頭角を現す。優秀さに強く印象づけられたクレスパンはその子をクレスパン家のものにすることにし、名前もそれまでの現地人風の名前ガライ・ンバイからブレーズとフランス風の名に改めたのである。学校でのブレーズの成績はすばらしいものであったらしく、彼自身がのちに回想しているところによると、学校での生徒時代、まだ一〇歳にも満たないころ、ゴレ島駐屯のフランス人下級兵士たちが彼のもとに何人もやってきて、兵士たちの家族宛の手紙を代筆してくれと頼むのを引き受けて手紙を書いていたという(1)。当時、フランス人といえども教育を受けていない人は多く、字を書けない人が多かったのである（この点については第一章を参照）。

高等教育のため南フランス、エクス・アン・プロヴァンスの高校に送られた。ここで最初の試練となるのだが、ブレーズ・ジャーニュは進級試験に失敗、セネガルに戻り、サン・ルイの高校を一番で卒業した。彼らしい人生が始まるのはそれからである。フランス植民地での税関員採用試験に臨み、一回目は失敗するも、二回目で合格、税関員になった。税関員になるためには要するに税関職員採用試験に合格することが条件で、黒人であるからといって不利になることはなかったようだ。一八九二年一一月（二〇歳になったばかり）、彼はフランス税関中級職員として最初の任地ダオメ（現在のベナン共和国）に送られた。

その後のほぼ二二年間をブレーズ・ジャーニュは税関員として過ごすことになるのだが、そのキャリアは波乱に富んでいる。ダオメからフランス領コンゴ、ガボン、レユニオン島、マダガスカル、果ては南米のフランス領ギアナへと次々に任地を変えている。いや、「変えた」のではなく、「変えられた」のである。そして、新しい任地に赴く際、新任地に着いたらそこの税関長に手渡すようにとして彼に与えられる手紙には常に「二度とこちらに戻すことのないよう配慮されたい」という一言が書かれていたという。つまり、ブレーズ・ジャーニュは任地いずこでも上司と衝突する「問題児」であり、できるだけ早く別の任地に追い払い、二度と戻ってきてほしくはない人間とみなされていたのである。

任地変遷の過程で忘れてはならない重要なことがある。それはジャーニュがガボン税関に勤務していたころのことである。その地でジャーニュはのちに彼の後ろ盾として重要な役目を果たすことになる一人の「恩人」と出会っている。その名をアーマド・バンバといい、セネガルがフランスによって本格的に植民地化されるに至った一八八〇年代に一つの新しいイスラーム教団を創設した人である。アーマド・バンバが宗教者として勢力を強めていたことを警戒した時のフランス行政府は彼をガボンに強制的に移動させた（一八九五年）のである。のちに「流刑」という言葉で表現されるようになる出来事であった。

ガボンに任地を移された税関員ブレーズ・ジャーニュは、たまたまそこで流刑の身であったアーマド・バンバの知己を得、親交を結ぶに至ったのだ。ジャーニュ二三歳、バンバは三五歳のころである。この接触をとおして、ジャーニュがフランス植民地行政への「抵抗者」（と見なされていた）アーマド・バンバから思想的な影響を受けたであろうことは間違いない。また、ジャーニュがのちにフランス国会議員選挙に立候補した際、アーマド・バンバおよび彼が率いるムリッド教団はジャーニュに精神的にも金銭的にも強い支持を与えたのである。

話を元に戻そう。ジャーニュが任地それぞれで「問題児」扱いされ、白人の同僚などから嫌悪された原因はジャーニュという人の平等への強い欲求にある。彼は、同じ税関員として働きながら白人（フランス人）職員と黒人職員である自分との間に処遇の違いがあることを許せなかったのだ。つまり、税関という職場における「人種差別」を糾弾し続けたのである。この糾弾は自分の利益確保のためだけになされたのではなく、他の黒人職員が受ける差別についても同様であった。

それでも一八九五年にはそれまでの中級から上級職員に昇任している。彼は弁の立つところ顕著であり、問題ありと思うと、すぐに人を集め、事態改善を要求する演説をするところがあった。税関の上司にとっては「目の上のたんこぶ」のような存在であったのだ。一八九八年、フランス領コンゴ税関に勤めていたとき、「規律違反、および上司への不服従」を理由に停職二か月の処分を受けている。

職場復帰したジャーニュの態度に以前と変わるところはなかった。当時の監察官はジャーニュについて「弁舌がたち、仕事に対しても熱意をもってあたるが、自己の才能に驕《おご》るところ強く、ゆえに上司の忍耐を限界にまで追い詰める難点がある」と評したという。また、フランス領コンゴ植民地総務部長は彼について「規律に従わず、謀議に長けており、公務員として失格」と評したという(2)。

ジャーニュは黒人としての自分個人の不利益に敏感であったのは間違いない。しかし、彼の考えは自分個人の利害にとどまらず、アフリカの黒人一般、さらにはアンティーユ諸島などアフリカ大陸以外のフランス植民地の黒人にも広げられ、黒人一般に対する白人側からの差別に激しく反発し、その立場から弁舌をふるったようだ。だからこそ、彼の白人上司たちはジャーニュが他の黒人たちに与える影響力を恐れたのである。税関内における黒人差別、フランス行政府全体における差別、そして一般的に人種差別というものに対する糾弾であった。ジャーニュという人の政治的感覚の鋭さがすでに感じられる。

ジャーニュはかくしてあちこちのフランス植民地税関を渡り歩き、各地で厄介な問題を起こしていた。停職処分など、それ相応に重い処分を受けながら、辞職させられはしていない。総計すれば二二年に及ぶ長い期間を税関員として過ごしている。その間、それほど速いスピードでというわけではないにせよ、昇進もしている。この事実を説明する理由としてウェズレイ・ジョンソンはジャーニュがかなり早い時期（多分、彼がマダガスカルで勤務していた時期）にフリー・メイソン団に加入していたことが関わっているのではないかとみている(3)。当時において、フランス植民地行政府の高官たちの間でフリー・メイソン団の会員になっているものは相当数あり、彼らがジャーニュを守ったとみるのである。ジャーニュはその後、生涯にわたってフリー・メイソン団の会員であった。

フリー・メイソン団員たちからの擁護があったとはいえ、ジャーニュが周囲の人々と問題を起こすことに変わりはなかった。マダガスカル勤務時（一九〇二年から〇九年の間）、虫垂炎（いわゆる盲腸炎）にかかったのだが、病気から回復後、彼は医師の診断に誤りがあったと主張、上司は厄介払いをするためかジャーニュにフランス本国での一五か月間の休暇を与えた。これが彼にフランスで「休養」しつつ、フランス国内での政治についてじっくり観察し、学ぶ機会を与えた。この間、ジャーニュはフランス人女性（白人）、オデット・ヴィッランと知り合い、結婚している（正式な結婚届は二人が知り合ってから相当ののち、二人が一人の子を得たあとの一九〇九年四月八日）。彼の生涯の妻となった人である。フランス人白人女性との結婚について、ジャーニュはのちにフランス国会議員選挙に立候補する際に一つの武器にしている。この点についてはのちに触れる。他方、彼が次の任地として、当時「地の果て」のように思われていた南米ギアナの税関に飛ばされた理由の一つとして、白人女性を妻にしたためだという見方もある(4)。つまり、黒人であるジャーニュが白人のヴィッラン嬢を娶《めと》ったことに対して、白人側からの報復がなされたという見方である。

わたしたちとしては次のことに注意しておこう。ジャーニュがパリで「休養」させられていたころとは、第二章で詳しく記したが本書の陰の主役として重要な位置を占めている軍人マンジャンが雑誌論文として二回に分けてアフリカ植民地からの兵士をフランス本土に呼び寄せる必要があることを声高に主張していた時期である。彼の「血の税」論は大きな反響を呼び、賛否両論の立場から新聞・雑誌上で多大の議論がなされていた。となると、ちょうどその時期、フランスにおり、フランスでの政治の動きを観察していたブレーズ・ジャーニュの目にマンジャンの主張や、それに対する賛成、反対の記事等が触れなかったはずはない。何度も目に触れたであろうことは間違いない。

ジャーニュは各種の新聞、雑誌に現れるマンジャンの主張をどのような思いで読んだであろうか。いつもの調子で敏感に反応し、マンジャンに対して激しい反対論を述べたであろうか。そうは思えないのである。フランスが戦うことになるかもしれないドイツを敵とした戦争、それにフランス領アフリカの若者たちを参加させる？　この問題は確かにジャーニュをして深く考えさせたであろう。しかし、だからといってジャーニュがマンジャンの考えに反対することには直線的にはつながらないのである。もし、彼が反対の考えをもっていたとするなら、あれほどまでに弁舌に自信のあるジャーニュが黙っていたはずはない。しかし、ジャーニュが反対論を展開した形跡はない。そして、じつはもっと深い理由からしてジャーニュはマンジャンにむしろ「賛成」する考えをもっていたのではないかとわたしが思う根拠がある。そのことについては、これからの議論を進める中で次第に明らかになっていくであろう。

ジャーニュとその若妻は（当時、すでに息子が生まれていたことは先に記した）一九一〇年四月、南米のフランス領ギアナに向かった。ジャーニュはあらゆる種類の差別に敏感であったが、そのことは彼をして法律をはじめとする定められた規律を厳格に守る態度を明確にさせていた。税関業務にはやろうと思えばさまざまな「旨味《うまみ》」があったようだ。輸出入業者から心付けをもらって、ある種の「配慮」をしてやることが可能だったらしいのである。それは税関員、業者双方に少なくとも短期的には利益をもたらす。しかし、ジャーニュはそういった「配慮」の実施をみずからに厳に禁じていた。それが現地の業者たち、および彼の直接の上司たちの不興を買い、それはギアナの植民地総督の耳に入ることまであった。税関でのジャーニュの直接の上司たちはジャーニュをギアナから追い出すよう画策した。結局、一九一二年、ジャーニュはまたもやフランス本国での「休養」を命ぜられることになったのである。ギアナの総督はジャーニュについて「ジャーニュ氏は常に自分が迫害を受けていると思い込む性癖があり、また政治活動が好きである。一言でいえば、彼は同化されることに不消化を起こしていると言えよう」と言ったという。「同化されることに不消化」というコメントはじつのところ根本的な誤りである。逆に、「完全に同化されている」からこそジャーニュは差別に激烈に反応したのである。そのことをわたしたちはこれから見ることになるだろう。

パリに戻ったジャーニュの心のうちには相当の苦しみがあったはずである。白人を妻としてのち、それまでの友人たちが離れていったこともある。彼は弁舌の立つ人であり、さまざまな思いを機会を見て新聞に発表し、また別の機会があれば演説もした。そういった活動はフランスにおいてもジャーニュという人の才能を認識させることになった。彼はその容貌からして「見栄《みば》え」がよかった。背が高く、堂々としており、弁舌鮮やかなところは際立っていたのだ。やがてジャーニュは政治家としての自分の資質に気づいたようである。

彼が税関員としてあちこちでの勤務を続ける中で経験したさまざまな差別的な処遇、そしてフランスに滞在して実際に見聞きするあれこれを通して、ジャーニュはフランス革命で掲げられた自由、平等、友愛といった理想が実際は白人世界だけに適用されるものであることを痛感するようになったと指摘する著者もいる。

しかし、一九一二年、ジャーニュ一家は再度南米ギアナの任地に戻った。税関員としての最高ポストである監察官試験を受ける準備に入った。ところが一九一三年九月、彼はまたもやフランスでの六か月の休養を得る。今度はパリでおこなわれる税関監察官試験を受けるためという理由である。ジャーニュはこの時四一歳になろうとする頃、税関員になってすでに二一年がたっていた。

第二節　セネガルにおける完全施政コミューン

ここで一旦、ジャーニュ個人の活動から離れて、その時期におけるセネガルでの政治の動きについて見ておく必要がある。それはフランス国会議員に選出されてからのブレーズ・ジャーニュの活動の意味を理解するためにどうしても必要なことである。

図４　ブレーズ・ジャーニュ
(Wesley Johnson 1991に掲載されている写真をもとに描画)

完全施政コミューン（Communes de plein exercice）の誕生

ここでは理解をたやすくするために時間を追う形で、短い文章で説明していく。

現セネガル北部、モーリタニアとの国境をなすセネガル川の河口に近い中洲島に作られた商取引基地としての商館があったサン・ルイ、もう一つの商取引基地であるダカールのすぐ近くの小島ゴレには一七世紀半ばからヨーロッパ人が多く到来、滞在し、現地人との交流の中で独特の文化、ヨーロッパ化＝フランス化された現地文化というものができていた。両地ともにヨーロッパ人（特に男性）と現地人（特に女性）との間に生まれた混血者が数多くいた。混血者たちは通訳などヨーロッパ人と現地人との交易の現場などで力を発揮するものが多かったが、次第に強い経済力をもつものが生まれ、商業で活躍するものが増加した。その経済力をもとに政治的な力をもつものも増えていった。

これら混血者たちは「現地人」ではあったがキリスト教徒であり、現地黒人たちと共通するアイデンティティ意識などはもたず、「ヨーロッパ人」としての自分たちの権益保護に熱心であった。混血者たちは、黒人はかつての奴隷たちの子孫であって、またイスラーム教徒であり、彼らの教養・文化の程度は大変遅れており、フランス文化に同化することなど困難な人々だと考えるものが多かった。言い換えると、ほとんどの混血者たちは自分たち自身の特権意識が強く、黒人たちに強い差別感情をもっていた。

フランスのボルドー、マルセイユなどから来た商人たちと、成功した混血者たちは結託することでサン・ルイ、ゴ

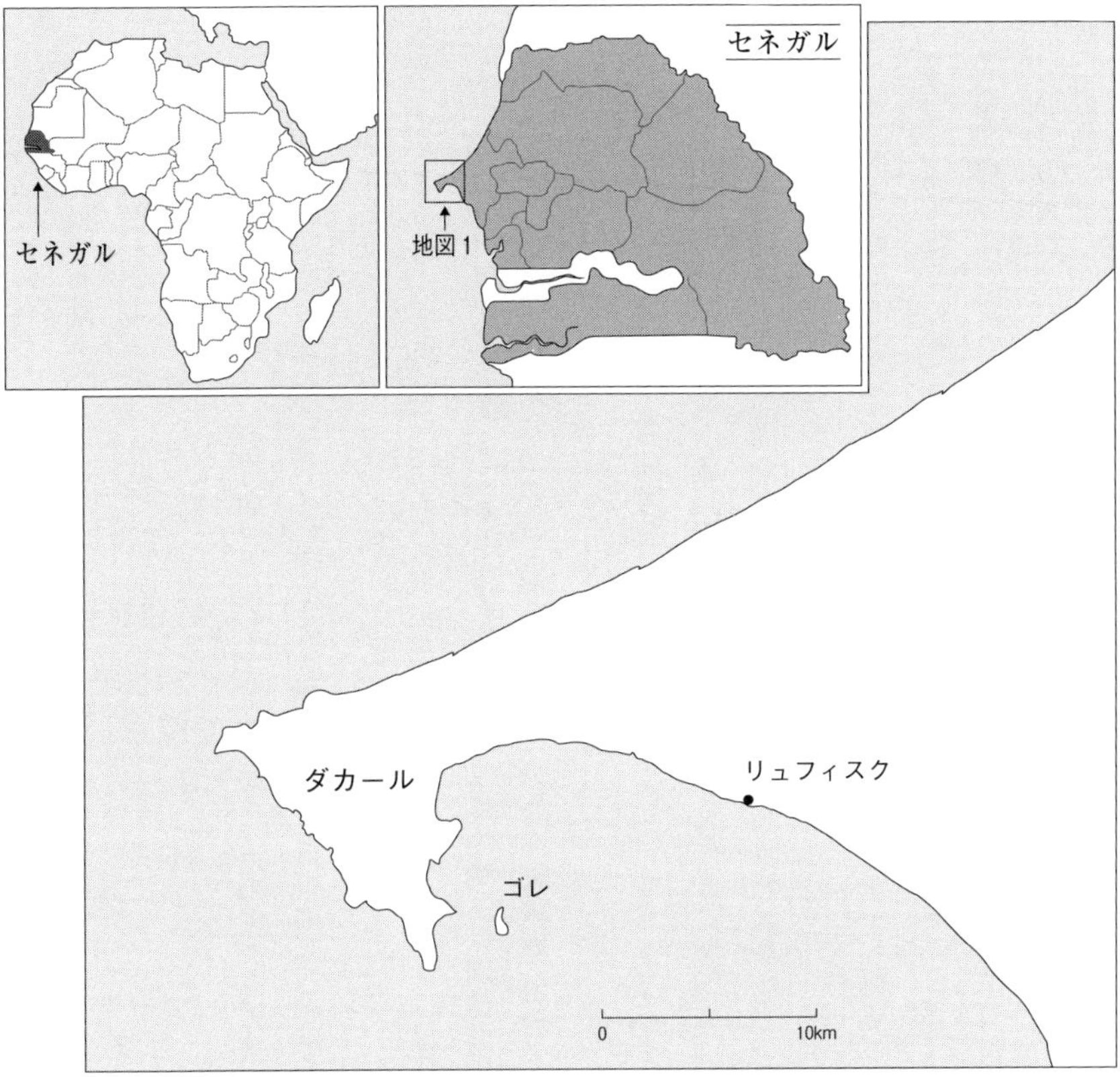

地図１　ゴレ，ダカール，リュフィスクの位置関係を示す

レの商業を牛耳り、現地黒人を下働きに使うものが多かった。

　フランス本国において、一八三〇年の七月革命で再び王政が倒されたのち、一八三三年四月二四日法第一条により、フランス植民地においてすべての自由人にはフランス本国人と同等の市民権が与えられた(5)。この時点では奴隷民ではなく自由身分の人であることが市民権を決定した。次いで、一八四八年のシュルシェールらによる奴隷制廃止により、フランス植民地においてはすべての人が法的には自由人であるから、すべての人にフランス市民権が与えられることになった(6)。

　一八四八年一〇月末の選挙でサン・ルイ市長に選ばれたバルテレミー＝デュラン・ヴァランタンはサン・ルイ市長職と同時にフランス国会に議席をもつことができるようになった。セネガル代表初代フランス国会議員の誕生である（実際に議席を占めたのは一八四九年一月一六日）。ヴァランタンの後、もう一人の代表が国会に議席をもったが、その後、第二帝政時代、セネガルからの代表選出は停止され、その状態は一八七二年まで続いた。

フランス植民地においてはすべての人は自由人であり、その人々にはフランス市民としての同等の権利が与えられると言われはしたが、この時期、フランスは西アフリカの広大な地域に植民地を広げ、内陸部のさまざまな人々と接する過程で、これらの（遅れた状態にある）現地人がフランス人と同等の権利をもって生活することなどできるはずがないと考えるようになった。

そのような全体的状況の中で、セネガルのサン・ルイ、ゴレは早くからフランス文化の影響を受けて「同化」されているのであり、これらについては他のアフリカ地域とは別扱いするという考えが出てくる。これが完全施政コミューンという発想につながり、サン・ルイ、ゴレの二つの都市が一八七二年、完全施政コミューンとして指定されたのである。

これら二つのコミューンは議会をもち、二つのコミューンを合わせて一人の代表がフランス国会に議席を占めるようになった。ただし、選出される代表はフランス人居住者、ないしは混血者であった。現地在住の黒人たちはフランス人商業者、ないしは混血の商業関係者の下働きをするものが多く、読み書きができるものも少なく、混血者たちに左右される存在であった。

完全施政コミューンは当初の二つから、一八八〇年にはリュフィスクが、一八八七年にはゴレから分離される形でダカールも完全施政コミューンに認定された（地図1参照。サン・ルイは二〇三頁地図3参照）(7)。こうして、これら四つの完全施政コミューンは各々が市会を構成し、さらにこれら四つのコミューンがまとまってコンセイユ・ジェネラルとしてフランス本国の地方議会と同等の権限をもつ議会を構成するようになった(8)。四つのコミューンをまとめて一人の代表がフランス本国国会に議席をもつのである。

完全施政コミューンにおける市民権・投票権

ここでも、時間を追う形で事実を書いていく。

セネガルの四つのコミューンにおいて、キリスト教徒である混血者たちは、一夫多妻の現地黒人たちはイスラーム教徒であり、したがってイスラーム風の慣習を守って暮らす黒人たちがフランス文化に完全に同化されることなどあり得ないと考えるものが多かった。

一九〇七年、フランスの破棄院（最高裁判所にあたる）は、サン・ルイに住んではいるがサン・ルイ外で生まれた人には投票権はないとする裁定をサン・ルイ法廷が下したことを支持する判決を下した。つまり、コミューン外の保護領で生まれた人には投票権はないこと（同様に市民権ももたない）が決められた。一八五七年に当時のフェデルブ総督はサン・ルイにイスラーム法廷を作り、イスラーム法に則る民法規定を認めたのだが、そのようなイスラームの原則に従って生きる人がどうしてフランス本国の人と同等の権利をもちうるのかについて、破棄院は明確にフランス市民権を拒否したのである。

一九〇八年、破棄院は七月二二日付けをもってセネガルの四つのコミューン住民の市民権、投票権を認めた。しかし、セネガル植民地総督は約一五〇〇名のダカール住民について彼らの身分がイスラーム教徒であることをもってフランス市民権はなし、したがって投票権もないとした。

破棄院は市民権と投票権とは各々独立の権利であり、どちらか一方があるか、ないかで他方の権利を侵害するものではないとした。

セネガルの四つのコミューン住民の場合、彼らの政治的権利は一八八四年のフランス選挙法で保証されているのであり、投票権を奪うことはできないとした。

また、同破棄院はコミューン住民の身分はイスラーム教徒としての特別身分を保証する一八五七年の政令によって規定されるとした。

このイスラーム教徒としての特別身分はフランス民法と調和するものではないから、セネガルの四つのコミューンのイスラーム教徒はフランス市民権を有するものではないとされた。

したがって、フランス市民権を有することが投票権を有するための不可欠の条件ではないが、フランス市民権はフランス民法に規定される身分を有するもののみが有するものであるということになる。

さらに、一九〇九年になると、破棄院は四つのコミューンで生まれた個人のみが投票権の有資格者であることを規定し、その翌年には別の政令により、ヨーロッパ人、および混血者は居住地に関係なく、セネガルでおこなわれるすべての選挙において投票権を有するが、フランス国籍に帰化していないアフリカ人は四つのコミューンのいずれかに現に居住していない限り投票権を有するものではないと定められた。

そして一九一二年になると、アフリカ人がフランス国籍に帰化しようとする場合、非常に長い時間と面倒な手続きが必要となるような条項が定められた。帰化を希望する個人はフランスへの忠誠の証明を提出しなければならないのみならず、フランス語の読み書きができ、イスラーム教徒としての身分を捨てなければならないとされた。そして、帰化を認めるか否かはフランス大統領の裁定によるとされ、実際的には帰化はほとんど不可能な状態になった(9)。

ここまでの記述は、当該問題についてもっとも詳しく記述していると思われるジュライによったが、完全施政権コミューンにおける市民権、投票権に関する状況は錯綜し、行きつ戻りつの観があることが理解されよう。要するに、フランスは当初セネガルの四つのコミューン住民にはフランス本国住民と同等の権利・義務があるとしたのだが、実際はこれらコミューン住民から次第に権利を奪い取る形で市民権、投票権をなくす方向に動いたのである。セネガルの四つの完全施政コミューン住民の法的身分には曖昧性が付きまとっている。その点に関連して、ローランとランピュエは「判例は完全町村（＝完全施政コミューン）のセネガル人は、一般の意義におけるフランス市民に非ず、すなわち市民の資格たるある属性を保有するも依然その固有の身分法に服すると決定したのである。ゆえにセネガル人は一種の中間的地位を有するのである」(10)と述べている。

一方で、一九〇五年の徴兵法によりフランス本国では二年間の兵役義務が課された。すると、セネガルの四つのコミューン住民も兵役につけばフランス市民になれることになるが、一九一〇年、フランス国籍に帰化したコミューン住民のみに二年の兵役が許されることになったのである。

ここまでの記述で理解されるが、第一次大戦の直前期、セネガル植民地内のサン・ルイ、ゴレ、リュフィスク、ダカールという四つの完全施政コミューン内住民の政治的権利は兵役義務とリンクされる状況になっていた(11)。

第三節　フランス国会議員ブレーズ・ジャーニュ

ここで話を元に戻し、ブレーズ・ジャーニュがフランス国会議員として活動する時期を見よう。ジャーニュの活動を見る前に、ジャーニュ直前のセネガル代表議員であったフランソワ・カルポについて見ておく。

セネガル選出フランス国会議員フランソワ・カルポ

遡《さかのぼ》れば一八三三年の法律で植民地自由人にフランス市民権が与えられ、一八四八年には植民地において奴隷制は廃止され、すべての人が自由身分人ということになったことを見た。第二帝政の間、セネガルからのフランス国会議員選出は停止されていたが、第三共和政下の一八七九年、ふたたび選出されるようになった。ただし、選出された議員はこれ以降一九〇二年に至るまですべてサン・ルイ居住のフランス人であった。一九〇二年の選挙において、ふたたび混血者が選出された。それがフランソワ・カルポで、この人もセネガルの歴史に名を残す重要な一人である。彼が第一大戦開戦直前のフランスにおいて西アフリカからの兵士徴発の理不尽さについてフランス国会で演説していることについては第二章で触れておいた。

フランソワ・カルポはサン・ルイ在の混血者だったが、フランスのボルドー大学、パリ大学で法学を修めたのち、セネガルに戻り弁護士活動のほかサン・ルイ市会の議員を務めた。一九〇二年の選挙でセネガル代表フランス国会議員に選ばれた。議員の任期は四年であり、カルポは三期一二年を務めたのである。それまでセネガルからの議員は最初の人を除いて以降は歴代フランス人居住者であったため、セネガル在のフランス人、特に商業に携わる人たちへの優遇策が続いていた。新しく選出されたカルポは混血者とはいえ現地人であり、現地在住の混血者のみならず黒人の生活状況改善に力を尽くした。彼はまた、それまでの選挙が記名投票であったのを無記名投票に改めさせた。さらに彼はガボンに流刑に処せられていたムリッド教団のアーマド・バンバをセネガルに戻すようフランスとかけ合ったことでも知られている。

ブレーズ・ジャーニュの立候補

一九一三年末、パリ滞在中であったブレーズ・ジャーニュは翌一九一四年四月におこなわれる選挙にセネガルの地で立候補するため一大決心をすることになる。国政選挙に打って出るためには現在の身分である税関員の職を捨てなければならない。税関員として最高地位である監察官試験を受けようとしていた身である。ここでジャーニュは税関員としてのキャリアを捨て、当選する保証があるとはいえない選挙に立候補する道を選んだ。ジャーニュとしては、黒人である自分にとって、フランス税関の職員にとどまり続けることに利点はないと見切りをつけたのだとも考えられる。

セネガルでの一九一四年の選挙にフランソワ・カルポは四選を目指して立候補している。従来、カルポに対抗していた一部の混血者はカルポを倒す目的でフランス人を擁立した。セネガル居住者のフランス人ではなく、パリ在住の弁護士を落下傘候補として立てたのである。フランス人候補はセネガルの状況を何も知らず、植民地セネガルの状況を完全に見くびり、推されて立候補すれば簡単に当選するものと思い込んでいたようだ。実際、それまでの選挙でも

「現金」が飛び交うのみならず、投票箱に投票前から大量の票を入れておくなどさまざまな不正がなされ、フランス人候補に有利になるように工作がなされるのは珍しくなかったのだ。

一九一四年早々、ブレーズ・ジャーニュはセネガルに戻った。四二歳になっていた。二二年間の不在の後であった（一八九六年に一度休暇でセネガルに戻ってはいるが）。そういった状況で選挙に勝つためには強力な集票活動が必要である。

当初の選挙活動は現地黒人たちから反発を招いたらしい。ジャーニュの完璧なフランス語、そしてあまりにフランス化した様子が同胞たちの反発を招いた。ジャーニュは黒人でも立候補できるという事実自体を強調し、黒人が圧倒的多数を占めるセネガルから黒人議員をフランス国会に送ることの正当性、必要性を説いた。背の高い彼の容貌、堂々とした態度が彼への評価を好転させていく。また、フランス人居住者や混血者向けには「自分は黒人であるが、白人を妻とし、生まれた子供は混血者である」(12)ことを強調した。他方で、数多くの黒人たちの前で演説するときには、自分が貧しい両親から生まれたごく普通の黒人であることを強調した。セネガルでともに暮らす黒人、白人、混血者の代表として自分ほどふさわしいものがあろうかという論法である(13)。忘れずに付け加えておくが、ジャーニュの選挙キャンペーン中、必要な資金の多くをアーマド・バンバ率いるムリッド教団が支えていた。ムリッド教団の信徒はコミューン在住者ではなく、地方部、つまり保護領下の住民たちであり、投票権はもたない。しかし、黒人代表としてのジャーニュを教団が応援するのは当然だったのである。ジャーニュのガボン税関勤務時におけるアーマド・バンバとの親交がここにきて大きな意味をもった。

選挙には全部で九人が立候補していた。黒人はジャーニュ一人、現地のフランス人居住者五人、フランス本国からの落下傘候補が一人、混血者は二人であった。フランス人候補が総計で六人ということは票を分割させるという点で当然不利であった。

四月二六日、第一回目投票の結果はブレーズ・ジャーニュが一九一〇票、フランソワ・カルポが六七一票、フランス人落下傘候補が六六八票であった（その他は省略）。全体の得票数（＝投票者数）が少ないと思われるかもしれない。

これはサン・ルイ、ゴレ、リュフィスク、ダカールの四つのコミューンで投票がなされるわけだが、それらコミューンにおいても居住者全員が投票権をもつのではなく、先述のとおり、黒人の場合は身分規定が曖昧になっており、投票権をもつものは少なかったからである。

五月一〇日、上位得票者三人の間で決選投票がおこなわれた。黒人、混血者、そしてフランス人（白人）、各々一人ずつの三人である。それまでの間にセネガル在住のフランス人商人たちは自分たちに最も有利な取り計らいをしてくれるであろう候補をめぐってあれこれの画策がなされ、また候補者間でのいわゆるネガティヴ・キャンペーンも激しかった。ダカール市長（フランス人）はジャーニュへの選挙キャンペーンを続けるものには水道を止めると脅した。このような脅しに反撃してジャーニュは黒人労働者すべて（投票権をもつものももたないものも）はゼネストを敢行せよと檄《げき》を飛ばした。こうなるとジャーニュの側に一分の利がある。なにしろ数なら黒人の方が圧倒的に多いからだ。投票権がないとはいえ、ゼネストを敢行されたりすれば白人側が窮地に陥る。白人投票者たちも黒人がもつ権利というものを再認識したうえで投票にのぞまざるを得なくなる。さらに、現地フランス人商人たちの間には相当に激しい商売上の競争があったのだが、不利な立場にあった商人たちは自分たちの立場の好転を期待してジャーニュを支持するものが多かった。

決選投票の結果はブレーズ・ジャーニュが二四二四票、フランス人落下傘候補が二二四九票、フランソワ・カルポが四七二票であった。フランス人落下傘候補が大幅に票を伸ばしており、ジャーニュの勝利は僅差でのものであった。こうして、一九一四年、フランスの植民地セネガルからフランス国会に初の黒人代議士が誕生した。これはセネガルにおいて大事件であったのみならず、本国フランスにおいても政界にショックを与える大事件だったのである(14)。ブレーズ・ジャーニュはその後、死去する一九三四年に至るまでの二〇年間フランス国会議員であり続けた。

フランス国会でのブレーズ・ジャーニュ

セネガル植民地における選挙での、黒人ブレーズ・ジャーニュの選出は本国フランスの政界にショックを与える事件であったが、しかし、植民地セネガルでの政治状況はこのことによってなお一層大きく変わった。

一八四八年に植民地セネガルから初めてフランス国会に代議士が送られるようになって以降、選出されるのはフランス人居住者か混血者であり続けたのだが、ジャーニュが選出された一九一四年以降はセネガルが独立する一九六〇年に至るまですべて黒人になったのである。ただし、セネガル内の四つのコミューンそれぞれの市長はフランス人居住者が続けていた。混血者もセネガル政界（各コミューンの市会）においてそれまで同様に相応の地位を占めていた。セネガル内の政治はフランス人居住者と混血者が支配しているという状況自体は長く続いたのだが、そこにセネガル現地で大多数を占める黒人代表としてのフランス国会議員であるブレーズ・ジャーニュが現れたという事実は、当然、セネガル内の政治のあり方にも変化をもたらした。

ジャーニュ自身はフランス国会議員としてフランスに常駐し、フランスで暮らすことになるが、ジャーニュの取り巻きであった人たち、ジャーニュに続こうとする人たちがセネガル現地の政治に本格的に乗り出し、社会的な層として黒人エリート集団というものがここにきてやっと誕生したといえよう。セネガル現地の圧倒的多数を占める黒人たちが、政治の場でやっと自分たちの正当な権利をともかくも主張しうる状況ができた、それが一九一四年以降ということになる。

フランスは本国において大革命をなし、「自由・平等・友愛」という理想を掲げた。ここ植民地セネガルにおいても、われら黒人たちは、そのような理想を掲げたフランス文化に「同化する」ことが自分たちの「文明化」のために重要だと教えられた。しかし、フランス人居住者たちの多くはここセネガルの都市でひたすら商売に熱心に取り組み、熱心なのはいいとして、自分たちだけに利益が多く入るように政治を利用しているではないか。これまでの白人政治家たちは自分を含めた白人社会の人々の利益を守るためにあれこれ活動していたのではないのか。ここセネガルに暮らす多くのフランス人たちを見るにつけ、彼らが「自由・平等・友愛」といった理想を実現するためにわれわれと接しているとは到底思えないではないか。彼らはただ自分たちが金を儲けるため、われわれセネガルの黒人たちを利用し、うまく活用して、ただひたすらより多くの金を儲けるためにのみここにいるのではないのか。そのような声を挙げる状況ができてきたのである。

さて、フランス国会議員としてパリに来たブレーズ・ジャーニュはみずからよって立つ政治活動の場として、まず社会主義急進派共和連合に籍を置き、議場では当然、左翼席に座った。セネガル代表として彼の頭にあった活動目標は基本的に二つあった。第一は、彼がダカールでの選挙活動中も演説などで訴えていたことであるが、セネガルの四つのコミューン住民の身分の見直し問題である。

セネガルの四つのコミューンの住民はオリジネール（les originaires）と呼ばれていた。あえて訳すと「そこに生まれた人」、あるいは「原居住者」ということになるだろうか。要するに、サン・ルイ、ゴレ、リュフィスク、ダカールという四つの都市のいずれかに現に居住し、その居住が五年以上に及ぶ人であった。しかし、ここには大変厄介な問題が潜んでいた。フランス市民と同等の市民権をもつとされていたが、その市民権もフランス本国民法に照らして曖昧であり、投票権についてはさらに曖昧であったことをわたしたちは先に見た。

裁判についてもフランス法に基づいて裁かれる人と、セネガル旧来のイスラーム法による裁判を受ける人とがいた。この、裁判については厄介な問題であることは事実で、コミューンに住んでいてもフランス語を話さず、読めない人は多かったのであり、彼ら自身がみずからに理解できるイスラーム法に則った裁判を受けるのを望む人が多かった。結局、フランス語教育を受け、フランスへの同化が進んでいる人はエヴォリュエ（les évolués）、つまり「進化した人々」(15)として位置づけ、これらエヴォリュエにのみ投票権が与えられ、フランス法による裁判がなされていたのである。とは言え、どの程度フランス語ができ、フランス文化にどの程度同化していればエヴォリュエと呼ばれたのか、その内実には曖昧さが残ったままである。まずは、四つのコミューン原居住者たちの身分を明確化し、彼らにきちんとしたフランス市民権を与えること、これがジャーニュの頭にあった。

ここで重要な問題が出てくる。それは先にも記したが、フランス市民権と兵役義務とはリンクされているということに関わる。フランス市民たるものは兵役に就く必要があるのだ。逆に、兵役義務に就くものはフランス市民権の有資格者なのである。これは当然の論理的帰結である。

植民地セネガルにおいては遠く遡れば一七世紀後半という早い時期からセネガル人がフランス軍の補助要員として起用されていた。奴隷貿易時代、商船の下働き要員としての兵士がいた。これら兵士たちは一九世紀半ばのフェデルブ総督時代に「セネガル歩兵部隊」として正式の兵士として任用されるようになった。このセネガル兵士たちの働きのおかげで、フランスはそれまで完全には平定されていなかったセネガル内陸部地域を次々に軍事平定し、保護領下においてきたのである。見方によってはフランス軍の兵士としての働きをしてきたとは言えるのだが、彼らはあくまでも「セネガル歩兵」という身分であり、正規のフランス軍兵士とは身分が異なる。セネガル歩兵を指揮する隊長は必ずフランス人であって、セネガル歩兵はフランス軍の一段下に位置する。制服も、給与も、退役後の年金もフランス軍兵士とは異なるのである。

コミューン住民が兵役に就き、その事実をもって完全なフランス市民権を得るということ。その兵役とはここで述べたセネガル歩兵というカテゴリーとは別の、正式なフランス軍兵士になるという意味なのである。ジャーニュはそのことを要求した。フランス人としての兵役を甘受し、フランス軍の兵士になれと言うのなら、制服も給与も、退役後の年金もフランス軍兵士と同じにせよと言うのである。

ブレーズ・ジャーニュがパリに居を移し、国会議員としての活動を開始して一か月半後、第一次大戦が勃発、フランスはドイツとの戦争に入った。

第二章での記述を思い出していただきたいが、大戦が始まる前、マンジャンは西アフリカの植民地から毎年一万人の兵士を徴兵することを提案していた。実際に戦争が始まると、この一万人という数字はたちまちのうちに年三万人へと拡大された。西アフリカの広い範囲から集められた若者たちは急ごしらえの兵士としてフランスに送られ、ただちに西部戦線の塹壕戦に送り出されたのである。兵士の「貯水池」としての西アフリカ、それが現実のものになった。

セネガル植民地代表のジャーニュは戦争という事態の深刻さをすぐさま理解した。セネガルにはフランス軍がいる。セネガルにドイツ軍の手が伸びた場合、セネガル人はフランス軍の兵士としてセネガル防衛のために戦わねばならない。上に述べた論理の帰結として、セネガル歩兵としてフランス軍のために戦うのではなく、フランス軍兵士として祖国防衛のために戦うのである。ここで微妙な問題が生じる。ジャーニュが祖国と言う場合、セネガル植民地のことか、フランス本国のことなのか。セネガル出身である以上、当然、セネガルをもって祖国と考えていると思われようが、論理的にはそうはならない。フランス市民権をもつものとしてフランス本国人と同等の権利を主張する以上、祖国はフランスということになる。セネガルはその祖国フランスの植民地なのである（とはいえ、ジャーニュのフランス国会議員としての長い経歴の中において、祖国の概念は時に応じて揺れているというのが事実のように思われるのだが）。

ジャーニュはダカール在の彼の同志仲間に電報を送り、それはダカールで発行されていた週刊新聞「ラ・デモクラシー」紙に記事として掲載された。

われわれセネガル人はわれらが祖国を愛する気持ち、責任感において西インド諸島（アンティーユ）や南米ギアナ、またレユニオン島の兄弟たちに劣るものではないことを今こそ見せてやろうではないか。西アフリカのあちこちで職務についているアフリカ人嫌いの行政官たちにわれわれは真に価値ある投票者であり、フランス市民であることを証明して見せる絶好の機会を目の前にしているのだ(16)。

この時すでに、フランス領西インド諸島やギアナ、レユニオンの兵士たちはフランス軍兵士に組み入れられていた。

その兵士たちに劣らぬ祖国愛をもっていることを証明して見せようというのである。ここでいう祖国とは当然、フランスのことである。ジャーニュはフランス人になりきっており、セネガルにいる同胞たちをフランス市民と見なして発言している。

ウェズレイ・ジョンソンが記すところによると、ジャーニュは「ラ・デモクラシー」紙に次のような記事も載せている。

　ドイツが、自由と正義の国フランスと戦争に入った時、彼らが真に攻撃対象として狙っていたのは海外領土のフランス人、つまりわれわれ（セネガル人）だったのだ。ヨーロッパの野蛮人（＝ドイツ人）どもが火と鉄の武器をもって併合しようと狙っていたのは、われらが生まれた土地なのだ。

ウェズレイ・ジョンソンは指摘していないが、ジャーニュの頭の中にはちょっとした混同がある。セネガルはフランスの植民地である。そこに住むわれわれ（セネガル人）はしたがってフランス人である。しかし、彼が「われわれが生まれた土地」と言うとき、その土地はフランスそのものとは別のものとして考えられているのではないか。フランスとは別のセネガルという意味になる。これは植民地というもの、およびそこに住む人間の根本的な両義的位置を示していると思う。理の当然として、この両義性は植民地人にまとわりついて離れないのだ。

また、フランスを「自由と正義の国」とし、ドイツを「ヨーロッパの野蛮人」とするなど、ジャーニュはみずからをもう完全にフランス人に同化しきっていることも見てとれる。

そして、ジャーニュは祖国愛を証明するために、彼自身兵士として軍に籍を置いたのである。ただし、代議士は国会会期中は国会にいる義務があることを理由に、国会で「論戦」を戦わせることに終始していた。ジャーニュは前線で戦ったことは一度もない(17)。

フランス市民権をもつフランス人としてのわれわれ、したがってフランス人と同じ諸権利と義務をもつわれわれ、という主張をジャーニュは繰り返した。フランス国会において、ジャーニュはその雄弁、弁舌の巧みさで衆目を集める人であった。ジャーニュのさしあたっての要求はセネガルのオリジネール、つまり四つのコミューンの「原居住者」（黒人）にはフランス市民としての完全な市民権が保証されねばならず、同時に、コミューン在住者で兵役義務に就くものは正式なフランス軍兵士としての身分が保証されねばならぬということであった。

どちらの要求もそう簡単に解決しうることではない。兵士に正式なフランス軍兵士の身分を与えるといっても、コミューン在住現地人の多くはフランス語の読み書きもできない。そのような若者たちを軍の命令にきちんと服せしめうるのか。万が一、兵士をフランス正規軍に組み入れたりすると、今度はコミューン在住者すべてに投票権を与えなければならなくなる。コミューンに住む人間は数からすれば黒人が多数派であるから、選挙に際してフランス人や混血者に不利になるのは明白である。一部のフランス人代議士たちはジャーニュに強く反対した。しかし、サン・ルイ在の西アフリカ植民地連邦総督ウィリアム・ポンティはジャーニュの要求の正しさを理解していた。さらに、フランスの植民地大臣もポンティ連邦総督の意見に同調し、ジャーニュに理解を示していた。第一、フランスは戦争のさなかにあり、なんとしても人員（兵士）が必要である。西アフリカ植民地からの兵士たちが必要なのである。そのためには、西アフリカ代表であるジャーニュを怒らせるのは得策ではない。

二つの法律の成立

一九一五年一〇月一九日、フランス国会においてジャーニュが提案した法律が初めて通る。この法律により、セネガルの四つのコミューンのオリジネール（原居住者）はフランス軍の正規兵と同じ資格をもつようになった。ジャーニュにとってこれは最初の勝利である。

この法律がもつ意味は確かに大きい。マンジャンがその著において、西アフリカ植民地の若者たちをフランスでの戦争に呼び寄せる必要があると説いていたとき、彼の頭にはフランスの戦いに参加させる植民地の若者たちに、その見返りとしてフランス市民権を与えるという考えは毛頭なかった。マンジャンの頭にあったのは全く逆の考えである。つまり、フランスはこれまでアフリカで「野蛮な」暮らしを続ける人々を植民地化し、そこに文明をもたらした、というのがマンジャンの基本的考えである。だから、西アフリカの人間は今こそ「血の税」を支払うべきである、というのがマンジャンの考えであった。ジャーニュの考えはそうではない。植民地であるアフリカの若者が、祖国フランスでの戦いに参加する以上、彼らは「祖国防衛」に貢献するのだから、彼らには当然フランス市民権が与えられてしかるべきである、というのである。ここには考え方の大逆転がある。その意味で、この法律の成立は大きな意味をもっていた。

しかし、セネガル現地ではこの法律成立はどのように受け取られたのであろうか。

すでに大戦が始まって一年以上がたっている頃である。セネガルの地方部で徴兵された多くの若者たちは「セネガル歩兵」部隊に入れられ、前線で戦っている。言うまでもないが、激戦地である。第三章で見たとおり、西アフリカ各地で若者たちは徴兵を逃れるためにさまざまな方法、手段をもってなんとか徴兵から逃れようとしていた。そのような状況はコミューン在住者たちの耳にも届いていたはずである。

フランス軍の正規兵になり、給与、制服、年金などでフランス軍兵士と同等の処遇を受けるとはいえ、戦争の前線に行くことになるのだ。「われらが母国、自由と正義の国」の戦いに志願して参加を熱望する人もいたかもしれない。しかし一方で、未来が明るいとは言えないことを予感する人も多かった。当時、セネガル植民地総督を務めていたアントネッティが書いた報告を見ると、サン・ルイの一部の人々は、フランスでの戦争に駆り出される（＝召集される＝狩り出される）ことを受け入れられず、その時サン・ルイ滞在中であったジャーニュに侮辱の言葉を投げ、脅し、ついにはサン・ルイから逃げ帰らせたという。フランス人であるアントネッティがこの場に介入し、興奮した人々を落ち着かせる必要があったというのである(18)。一般の民衆からすれば、たとえサン・ルイなどのコミューンに住んでいるとはいえ、フランス市民権を手にするありがたさよりも、フランスでの戦争に無理やり召集されることへの嫌悪感の方が強かったということだろう。

さらに、地方部（保護領）の人々からの強い反発もあった。同じセネガル人であるのに、コミューンからは「志願して」戦争に行き、しかも彼らはフランス軍の兵士と同じ処遇を受けるという。それに対し、保護領下のわれわれは「強制的に」徴兵され、セネガル歩兵部隊に組み入れられ、前線に送られる。地方部の多くの若者たちはブレーズ・ジャーニュ法の何たるかを理解していたとは思えないが、「彼らと自分たち」の間に処遇の差別があることには気づいていたはずである。面積からいえばごく狭い四つのコミューンと、広大な面積に及ぶ保護領との間にある差別が認識されるようになった。

一九一六年九月二九日の法律はもう一歩ジャーニュの要求通りに進んで、コミューンに生まれた人はすべて、さらにそれらの子孫はどこに住んでいようともフランス市民権、および投票権を享受することが決められた。この法律は通称「ジャーニュ法」とよばれるが、次のようなただ一条の条文からなるものである。「セネガル完全都市（＝完全施政権コミューン）の出身者およびその子孫は、一九一五年一〇月一九日の法律の定める兵役の義務に服するフランス市民であり、そうであり続ける」(19)。

この法律により、それまで錯雑した法律、政令のもと曖昧なままにされていた身分がやっと明確に定義されたのである(20)。ゴレというコミューン生まれのジャーニュ自身、「オリジネール」でも「エヴォリュエ」でもなく、完全なフランス人になった。

ジャーニュは法律的な定義に厳格な人であったというべきだろう。ここに述べた二つの要求が法律として通ったことで、彼の目にはセネガルの四つのコミューンはすべてフランスと同等になった。同化は完全に成就された。ジャーニュからすれば、フランスがコミューン住民を同化（上からの同化）したのではなく、コミューン住民がフランスを同化（下からの同化）したのである。コミューン住民側がフランス法と制度をみずからのうちに取り込むという形で同化

表　コミューン出身兵とセネガル歩兵との処遇の違い

	コミューン出身のフランス軍正規兵	セネガル歩兵
兵役期間	3年	3年
給与	フランス軍の兵士に同じ	フランス軍兵士給与の半分
居住様式	フランス軍兵舎,ベッド有り	ベッドなし。兵営の床に寝る。毛布は支給
食事	1食につき3フラン75サンチームのフランス風食事	アフリカ風食事。炊事はセネガルから連れてきた炊事婦がする。1食1フラン68サンチーム
昇任	フランス軍兵士に同じ。士官への昇任可	下士官まで。ただし,セネガル歩兵のみを指揮
25年務めた場合の年金	1500フランから1800フラン	437フランから572フラン

(Wesley Johnson 1991: 236による)

したのである。この時点でブレーズ・ジャーニュは完璧な同化主義者になっていた。

繰り返しになるが、ブレーズ・ジャーニュの頭にあったセネガルとは四つのコミューンのことであり、その他の地方部（保護領）のことはまったく彼の意識下にあったかのようである。

ウェズレイ・ジョンソンはセネガル国立公文書館にある軍資料をもとに、フランス軍の正規兵になったものと、セネガル歩兵との処遇の違いを一覧表にまとめている。この章を終えるにあたって、その一覧表を引用しておこう（上表を参照）。

この表がすべてを語っている。フランス軍正規兵に比べて、セネガル歩兵の給与は半分である。そして、セネガル歩兵にはベッドは与えられず、兵営の床に直接寝たというのである(21)。

第五章　ジョースト・ヴァン・ヴォレノーヴェン

わたしたちは前章でブレーズ・ジャーニュの人となりと、第一次大戦開戦間もない時期のセネガル植民地代表フランス国会議員としてのジャーニュの活動を見た。それを通して分かったのはブレーズ・ジャーニュという人はフランスの植民地統治原理としての同化政策を完璧なまでに内面化していたことであった。ただし、この同化という言葉のニュアンスには微妙な違いがある。フランス人が同化という場合、それはより優秀な文明保持者としてのフランスが、劣った段階にあるアフリカの人々をしてフランス文明に同化させ、劣った状態から引き上げることを意味していた。しかし、ジャーニュの中にあっての同化とはセネガル人側がフランス文化、法制度をみずからのものとして取り込むという意味なのである。いわば、フランスが意味するところの「上からの同化」ではなく、セネガル人側が「下からの同化」をするというのである。そこにはジャーニュという人が内にもつ精神の積極性とでもいうべきものが表れている。

さて、この章では本書のもう一方の主人公であるヴァン・ヴォレノーヴェンについて検討する。ジャーニュとヴォレノーヴェンはその生涯において直接に相まみえることはなかった。しかし、第三者を間において稀に見るほどの激しい衝突をするに至った。

ヴォレノーヴェンもジャーニュ同様、生まれながらのフランス人ではないが、人生の過程でフランス人になり、みずからをフランスに強く溶け込ませた人である。しかし、その溶け込ませ方はジャーニュが体現した同化とは違いがあるように思われる。

第一節　ヴォレノーヴェン、フランス領西アフリカ植民地連邦総督就任へ

出生からキャリア前半まで

ジョースト・ヴァン・ヴォレノーヴェン（Joost Van Vollenhoven）が生まれたのはオランダ、ロッテルダム郊外のクレリンヘンという小さな町であり、両親はオランダ人である。ジョーストもオランダ人として生まれた。一八七七年七月二一日のことであった。オランダ語読みするなら、彼の名はヨースト・ファン・フォッレンホフェンとなる。

一八八六年、ジョーストの父はフランス領地であるアルジェリアの都市アルジェ近くに土地を購入、羊飼育販売業を始めた。ジョーストはその兄とともにアルジェの小学校に通うようになった。

フランス領地と記したが、フランスは一八三〇年にアルジェリアに侵攻したのち、一八四七年にはアルジェリア全土を支配下に置き、北岸のアルジェ県、オラン県、コンスタンティーヌ県の三つについてはフランス本土と同等の扱いとしていた。したがって、アルジェリアは植民地ではなく、フランス内務省の管轄下にある領土であり、それらへの入植をヨーロッパ人全般に開放したのである。ヴァン・ヴォレノーヴェン一家はそのような入植者のケースであった(1)。

ジョーストは順調にアルジェの高校を卒業した。高校卒業年次、ジョーストはフランス語（日本でいう国語）で一番

になっている。首尾よくバカロレア（フランスの教育制度として特徴あるもので、高校卒業資格にあたるが、むしろ大学入学資格というべきもので、高校での教育課程を終えたもの誰でもが取得できるわけではない）に合格すると、彼は植民地での仕事を希望し、一八九八年、パリの「植民地学校」入学試験を受け、ここに進学した。二一歳時である。アルジェリア在の両親と離れ、パリ、カルチエラタンの小さなホテルの一室に落ち着き、僧侶のようにつましくも勉学の日々を送ったという。そして、翌一八九九年二月四日、ジョースト・ヴァン・ヴォレノーヴェンはフランスに帰化、フランス人になった。

植民地学校

ここで「植民地学校」というものについて略記しておこう。

植民地学校の起源はフランス領であったカンボジアの青年をカンボジア現地での行政官として養成するための教育機関として一八八五年、パリに創設されたミッシオン・カンボジエンヌという学校である。当初、一三人のカンボジア青年がここで教育を受けたという。この学校が三年後の一八八八年、「植民地学校」（Ecole Coloniale）と名称変更し、すべてのフランス領植民地出身者向けの高等教育機関となったのである。つまり、もともとは植民地出身者を教育するための機関として出発したわけである。しかし、「植民地学校」になった翌年には植民地での行政に携わるフランス人の教育もおこなうようになった。

植民地学校での教育期間は三年とされ、優秀な教授陣を誇った。時代はずっと下るが一九三四年になるとこの学校は「フランス海外領土国立学校」（Ecole Nationale de la France d'Outre-Mer）と名称変更し、より一層充実した教育機関になっている。そこでは政治学、経済学は言うまでもないが諸外国語、民族学、熱帯医学・衛生学などまで幅広く教育された。教授陣にはジャック・スーステル（南米に詳しい民族学者でパリ人類学博物館副館長を務め、のちには情報大臣、植民地大臣なども歴任した政治家）、アンリ・マスペロ（エジプト学から出発したがのちに中国研究で名を成した）、そして本書でもいずれその名が現れるが独立後セネガルの初代大統領を務めたレオポル・セダール・サンゴールなど、のちに名をはせることになる人たちがいた。

植民地学校での教育を終えた者はフランス領植民地のいずれかに送られ、植民地現場での実務に就き、植民地行政官としての経歴を積んでいくことになる(2)。

キャリア開始

フランスに帰化したヴォレノーヴェンは植民地学校在学中に兵役を終えたのち、一九〇一年から翌年にかけて学業最終年度を過ごし、一九〇二年に卒業生三四人中一番の成績で卒業した。卒業論文はアルジェリア・フェッラーに関するものであった。フェッラーとはアルジェリアの労働者のことである。

植民地学校卒業後、ヴォレノーヴェンは次々に目覚ましい業績を上げていく。まずは植民地省勤務となり、各種協定などの文書作成業務に就いた。つまり、最初はフランス国内勤務になったのである。南米のフランス領ギアナとオランダ領ギアナの領有境界に関する微妙な問題を担当し、注目された。彼がもともとオランダ出身であり、オランダ語に堪能であったのが有効であっただろう(3)。

その後、セネガル植民地の総務長官（大統領令により任命される官職で、各部局長の補佐を受けつつ、総督を補佐する）に就任した。このときダカールに滞在、ダカールに港を建設するにあたっての諸整備事業に貢献した。

ダカールののち、一九〇六年から〇八年の間にはギニア植民地総督を務めている。彼の二九歳から三一歳にかけての時期である。セネガル植民地臨時代理総督を短期間務めた後、一九一〇年初めに創設されたばかりのフランス領赤道アフリカ（Afrique Equatoriale Française, AEF）の総務長官という地位に就いた。そののち、一九一〇年から一二年にかけては再び本国の植民地省で官房長官を務めている。一九一二年、レジオン・ドヌール勲章（民功部門）を受けた。

一九一三年、フランス領インドシナ植民地連邦総督総務長官を拝命し、インドシナへ向かった。三六歳時である。

ここで彼は一九一五年の三月まで務めることになるが、その間、インドシナ植民地連邦総督であったアルベール・サローから植民地統治のあり方について大きな影響を受けている。そのことは、彼自身の筆でのちに記されることになるが、フランス植民地統治の基本原理としての「同化主義政策」とは異なった「協同主義政策」に目覚めさせられたのである。

一九一四年八月三日、フランスはドイツとの交戦状態に入った。そのとき、インドシナ植民地連邦総督であったアルベール・サローは本国植民地大臣就任のため、フランス本国に帰国していた。ヴォレノーヴェンは臨時代理連邦総督の任にあった。しかし、ヴォレノーヴェンはフランス本国に戻り、前線で戦うこと、それを望んだ。

一九一五年三月、ヴォレノーヴェンは新しい連邦総督エルネスト・ルームに本国帰国を願い出、それは受け入れられた。

フランスに帰国する際の船中での処遇について、彼は一等船室を断り、下級兵たちと同室を要求したという逸話が残っている(4)。インドシナ植民地連邦臨時代理総督を務めたヴォレノーヴェンはこのとき予備役の下士官である軍曹という地位であった。軍における身分が軍曹（下士官）である以上、それ相応の扱いを要求したというわけである。

ヴォレノーヴェンがフランスに戻ってのち、マルセイユからメシミィ将軍に宛てた一九一五年五月一〇日付け（注5を参照）の手紙がマンジョ将軍の著に附されている。このメシミィという人については、第二章で「メシミィ代議士と血の税」という小見出しのもとその名を記したことがあるが、のちには陸軍大臣、さらに植民地大臣を務めた人である。ヴォレノーヴェンは植民地学校を卒業後、植民地省で勤務しており、この植民地省勤務時代の上司にあたるのがメシミィ将軍である。ヴォレノーヴェンからメシミィ将軍宛の手紙には次のように記されている。

わたしは明後日一二日、ここマルセイユを発ち、前線に向かいます。イープル、およびアラスにて、モロッコ植民地歩兵第一連隊に入ることを大変うれしく思っています。パリで貴下にお目にかかれるかどうかわかりませんのでこうして筆をとっておりますが、言葉にはできないわたくしの思いをお汲み取りいただければ幸いです。わたくしが現在あるのはすべて貴下のおかげであります。このことは決して忘れません。わたくしはこれまで常に貴下の信頼、友情に値する人間であったと思います。これからもそうあり続けます。わたしは心も軽く、非常に満足し、そして若々しい元気をもって戦地に向かいます。わたしが自分の能力についてこれほど確信をもったことはありません。わたしはよき兵士であることを全ういたします(5)。

というものである。「よき兵士であること」、これはヴォレノーヴェンのその後の生き方を見ると看取されるのだが、彼が生涯を通してもち続けた意志であったと言って間違いないだろう。

こうして、ヴォレノーヴェンは一九一五年、モロッコ植民地歩兵連隊に志願して入隊、軍曹という階級であった。前線の兵士たちは、ヴォレノーヴェンがつい最近までインドシナ植民地連邦臨時代理総督を務めていたことを知っており、そのようなエリートである彼が一人の兵士として前線で何ができるのかと冷ややかな思いで見ていたという。ところが、ヴォレノーヴェンは前線で二度、負傷、しかもみずから恐れることなく前進する様子に兵士たちは深く印象づけられた。メシミィは「こうしてヴォレノーヴェンは仲間の兵士たちに受け入れられた」(6)と記している。

第一次大戦では戦場で初めて毒ガスが使われた。最初の使用は一九一五年四月二二日のことで、フランドル地方のイープルでのことであった。その後、しばらくは中断されたものの、やがて大量に使用されるようになり、それゆえに今度は前代未聞の防御装置であるガスマスクを部隊全体に配備しなければならなくなったのである(7)。このイープルでの戦いの場にヴォレノーヴェンはいた。

一九一五年五月二一日、ヴォレノーヴェンは戦場にあって、少尉に昇進した。士官になったわけである。彼が戦場で受けた砲弾による傷は大腿部を傷つけていた。一時期、前線を離れ、病院に収容されている。一九一六年九月には、これも激戦として知られるソンム川流域での戦いに加わっている。この戦いの後、ヴォレノーヴェンは中尉に昇進している。今度は、右腕に深い傷を負った。しかし、前線を離れるのを拒否、戦闘がしばしば止んだ二四時間後にやっと救急車に収容されたという。そして、傷が治ると再び、前線に戻った。

ヴォレノーヴェンがフランス領西アフリカへの転勤を意味する内容の辞令を拝命したのは、まさにこの戦場においてであった。一九一七年五月二一日のことである。この時、ヴォレノーヴェンは大尉への昇任の辞令と同時に、フランス領西アフリカ植民地連邦総督就任の辞令を受けたのである。

ヴォレノーヴェンが戦場で戦っているときに、この辞令が発されたということ自体、すでに劇的であるが、マンジョ将軍はこの時の様子について次のような逸話を記している。真偽のほどは分からないというほかないのだが、ヴォレノーヴェンという人にはこのような逸話が多く残されているのも事実である。

シャンパーニュ地方のブリモンという要塞攻撃にあたって、事前に夜間偵察しておく必要があった。そのために運河を泳いで渡る必要があったのだが、その運河には水面下に鉄条網が敷設されていると思われ、敵の激しい機関銃攻撃にさらされる危険があった。何度かの失敗を経たのち、ヴォレノーヴェンがみずから偵察に出る旨申し出た。すると、指揮にあたっていた連隊長が次のように言った。「それはならん、大尉。先ほど、陸軍大臣からの電報があった。それによると貴兄はフランス領西アフリカ植民地連邦総督に任命されたとのことだ。今すぐにパリに向かうように」。

上官のこの命令に対し、ヴォレノーヴェンは「偵察は今夜おこないますので、わたしにやらせてください。パリには明日の朝、早く向かいます」。そして、ヴォレノーヴェンは部下の兵とともに泳いで運河を渡り、翌朝早くに偵察を終え、その後にパリに向かったというのである(8)。

全くの余談になるが、ジョースト・ヴァン・ヴォレノーヴェンの生涯には二一日という日付がいろいろな場面で意味をもって登場してくる。彼が誕生したのが七月二一日であり、少尉への昇進が一九一五年五月二一日、その二年後の五月二一日に連邦総督就任の辞令を拝している。そして、彼が戦場で死んだのは一九一八年七月二〇日、つまり二一日の前日のことであった。

困難な徴兵――クロゼル連邦総督の報告

少し、時間を遡る。

一九一〇年秋のマンジャン一行による調査報告を受け、当時のフランス領西アフリカ連邦総督ウィリアム・ポンティが「フランス防衛のために西アフリカ植民地兵の応援を必要とするのなら、必要な兵員すべてを徴集可能」と約束したことを先の第三章で記した。

ところが、一九一五年六月、ポンティ連邦総督は急死したのである。あとを受けたクロゼル連邦総督は同年九月、セネガル歩兵五万人の派遣を決定している。そのことは『フランス領西アフリカ軍事史』に明確に記されている。しかし、その時期、クロゼル連邦総督が植民地大臣宛に送った報告を見ると、状況はそう簡単ではなかったことが分かる。

たとえば、クロゼル連邦総督が一九一五年七月一六日付けで送った報告の冒頭部では「わたしは前任者ポンティ連邦総督、またマンジャン将軍とも全く同意見であります」と記され、西アフリカ植民地から六万人から七万人の兵士を派遣しうるかのように述べている。ところがそれに続けて、「この数字はすぐに達成できるのではなく、一九一八年、あるいは一九年ごろには達成しうる」と思われるという。これではすぐに五万人派遣可能というのとは大きく違う。そして、クロゼルは植民地大臣に遠慮しているのか、やや言い訳がましい事情説明をするのである。本国での戦争が始まって、急いで兵士を集める必要があったためだろうが、当地での徴兵の仕方には誤りがあり、それは植民地の安全に影響するという。つまり、住民間にはフランス行政府のやり方に対して不満がたまっていることを述べているのである。徴兵は荒っぽい手段をもってなされていたことが分かる。クロゼルの言は次のようである。

大臣閣下、以下のわたくしの言は誰に対する批判でもなく、ましてや非難などではありません。しかし、事実として申し上げねばならないのですが、徴兵は具体的にはセルクルの行政官、士官一人、それに軍の医師の三人で構成される班が地域を回る形でなされます。当地は広大な面積に及び、村々は散らばっており、徴兵の具体的体制としてはまったく不備と申すほかありません。

そのため、徴兵目的の班が到着する前に村民が逃げるといったことが起こることを言外に述べているのである。「村民に対しては突然にことを起こし、性急にことを進めるのではなく、忍耐強く時間をかけておこなうべきと思われます」(9)と締めくくっている。

クロゼル連邦総督が同年一一月二一日付けで大臣宛に送った報告においても次のように述べている。

大臣閣下に礼を欠くことのないよう申し上げますが、われわれの活動（徴兵のこと）は何分広大な土地でのことであり、通信手段も限られる中でおこなわれております。また、徴兵された者たちは訓練所に行くまでに数百キロの道を歩いて行かねばならないということが起こるのです。セルクルと申しましても、それはフランスの県に相当する大きさをもち、それを一人とか二人のフランス人行政官が統治せねばならないのです。当地の諸民族はそれぞれに異なった風習、言語をもち、統治は簡単ではありません。あるところでうまくいくことが別の地ではまったくうまくいかないのです。つまり、各々の行政区を管轄する行政官の能力に任せるほかありません。要請されている五万人という数字を達成するのは今すぐというわけにはまいりません(10)。

大臣に気を使って、あれこれと言い訳がましい記述をしていることが分かる。要するに、五万人の兵をすぐ送るのは困難なことを言っているのである。

西アフリカの現場での徴兵がいかに困難であったか、住民たちがいかに忌避し、抵抗したかについては先の第三章で詳しく見たとおりである。徴兵は「人狩り」の様相さえ呈していたのだ。クロゼル連邦総督は現場からのそういった報告を十分に知った上で、上司である大臣に気を遣いつつ、遠慮気味に報告しているのである。しかし、これ以上の人数は無理であることは明言している。

『フランス領西アフリカ軍事史』によると、クロゼル連邦総督は一九一六年になって、それまでに集めた五万一九一三人の兵をフランスに送る旨、打電している(11)。さまざまな方法で「人集め」がなされたはずである。そして、人が集まれば、それらは「志願兵」と見なされ、そのままフランスに送られたのである。

ヴォレノーヴェン、西アフリカ植民地連邦総督就任

われわれのヴォレノーヴェンに戻る。

ヴォレノーヴェンが西アフリカ連邦総督就任の報を受けた翌日、つまり一九一七年五月二二日、フランス南部のジロンド県選出代議士エミール・コンスタンという人がヴォレノーヴェンの連邦総督就任反対の法案を国会に提出している。その法案の主旨は「大戦のさなかであるこのときに、オランダ出身でフランスに帰化した人間をフランス領西アフリカ連邦総督に任命することに反対する。かくのごときポストは純粋のフランス人、つまりフランス国の伝統、教育を全うしている人間に託されるべきである」(12)というものであった。

陸軍大臣が直接下す人事案件に対して、これほどあからさまな反意が示されるというのは、いかに戦時下であるとはいえ異常なことには違いない。この点については説明が必要である。ヴォレノーヴェンはある意味で一部の人々からの強い妬み、あるいは悪意ある批判の対象になっていたのである。それには理由がないわけではなかった。

ヴォレノーヴェンはパリの植民地学校で教育を受けた。学業修了後、ヴォレノーヴェンはすぐには植民地に向かわず、内閣での仕事に就いた。一九〇五年のクレメンテル植民地大臣に始まり、次のアルベール・ルブラン大臣、アド

ルフ・メシミィ大臣、さらにガストン・ドゥメルグ大臣と続く歴代の植民地大臣の下で仕事したのである。

当時、植民地学校で教育を受けたものが本国政府の省で（それがたとえ植民地省であるとはいえ）働くのは「本道を外れている」と見られたという。植民地学校を出たものはすぐさま「現場に出る」、つまりアフリカなどのフランス領植民地での実地業務に就くのが当然とする風潮があった。とはいえ、本国内での仕事に就いたという事実をもってヴォレノーヴェンを責めるのは全くの筋違いでしかない。いずれの職務に就くかは彼自身の意志によることではない。上からの命令である。この間、ヴォレノーヴェンはたとえば南米にあるオランダ領ギアナとフランス領ギアナの境界設定のためにオランダ、ハーグでの交渉にあたっているが、このような問題処理のためにヴォレノーヴェンはまさに余人をもって代えがたい人であったのだ。

本国植民地省での仕事の後、ヴォレノーヴェンは「現場に出」て、まずセネガルでの総務長官を務め、次いでギニア植民地総督、そしてアフリカ中央部のフランス領赤道アフリカ植民地総務長官を務めている。その後に、彼はフランス領インドシナでの高官の任に向かったのである。つまりは、この経歴が華々《はなばな》しすぎたのだ。こういった輝かしい業務はすべてヴォレノーヴェンがやっと三〇歳になるころから始まっている。このような輝かしい業務が「もともとのフランス人ではない、フランスに帰化したに過ぎないオランダ出身の男」に任されたわけである。それが「純粋のフランス人」同僚たちの羨望、嫉妬を買った。ヴォレノーヴェンがセネガル植民地臨時代理総督であった時、彼の上司である総督が彼について記した評には「能力が秀でていることは間違いない。ただし、同僚との関係がやや冷たく、部下に対してはやや見下す観あり」とある。さらに、「あまりに若く、それゆえ思慮に欠けるところあり。自分の判断が常に正しく、したがって結論も自分の見方に沿ったものになるべきと考える傾向あり。そのために他人に批判的になりがちで、ともすれば自分の見方を上司も取るべきと考えるところあり。こういった欠点をなくせば、大変優れた行政官になることは間違いない」(13)と記されていたという。

フランス領西アフリカ連邦総督に任命という断が下された時、すぐさまその断に反対する法案が提起されたという事実は、ここに述べたようなヴォレノーヴェンの人となり、経歴に対する嫉妬、羨望が集中的に表明されたものとみるべきであろう。

第二節　フランス領西アフリカ連邦総督としてのヴォレノーヴェン

ドイツ軍潜水艦の魚雷攻撃が懸念される中、ヴォレノーヴェンたちを乗せた船は二隻の駆逐艦の護衛のもと、一〇日間の航海を終え、一九一七年六月三日[14]、セネガル、ダカールの港に入った。

ダカール到着直後になされた歓迎式典でのヴォレノーヴェンの演説は、わたしたちにある種の感銘を与える。式典に列席し、直接にヴォレノーヴェンの姿を目にし、その演説を耳にした植民地行政府の高官たちは、さらに強い印象と感銘を受けたのではないだろうか。

図５　ジョースト・ヴァン・ヴォレノーヴェン
(Comité d'Initiative des Amis de Vollenhoven 1920 に掲げられている写真をもとに描画)

この演説はヴォレノーヴェンがフランス領西アフリカ連邦総督着任にあたって、部下たちの前でする最初の「挨拶の言葉」である。着任挨拶演説とはいえ、原稿量からすると、読み上げるのに多分二〇分ほどはかけられたはずでやや長文のものなのだが、いわゆる「型どおり」の着任挨拶とは全く趣を異にしている。戦時下にある母国フランスが今置かれている状況を明確に示し、その中でのヴォレノーヴェンの西アフリカ連邦総督としての心構え、みずからが成し遂げようとしている任務の正確な位置づけ、その任務遂行のために今目前に居並ぶこれからの同僚・部下たちへの覚悟の要請が述べられている。任務遂行への彼自身の覚悟のほど、言葉の的確さは印象的である。つい二週間ほど前まで激戦の最前線部隊に身を置いていたことを想像するのは難しい。

ヴォレノーヴェンはこの着任挨拶の演説からぴったり七か月半後に植民地大臣宛に辞表を提出することになる。そしてその辞任は、ともすればクレマンソー陸軍大臣（兼首相）と彼との間での考えかたの齟齬が主因のようにも見られる。そういった見方は一面からすると当たっているが、全部を説明しているわけではない。しかし、なぜそのような考え方の違いが生まれたのか、ヴォレノーヴェンの着任挨拶の内容がすでにそれを説明しているように思う。第一大戦時のフランスとセネガルに関する先行研究諸著作において、ヴォレノーヴェンに関する記述は決して少なくはないのだが、彼の着任挨拶に主力を置いて説明しているものはない。ここで彼の言葉を少し丁寧に紹介しておきたい(15)。

着任挨拶演説

ヴォレノーヴェンは祖国フランスがまさに今、全力を尽くして戦っていることを強調する言葉を述べたのち、祖国は世界の自由のために戦っていると述べる。

この国こそがわれらが祖国であることを高らかに叫びうること、子としてのわれらの愛はまさにこの祖国に対して向けられ、それゆえに一旦母なる祖国がわれらにそれを求めるのならばわれらは喜んでわれらの血を捧げんとするものであることを叫びうること、それはわれわれすべてにとってなんという偉大な誇りであることでしょうか！

西アフリカ植民地の人々が祖国のために尽された努力の大きさ、それは思いもよらないほどのものでありました。フランス共和国の名において、ここにその尽力のほどに感謝の念を表す機会を得ましたことはわたくし個人として栄誉であり、心からの誇りとするところであります。わたくしはまたフランスの名において、栄誉ある大義のために戦場に斃れたフランス領西アフリカの子たちに対し、心に満ちる感動をもって敬意を表するものであります。植民地軍の士官、下士官、兵士諸君はもちろん、動員された植民者、商業に携わる人々や行政府職員、セネガル歩兵諸氏の方々、あなたがたにとってフランスは文字通りみずからの血を捧げる場でしかなかったかもしれません。しかし、名を知られる英雄、名も知られぬ兵、そのようなことに拘わらず、あなた方のすべてこそがフランス軍の誇り、敵軍にとっては恐怖の的、そして祖国の誇りに値する方々であるのです。祖国フランスはあなた方が払われた犠牲を決して忘れることはありません。

諸君！　フランスがわれらが植民地帝国開発にかけた費用と、それら植民地帝国が現在われらにもたらすものとを比較するとき、そしてまた資源は稀少であり、それゆえにそれらを求める市場には事欠かないこと、戦争が終わった暁《あかつき》にこれらの未だ開発さえされていない土地がわれらにもたらすであろう豊かさについて考えるとき、さらにはわずか五〇年前にはここ西アフリカの人々のほとんどがフランスという国の名を聞いたことさえなかったこと、しかるに彼らは今や自分たちにとって第二の祖国になったこの国の防衛のために喜んで命を捧げようとしていることを思うとき、わたしたちはフランス植民地政策というものの偉大さに深く思いを致さないわけにいかないのであります。フランスが成したことを成し得た国がほかにあり得ましょうか。

そしてヴォレノーヴェンは先任者たちの功績を称讃したのち、次のように言っている。

諸君、戦争は終わっておりません。戦争が終わっていない以上、われらがなすべきことは簡明そのものであります。全力を挙げて、またあらゆる手段を用いて、祖国のために尽くすこと、これであります。ただし、戦争が進むにつれてわれらの協力の仕方も変わってくる、それは当然であります。これまでフランスは確かに人員の面での貢献を求めていたかもしれません。しかし、今やフランスが求めているのは何よりも資源の面での貢献であります。

戦争は長く続く。それに伴う消耗は日増しに強まる。敵軍は今まさにこの渦中にあるのです。それはいずれは敵側の完全な降伏につながるでしょう。今次の戦争において、いやすべての戦いにおいてそうなのですが、時間という要素は武力という要素よりも重要であります。ボッシュ（ドイツ兵）を殺すこと、それは確かに必要であります。しかし、もっと重要なのは彼らよりもっと長く耐えることです。そのためには、われらが植民地から より多くの、そしてより良質の物品を敵側よりももっと多く供給すること、かくしてわれらの戦いが、彼らの戦いよりもより一層よいものになりうること、これであります。

われらがフランス領西アフリカにおいては落花生、アブラヤシ、米、トウモロコシ、ソルガム、ミレット(16)、木材、家畜（牛、羊など）を産します。フランスはこれらすべてを必要としています。われらは、これら産品を供給する義務があるのです。

現地の農民たちには、彼らが生産すればわれわれはそれを確実に買い取ること、正当な値段ですべてを買い取ること、その保証を与えねばなりません。買い取り業者たちには自分たちが物資を港まで運べばすべてはわれわれが買い取ること、それらはすべて祖国まで無事に輸送されること、それが保証されねばなりません。

この任務にわたしは全身をもって捧げようとするものであり、この任務にわたしは諸君の参加を呼び掛けるものであります。この任務は祖国のためであります。わたしは将として、諸君自身からなされる発議を喜んで受け入れ、諸君の意志を結集し、決断にあたっては勇をもち、そして最終責任をとることをお約束する。確かにわたしは若いかもしれない。しかし、わたしは指揮することには習熟していると申し上げましょう。当然ながら、そのためには諸君すべてがわたしに対して率直にして前向きな、かつまた熱心なる協力を提供していただかねばならない。

諸君すべてはわたしに対して忠誠、服従の義務を負っておられる。諸君すべては全霊をもってわたしへの協力の義務を負っておられる。なぜならわたしは今戦いのさ中にあるフランスを代表しているからである。

もう一つだけ重要な彼の言葉を見ておきたい。彼は言う。

戦争は停戦協定に署名されることをもって終わると考えるのは重大な過ちである。悲惨にして困難な時が過ぎれば、それで終わりだと考えるのは重大な過ちである。戦争の後の社会のあり方、それこそが戦争というものを決定づけるのだ。最も苦しみの少なかった方が勝者なのではない。戦後の経済を立て直すための苛烈な戦い、これに秩序だった方法と、必ずやり遂げようとする意志力をもって、深く負った傷を癒しつつ真に立ち直ろうとするもの、それこそが真の勝者なのだ。立ち直るための苛烈な戦い、それの遂行にあたってフランス領植民地はみずからの意志、力をもってあたらねばならない。祖国自身はその力、資本を祖国みずからが立ち直ることに充《あ》てるであろう。それが祖国自身の義務だからである。植民地における自給、それは当然のことになる。植民地は祖国フランスに従う子どもであり続けるであろう、しかし、その子は成人し、みずから歩む子でなければならないのだ。

ヴォレノーヴェンは同僚、部下となる植民地行政府の吏員たちに規律の重要性を再認識させ、「わたしが諸君を信頼しうること、諸君はそれをわたしに誓ってほしい。そして諸君はわたしを信頼しうること、それをわたしは誓う。密に団結し、ともに同じ理想を見据えつつ、心には燃える意志を同じくして、偉大なる祖国の繁栄のために、ともに務めようではないか！」という言葉をもって演説を終わっている。

ヴォレノーヴェンの挨拶演説を見ると、彼がみずからに課された主たる任務として認識していたこと三つが浮かび上がってくる。一つは、戦時下にある祖国が今必要としている諸物資・資源を供給すべく、西アフリカが成しうる生産に全力を傾注することである。そして、二つ目は戦争に必要な人員の確保である。この第二の点についてヴォレノーヴェンはそれまでにフランスの前線で斃れた人々への思いを込めた敬意を示すことで自分の考えを代理させている。これら二つはフランスを離れる前、彼を連邦総督に任命した大臣から直接に言い渡されたものであった。

そして、もう一つの任務が述べられている。それはヴォレノーヴェン独自の考えといえるものであって、現在のわたしたちにも強い印象を与えずにはいない。ヴォレノーヴェンは戦争は停戦協定に署名されることをもって終わりなのではないと言うのである。戦後の苛烈な戦い、つまり経済・社会の立て直しをすること、これに勝利することこそが真の勝利だと言う。しかも、祖国は祖国自身の立ち直りに全力を注がざるを得ないのだから、西アフリカ植民地は祖国の援助に頼ることなく、みずからの力で立ち直る努力をせねばならないと明言している。ヴォレノーヴェンは着任早々の演説で、大戦終了後の西アフリカを見遥《みはる》かし、戦時下の今から、戦後の西アフリカ社会形成のための努力をしなければならないと言っているのである。

大戦下のフランスでは既存の植民地省に加えて、一九一六年一二月に軍需省が設置されていた(17)。いよいよ総力戦の様相を見せていた大戦は陸軍省だけの力、権限では対応しきれないほどの諸物資の需要に迫られていたのだ。一九一七年五月二一日にヴォレノーヴェンが激戦の地で連邦総督就任の報を受け、急ぎパリに戻ったとき、彼はまず上司である陸軍大臣から西アフリカ植民地での兵員徴発増強の指示を受け、次には新しく直接の上司となる植民地大臣、および軍需大臣から諸物資供給確保の指示を受けたはずである。だからこそ、これら二つについて彼はさしあたっての任務として述べているのである。

もう一つわたしたちに強い印象を与える彼の言葉がある。それは自分の若さを認識したうえで、「自分は将として指揮することに慣れている」と明言していることである。その上で彼は同僚・部下に対し自分への絶対的な服従を要求する代わりに、最終責任をとるものである自分を信頼してほしいと述べている。この点は、のちにヴォレノーヴェンが辞任に至る事情が生じるときのことに関わるものであり、記憶にとどめおいていただきたい。

第一の廻状

フランス領西アフリカ連邦総督としてのヴォレノーヴェンの日々は仕事への情熱に満ちたものであった。彼はダカールに到着してわずか四日後の六月七日、西アフリカ内の八つの植民地総督宛に廻状を発している。彼は一九〇七年に短期間ながらダカールで仕事をした経験があり、ダカールという町がどのようなところであるかなどは知っていた。それにしても、本国の激戦場からめまぐるしいほどの旅を重ねてきて、連邦総督就任の挨拶演説をすますや否や、ダカール見物などするわけもなく、連邦総督としての核心をなす仕事に手をつけているわけである。発された第一の廻状はその着任挨拶演説を補充するものであった。挨拶演説の中で述べている本国への諸物資供給について、具体的に説明している。この廻状は相当の長文[18]で、分量からすると挨拶演説の三倍以上ある。要点だけを記しておこう。

> ダカール到着直後におこなったわたしの挨拶において、わたしは西アフリカが祖国フランスへの物資供給に果たすべき重要な責務について強調した。わたしの前任者はすでにこの点について何度も指示を出しておられる。しかし、それ以降、新たに考慮すべきことがあり、この廻状を発する次第である。
>
> ある命令が執行されないという場合、その原因は命令自体の内容が不分明ないし不正確であるか、あるいは命令の執行が十分にチェックされていないか、そのどちらかである。いずれの場合についても、その責は将一人が負わねばならない。これが指揮命令というものの大原則である。たとえ貴下方があやまちを犯そうとも、管轄大臣の前で責任をとるのはわたし一人である。同様に、貴下方はわたしに対して貴下方一人ひとりが責任をもつ。貴下方の部下たちに責任を帰させてはならない。
>
> 物資供給について述べる。戦争は人々をして生産よりも破壊に向かわせる。ゆえに生産不足が起こるのである。

産品不足があるうえ、加えて輸送がままならない状況がある。物資は港に止め置かれている。なんとか港を出たものは敵潜水艦に沈められるか、あるいは攻撃回避のために不必要なまでの遠回りをして国に運ばれる。祖国の港についても保管場所は少なく、荷下ろしもままならぬ。そのうえ、祖国の鉄道運輸は軍需物資輸送に主力が注がれ、一般運輸は機能不全状態にある。

生産の不足と運輸不全は目を覆うばかりである。戦争が終わればこの状態は改善すると思ってはならない。放置すれば戦後数年がたってもこの状況に改善はないであろう。資源不足の改善と運輸の改善は今から考えねばならないことである。

このような状況あるがゆえに、祖国は植民地の貢献を痛切に必要としているのである(19)。インドシナは世界における最大の米生産地であり、インドシナのみで全フランスの米需要を満たしうる。北アフリカ地域はブドウ酒、穀類、家畜を産する。フランスの旧植民地（マルチニックやグアドループなど）からは砂糖と砂糖由来品（ラム酒など）がもたらされ、マダガスカルは米、家畜を産する。太平洋の島々からは肉用家畜とコプラがもたらされる。フランスのもっとも新しい植民地である赤道アフリカ地域（ＡＥＦ）からは未だ顕著な産品はない。となると、すべての地が平定され、現地住民も利益が得られることが保証された上で、働くことに慣れ、商業網が十分に発達しているこの西アフリカ植民地、これこそが諸物資供給の基軸となるべきことは十分に了解されることと思う。植民地大臣、そして軍需大臣がわたしに課せられた任務、それがここに述べたことである。

ここ西アフリカ植民地連邦ではソルガム、ミレット、トウモロコシ、陸稲（米）、落花生、ヤシ油、豆の生産が求められている。これら産品について、村民から正当な価格で買い上げ、一定の場所に集荷し、適当な方法で運送し、積出港に集めることが重要になる(20)。これらは植民地行政府の責任のもとになされるが、船が港を出てからあとのことについては軍需省の責任下におかれる。

農民には換金用に生産される産品について正当な価格で全量を買い上げる保証を与えることがまず重要であ

る。買い上げ時の計量に際して不正などがあってはならない。商業従事者との連携は非常に重要になる。あらゆる不正を排し、農民が確実な利益を得られる体制を作らなければならない。人間は利益を求めて働くものである。アフリカの現地人は生来のなまけ者たちであり、彼らは未開状態にとどまるのを望んでいるのだという考えが長い間われわれの多くを支配してきた。これほど誤った考えはない。働けばそれに見合った報酬が得られることを保証すれば、人は働くのだ。したがって、生産されたものに正当価格を支払うだけではなく、より重要なことは来季の産品に正当価格を支払うという保証を与えること、こちらの方がより重要である。この点について曖昧さは許されない。正当な価格について、数字をもってきちんと保証せよ。繰り返すが、生産、生産、それが何より重要であり、農民が生産に意欲をもつ体制を作らねばならない。

　次に重要なことは輸送の問題である。西アフリカ内での輸送、そして西アフリカから祖国への輸送という二つの問題がある[21]。西アフリカ内の輸送は植民地行政府の責任、船が港を出て以降は軍需省の責任下におかれる。われわれとしては西アフリカ内陸での輸送に全精力を傾注する必要がある。まず各地に倉庫を建設すること。つまり、各地における諸産品の集荷基地を作ることである。倉庫は乾季に必要なものであるから、雨に備える必要はなく現地産の材料で可能である。場所を確定し、材料を吟味、確保すること。鉄道網は不十分だが、今あるもので対応する。トラックも不足しているが、あるものを十分に活用する。夜の運転はほとんど不可能であるが、これもできるようにすべきである。港の埠頭が足らない。荷下ろし、船積みの遅さは目に余る。これの改善が必要である。必要な重機とそれの運転技術者をそろえる必要がある。これらの任務達成に大規模な努力は必要ではない。任務遂行のための意志、意欲と実際に働くこと、それのみが必要である。

　河川の船運には問題がある。セネガル川とニジェール川での運輸については従来、あまり重視されてこなかった。蒸気船での遡行《そこう》が難しいゆえであるが〔川底が浅い部分が多いため（小川、注）〕、蒸気船が遡行しうる地点まではこれらを活用し、それ以上の上流部については浅底船、現地人が使う船の活用を考えよ。これらの小型船を操る現地人を確保せよ。そのために突然の命令を出すのではなく、十分に現地事情を検討したうえで事に臨むこと。

トラックでの輸送ルート、つまり陸路建設はまさに今後の問題である。今のところ、運送と言えば人の背か動物の背に頼るのが主である。これを改善しなければならない。他の植民地に比べれば西アフリカは平地が多く、土質は道路建設に向いている。河川交通、鉄道がある場所までの陸上輸送手段を改善せよ。

将来を見通して仕事せよ。より大きなものを目指して仕事せよ。西アフリカは昨日までは知られざる地であったかもしれない。しかし、明日には大生産地になりうることを思え。今こそその時である。各自がなすべきことを明確に意識せよ。その実現のために必要なことをすべて詳細に検討せよ。そして、何よりも重要なことは現地人との接触である。現地を巡察せよ。人々に姿を見せ、人々の姿を見よ。人間はいずこにあっても同じ人間である。話しかけ、彼らの言うことを聞け。行動に勝る雄弁はない。


ヴォレノーヴェンがフランス領西アフリカ連邦総督就任後、最初に発した廻状。わたしはこの廻状にヴォレノーヴェンという人の人柄、生き方、思想、それらすべてが集約されているように思う。指揮命令系統の確認、これは彼が職務遂行にあたって最も重要視していたことである。管轄大臣の前で責任をとるのは自分ただ一人であること。同僚・部下たちは誤りを恐れずに全霊を傾けて仕事にまい進せよというのである。責任はわたしがとると明言している。その代り、あなた方の部下たちの誤りの責任はあなた方自身がとれと言っている。

ダカール到着直後の着任挨拶において、彼は「自分は指揮することに慣れている」と、見方によっては傲慢ともとられかねない表現をしている。彼は自分の能力を過信してこう言ったのではない。最終責任をとるのは自分である、そのことを自分は常に自覚しているということを言っているのである。ヴォレノーヴェンという人のまっすぐな性格、生き方をこれほど直截に表現する言葉はないだろう。

そのうえで、任務遂行のための具体的な指示を与えている。植民地連邦総督としての彼が重視するのは現地住民との接触ということである。人々にみずからの姿を見せよと強調している。この点は彼自身が実行したことでもあるのだ。そして、ヴォレノーヴェンらしい言葉として今の仕事を遂行するためにより遠くを見通せよ、より大きなものを求めて将来を見据えて仕事せよと強調していることを挙げておきたい。

彼が上司から指示された二つの使命（諸物資の生産と人員の確保＝徴兵）と、彼自身の考えとしての将来の西アフリカ発展の基礎固めという仕事との関係はどう理解すべきだろうか。

諸物資生産と徴兵、これら二つは現下の戦争と直接に結びついている。戦争は激しく消耗させるものであるが、永久に続くわけではない。戦争を勝利のうちに終わらせるためには今、全力（兵員）と全資源（諸物資）を傾注しなければならない。しかし、そのことが西アフリカの将来を危うくせしめるようなことがあってはならない。それどころか戦争のための諸措置は、やがて平和が戻ってきたとき、何らかの形で西アフリカ社会の役に立つものであらねばならない。であるならば、現地人の生活に根差した政策が実行されなければならない。具体的に言えば、フランスが今必要としている食料その他をより多く生産するために栽培面積を広げ、農民の生産意欲を刺激する一方で、生産物を港に運ぶ運輸手段を整備する必要がある。今、フランスが必要としている兵士徴募活動を強化する必要がある。ただし、徴兵活動が西アフリカ植民地の生産活動を阻害し、その将来をゆがめるようなことがあってはならない。現今の困難解決の方法が、同時に将来の西アフリカ繁栄の基礎ともなるべきであること、それが肝要である。

ここに記したことはヴォレノーヴェン連邦総督が考えていたことの核心に関わるといってよい。フランス植民地行政府として推進すべき政策が将来の西アフリカのための基礎づくりに寄与するためには、現地人の生活に根差したものであらねばならないということ、これはフランスが植民地統治の基本政策とした同化主義政策とは異なっているように思われる。この問題はフランス植民地政策の原理としての同化政策と「協同主義」といわれる問題に関わっているのだが、ここではそのことを指摘するにとどめ、詳しい検討は第二部、第七章に譲ることにし、先を急ごう。

西アフリカ連邦総督の仕事ぶり

ところで、総人口は一二〇〇万ほどながら、面積からすればフランス本国の九倍にもなる広大な領地を統括する連邦総督はどのような一日を過ごしていたのだろうか。わたしたちの参考になるところもあるので、側近として働いたマンジョ将軍が記しているヴォレノーヴェンの一日を見てみよう。

起床は毎日午前三時半である。朝食を済ませ、四時半には執務室に入る。そのまま一人で七時まで仕事をする。七時からはいろいろな人と接見する。八時から一〇時まではまた執務。一〇時から一二時までは連邦総督府各部門長との会談がある。その時、各部門の長は連邦総督の署名が必要な書類を提出し、各植民地総督からの問い合わせ事項について連邦総督と検討することになる。ヴォレノーヴェンは特に緊急事項の場合は電信で対応するものの、一般事項については四日以内に返事を提出することを要求していた。彼は回答の遅れを特に嫌っていた。各部門長にはそれぞれに部下がいる。必要なことは部下にやらせて、期間内に返答すること、そこに重点を置いていた。

毎週土曜日の一一時からは軍事問題、徴兵に関すること、徴兵猶予に関すること、予備兵、軍事について改善すべきことなどについて軍司令長官と会談した。

午後一二時半に昼食となる。ヴォレノーヴェンは食事に人を招くのを常としていた。食事自体は簡素なものであったが、招待された人ががっかりすることがないように注意されていた。しかし、見栄えの良い、豪華な食事は彼の好むところではなかった。客となるのはフランスからダカールを訪れて来る人などが多かったが、会話を通して得るところのある人が好まれた。

客がない時は昼食後、ビリヤードを楽しんだ。ヴォレノーヴェンにとってビリヤードは唯一の娯楽で、ビリヤードをしているときは「何も考えずに熱中できる」と言っていた。

午後二時に執務室に戻り、そのまま五時まで仕事をする。五時になると執務を終え、マンジョ将軍ともども乗馬を楽しんだ。夕方七時、館に戻り、夕食後、また仕事をし、夜一〇時には就寝という一日であった(22)。

マンジョ将軍は記しているが、この時間割に書けないことが多いという。つまり、彼に課せられた使命を遂行するための諸苦労、それに伴う精神的な重圧、そういったものはヴォレノーヴェン一人が知るところなのである。大臣から指示された使命が待っている。言い訳はできない。他方で、彼の部下である各植民地総督は彼からの指示を待っている。それが連邦総督の日常である。

連邦総督、および各植民地総督の仕事

直前の節で見たのは、いわばヴォレノーヴェンの仕事ぶりの外面である。ヴォレノーヴェン自身が連邦総督としての自分の仕事、および各植民地総督の仕事をどのように認識し、定義づけていたか、それを記した廻状がある(23)。それが次に示す第二の廻状であるがそれを見ると、植民地統治における協同主義者としてのヴォレノーヴェンの考えが明確に示されていることにわれわれは気づく。協同主義者としての基本姿勢、それがうかがえる。

廻状は一九一七年七月二八日付けで発せられた。マンジョ将軍の著によると、ヴォレノーヴェンは第一の廻状交付(六月七日付け)のあと、さっそく西アフリカ領内のかなり広い範囲の巡察旅行に出ている。この巡察は全部で三週間、各植民地での停泊は四日と定められていた。ダカールから船で出発したのち、ギニア、コートディヴォワール、そしてダオメと三つの植民地を回り、さらにガンビア、シエラ・レオーネのイギリス領植民地にも各々半日の予定で表敬訪問することになっていた(24)。当時の交通手段の乏しさを考えると強行軍である。各植民地総督に会うのはもちろんだが、それら植民地内のセルクル司令官、行政官などできるだけ多くの人に会い、各植民地の事情を聴きとり、連邦総督側からの説明をするのが目的であった。したがって、これからその要点だけを見ていく第二の廻状は西アフリカ巡察直後に書かれたものである。非常に長文の第二廻状の要点をかいつまんで記しておこう。

廻状は巡察旅行に触れ、現地関係者から連邦総督府への陳情・要請・批判が多くあったことを記し、現地当局と中央部との間に意見の齟齬、確執があるのは常のことだと認めた上で、問題の核心部に入っていく。連邦中央指令部と

各植民地での分権についてヴォレノーヴェンはフランス植民地帝国の歴史に触れる。

一八九〇年頃、フランスは植民地帝国を築き、当初、海軍省の指揮下にあった帝国は、その拡大に伴い海軍省では対応しきれなくなり、植民地省が創設され、その指揮のもとアルジェリア、インドシナ、西アフリカ、マダガスカル、そしてコンゴ、ガボンといった植民地が形成されていった。これら広大な地域を中央部が一括して統括できるものではない。現地事情に合わせた統治をし、それらを調整、統括するものとして中央がある。一八九〇年から九七年にかけての時期、西アフリカ連邦総督府は当時の五つの植民地代表というよりも本国中央部（植民地省）の代理という性格が強かった。各植民地は行政、経済、財政について完全に自治権をもち、連邦総督府には立法権はなかった。連邦総督府は財政さえ統括していなかった。要するに、連邦総督府は植民地大臣に連絡（書簡・電信の交信）のうえ、各植民地に政策上の指示を出す。各植民地がその指示に従うのはいわば「礼を失しない」ためであった。

これまでの西アフリカ植民地連邦総督はこの不分明な責任体制に手を加え、なんとか連邦総督府自体が中心司令部としての機能を果たせるように努力してきた。地域分権から連邦総督府の中央集権体制へと変わってきたのである。これが一八九八年以降のことである。しかし、地域分権志向と中央集権志向とが拮抗しており、フランス領植民地それぞれが時の総督の考え方によって中央集権的であったり、地域分権的であったりした。

インドシナ植民地において地域分権型の統治を進めたのがアルベール・サロー連邦総督であり、その政策がインドシナを大発展させる結果になったのだ。かくしてインドシナにおいて中央集権型は放棄された(25)。

西アフリカにおいても、エルネスト・ルーム連邦総督は地域分権型を選んだ。彼は各植民地総督がもつ当該地域内の人事権に介入したりはしなかった。連邦総督府総務長官、部局長は連邦総督の助言者にとどまり、責任をもたされることはなかった。ルーム連邦総督に言わせると、各種の規定は本国の大臣が出すものであり、あるいは各植民地総督が管轄下植民地の独自の事情に合わせて出すものだったのである。財政について、連邦総督は各植民地総督に全幅の信頼を寄せていた。連邦総督府職員の給与は連邦総督府財政局からではなく、セネガル植民地の予算から支出されるという形になっていたのだ。それほど地域分権に重きが置かれていたのである。にもかかわらず、ルーム連邦総督の権威は絶大であった。彼こそがフランス領西アフリカの今の姿を形作ったのだ。

地域分権型、これこそが肝心なのである。自分の同僚、部下に信頼をもてずして、自分に信頼をもてるものではない。部下を執行官とのみ見なすのではなく、それぞれが各自の責任をもつ形にすること、それこそが発展を約束する。わたしはサロー連邦総督、ルーム連邦総督のもとで働いたことを誠に光栄に思うものであり、わたし自身心底から分権型を志向するものである。フランス領西アフリカ植民地連邦がじつに広大なものであり、地域によって自然環境はもとより、民族的、社会的環境からしても変異に富んでいることを思えば、なおさらのこと地域分権型は重要であると思料する。それは、むしろ必須である。

ここに述べた地域分権はなによりも人間同士の接触によって達成される。文書によるのではない。わたし自身は総督評議会を年一回、連邦総督府の部局長会議を週一回おこなう。それに加えて各地域巡察をできるだけ多くおこなうことを約しよう。週一回の部局長会議はわたしの考えを明確にするために必要と考える。同時に、各部局長は各自が予定する事業を明確にわたしに伝えてほしい。それに対してわたしは指示を与えるであろう。また、地域巡察はわたしが大変重きを置くことである。最も過酷で、報われるところ少ない仕事の現場にいる人たちに直接会うことに重きを置く。

明確にしておくが、書簡の交信について、大臣と書簡を交わすのはわたし一人である。わたし一人が大臣に対して責任を負う。同様に、各植民地においては総督である貴殿一人ひとりがわたしに対して責任を負う。総督である貴殿一人がわたしと書簡を交わすのである。ここダカールから各植民地宛に発送される公式文書への署名はわたし一人がする。連邦総督府宛になされる書簡への署名は貴殿各自一人のみである。この原則への例外は三つしかない。

a)　司法文書　司法についてわたしも貴殿方も介入する権利はない。したがって、検事総長が裁判官宛に発信する文書は全く独立のものである。

b)　軍事文書　軍事については司法と同様である。最高軍司令官は各植民地の軍司令官宛の文書を独自に発する。

c)　会計文書　財政部長、および同部係員たちは本国財政省の管轄下にあり、本国大臣との文書交信は彼らが独自におこなうものである。

連邦総督府の部局長が各植民地の部局長と直接に交信するということがおこなわれているようであるが、これは全くの私的文書に限ることにする。わたしとしては部局長間の文書交信はやめていただきたいと思う。各植民地の部局長の上司は貴殿方である。したがって、文書交信の必要がある場合、貴殿方を通してなされねばならない。貴殿方からわたしに交信される。すべての書簡交信はしたがってわたしと貴殿方との間だけでおこなわれる。この点について例外はないことを強調しておく。単なる問い合わせ事項などは別であるが、その場合、封筒は開封でなされることとする。敢えて言っておくが、わたしからのものではない命令を執行する者はみずからの立場を危うくする。

こう述べた後、各植民地での人事についてヴォレノーヴェンは指示を出している。要は、人事権については各植民地総督の専権事項だということである。その点は、ヴォレノーヴェンが地域分権を絶対的に信奉すると述べていることに現れているとおりである。各植民地の総督が自分で決めた人事である以上、ある部局がうまく機能しないといった泣き言は絶対に認めないと念を押している。総督はみずからの権限で怠惰なもの、無能なものを排除せよと言っている。

予算執行について連邦総督としての自分の権限を説明したうえで、ヴォレノーヴェンは執行上の完璧な透明性を要求している。彼のそれまでの経験からして監査には自信があると述べる。

終わりにあたって、彼は部下の質は上司の質によって決まること、各自が自分自身を信じ、仕事の成功を信じ、上司、部下を信じて前進せよと結んでいる。ヴォレノーヴェンという人の仕事に対する厳格な思い、権限と責任についての厳密な思考、さらに一人の人間としての実直な性格、それらが遺憾なく示されている廻状というべきであろう。

現地首長をどう扱うか

先に記した廻状発布から約二週間後の一九一七年八月一五日付けで発された廻状は「現地人首長に関して」と題されている。この廻状にはヴォレノーヴェンの協同主義理論信奉者としての姿勢が明確に記されていると思う。その意味では先に記した第二廻状よりも一層重要なものである。廻状の主要な部分を見てみよう。

廻状は現地人首長をどのように位置づけ、彼らをどのようにフランス植民地行政府の意向に従わせるかを明確に述べるものである。ヴォレノーヴェンはここではっきりと記しているのだが「西アフリカの原住民は子どもである」(26)という。子どもが親のそばで暮らすのを好むのと同様、西アフリカの人は首長に全幅の信頼を置くというのである。フランス本国に暮らす人々にとって権力者というのは必要悪のようなものであって、権力者と関わりなく暮らせるのであればそれが理想と考えるが、黒人にあってはそうではない。彼らにあっては「私《わたくし》」と「公」は区別されない。私の利益は家族の利益、村の利益、社会全体の利益と直結している。いうなれば彼らは統治されるのではなく、権力者の顧客である。権力者の言うがままになるのだ。逆に、自分が欲するものは権力者に頼みさえすればかなえられると思うのだ。ということは、権力者との不断の接触こそが重要ということになる。であるからこそ、彼らは権力者の知己を得るためならどんなに遠くでも厭《いと》わずに出かけていくのだ。人に知られぬ存在であること、これを彼らは最も恐れるのである。ところが、フランス植民地行政府の役人（フランス人）はあまりに数が少なく、村人たちの要望にいちいち応えられない。そこで現地人が仲介役として重要になる。これが現地人首長の役割だとヴォレノーヴェンは言う。そこから、現地人首長たるものは、フランス行政府の意向を十分に認識したうえで、しかも現地人に横柄に対応するような人間ではなく、現地人と日常的に接し、現地人の信頼を得るような人を据《す》えねばならないと続く。この点に関連して、クラウダーはある論文中でフランスの「協同主義」を「父権主義」（Paternalism）と言い換えているが(27)、これは大変的を射ていると思われる。現地人側からすると、同化主義政策に基づいて現地文化を全的に否定するかのごとき政策が取られた場合、それに対する反抗も直接的であり、対抗しやすいと思われるのに対し、協同主義＝父権主義＝父権的見守り主義に基づいて政策を実行されると、それは現地住民の考え方や、ものごとのやり方に（父親が子に対してするであろう）寄り添うかのような一面を見せるものであり、それに対する反抗、抵抗はやりにくいものであったのではないかと思われる。つまり、協同主義＝父権主義には、現地人側からすれば「始末に困る」面があったであろうと考えられる。こういった面は、のちの第三部、第十一章で記すヴォレノーヴェンに対するセネガル人歴史家イバ・デル・チャームの激しい批判にも関連していると思われるのである。

どのような人を首長に据えるか、この点に関してはステレオタイプの考えがいくつかある。曰く、伝統的な首長家族出身者がよい。いや、フランス行政府の考えを理解している土地の有力者を据えるべきだ。そうではない、フランスに最も奉仕した人への報酬として、その地位を与えるべきだ。この最後の観点からは、行政府で働く通訳や吏員、さらには復員後のセネガル歩兵を据えるべきだという考えも出てくる。

こういった通説に対して、ヴォレノーヴェンは「真の権威」をもつ人を選ばねばならぬという(28)。住民に受け入れられ、住民が望む人がその権威をもつ。

ここには、ヴォレノーヴェンという人の性格がよく表れていると思う。彼は「権威」を重んじたのだ。読者は覚えておられるだろうが、彼が若くしてセネガル植民地臨時代理総督であった時、彼の上司である総督が彼について記した評には「能力が秀でていることは間違いない。ただし、同僚との関係がやや冷たく、部下に対してはやや見下す観あり」とされ、さらに、「あまりに若く、それゆえ思慮に欠けるところあり。自分の判断が常に正しく、したがって結論も自分の見方に沿ったものになるべきと考える傾向あり。そのために他人に批判的になりがち」と記されていたという。もちろん、この上司の評が全面的に正しいというわけではないだろうが、ヴォレノーヴェンの人柄の一面を突いたものではあるのだろう。ただし重要なことは、ヴォレノーヴェンという人にあって、権威が重要であったのは間違いないが、同時にその権威に付随する責任について一層厳格であったということである(29)。

読者もすでに気づいておられるだろうが、ヴォレノーヴェンが出す廻状は一般に大変長い。長文である。「微に入り、細を穿《うが》つ」という表現を使いたくなるほどの、丁寧な説明と論理の筋道を重視した文章で構成されている。そこには意を尽くして説明、いや説得し、相手を納得させようという思いがうかがわれる。みずからの権威、みずからの正しさへの自信のほどが感じられるのである。

西アフリカの現地住民を「子どもである」と明言し、その「子ども」の扱い方に関して、自分の部下である各植民地総督に嚙んで含めるように教え諭《さと》そうとする態度、先にも述べたが、これは確かに後の第十一章で見るようなヴォレノーヴェンへの激しい批判を生む面があると思わせるのである。

第六章　ヴォレノーヴェンの死

大戦の状況

本書第一部の終章となるこの第六章は本書前半部の大きな山場になる。その記述に入る前に、フランス本国における戦争の状況を振り返っておこう。

一九一七年、大戦はフランス側にとってもドイツ側にとっても一時的な膠着状態にあった。すさまじい物量戦の様相を呈していた大戦のこの時期、兵士たちはどのような状況に陥っていたのか。中公文庫『世界の歴史26　世界大戦と現代文化の開幕』が記すところを見てみよう。

工業化された戦争のなかで、近代産業や科学の発展の危険な破壊力を実感し、肉体のもろさを認識した者もいた。ある者は一刻も早く戦場から脱出することを願い、ある者は感情を殺して無関心を装い、ある者は恐怖

> と緊張からシェル・ショック（砲弾神経症）に陥り、現実に心を閉ざすことで身を守った。しかし、大部分の者は戦場を嫌悪し、早期講和を望み、上官の無能と横暴を呪い、待遇の悪さを罵倒しながら、軍律に服し、命じられたことに従った。（…）一九一七年春から夏にかけて、西部戦線のフランス軍で五四個師団にもおよぶ兵士の命令不服従が起こった。（…）彼らの要求は、無益な突撃作戦をやめ、また休暇など待遇を改善してほしいということであった。（六一〜六二頁）

ヴォレノーヴェンが西アフリカ連邦総督としてダカール到着直後におこなわれた歓迎式典での挨拶演説で、祖国の窮乏、困難状態を口にし、西アフリカ植民地の祖国フランスへの貢献を述べていたことが思い起こされる。その年の八月一五日、ローマ教皇は交戦諸国に講和を提議している。

しかし、戦争は続いた。

一一月、ドイツへの強硬姿勢から当時「虎」と呼ばれていたジョルジュ・クレマンソーが再び首相（兼陸軍大臣）に任命された。クレマンソーはアメリカがヨーロッパでの戦線に大量の兵士を送ってくれれば膠着《こうちゃく》した状況は改善すると考えた。アメリカは一九一七年四月にドイツに対して宣戦布告していたのである。つまり、クレマンソーにとってはアメリカが大量の武器と兵士をヨーロッパにもたらしてくれるまでもちこたえること、それが重要なのであった。アメリカ兵たちが来てくれさえすれば、そのときまでもちこたえささえすれば、乗り切れると考えたのである。

陸軍参謀本部からの報告によると、事態は予断を許さぬものとなっている。兵員二〇万人が不足しているというのである。ここで、再々度、登場するのが軍人シャルル・マンジャンである。シュマン・デ・ダムでの激戦で敗れ、一時期、不遇をかこっていたマンジャンが、クレマンソーの首相就任に伴ってまたしても寵《ちょう》を得た。クレマンソーとしては二〇万人の兵員不足を何とかしなければならないという思いがある。マンジャンに事態打開の検討を指示すると、返ってきた答えはやはりフランス領植民地からの兵の起用というものであった。フランス領植民地全体から三六万人の戦闘従事者と二五万人の労働者を連れてくることが可能であり、そのうち七万人はセネガル歩兵として徴発可能というものであった。

西アフリカ各地での徴兵忌避の状況については、第三章の終わりの部分で詳しく記した。徴兵対象の若者が原野に逃げ込み、姿をくらましてしまう。のみならず、村を挙げて人々が逃げるというケースが頻発した。村自体がなくなってしまうのである。西アフリカは広大であり、地方部では村といっても散村であり、原野が広がるところが多い。姿をくらますのは難しいことではなかった。また、イギリス領のナイジェリア、ガーナ、あるいはリベリアやシエラ・レオーネ、ガンビアなどに逃げ込む人も多かった。そして、多数の人を巻き込んだ徴兵反対の暴動が諸所で起こっていたのである。一九一〇年、マンジャンが公刊した著において、西アフリカを「尽きざる貯水池」のように記していたことが思い出される。それが現実とはかけ離れた幻想であったことについては、すでに軍部でも分かっていたはずである。

しかし、クレマンソーはマンジャンのこの言を受け入れた。M・ミシェルが陸軍史料部在の史料に基づいて記すところによると、クレマンソーは一九一七年一二月一七日付けの「緊急・機密」と記されたペタン元帥宛のノートで「わたしはわが植民地原住民兵、特にセネガル歩兵の徴兵再開を決心した」(1)と記している。このノートにおいて、「再開を」となっているのは、先に述べたとおりの西アフリカ各地における徴兵の困難さ、ましてやあちこちで住民暴動まで起きており、徴兵活動は一時期停止していたからであり、そのことをクレマンソー自身知っていたからである。さらに、「決心した」というのは、事の重大性を彼自身よく認識し、その是非について逡巡し、それを敢えて実現しようとすれば、そこにはただならぬ「障害」がありうることを彼自身よく分かっていたからであろう。これ以上のセネガル歩兵の徴集については、西アフリカ現地側からその困難性が訴えられていたのである。

ここで少し立ち止まって考えてみる必要がある。

すぐ前の第五章で見たとおり、陸軍大臣が新しく西アフリカ植民地連邦に連邦総督として着任するヴォレノーヴェンに対し兵員増強のために同植民地連邦における徴兵活動の強化を指示したこと、これは容易に了解しうる。要するに前線における戦闘状況改善のために兵員が必要であり、そのためには西アフリカ植民地からの兵をより強力に徴集せよというのである。陸軍大臣としては、いわば当然の指示である。また、植民地大臣、軍需大臣が戦時下にあるフランスでの困窮状態打開のために、西アフリカ植民地が産する諸物資の増産に励み、本国への無事な輸送に専念せよと指示するのも理解できる。しかし、これら二つの指示をその内容から見た場合、両者は同時に、互いに両立しうるものだろうか。徴兵活動を強化すること、それはとりもなおさず生産労働に適した年齢の若者たちを労働の現場から離脱させることになる。全体的な労働量を減少させれば、諸物資生産の強化は難しいという結果をもたらすことになるのではないのか。若くしてフランス領西アフリカ植民地連邦総督に就任したヴォレノーヴェンはこのことを充分に認識していた。

就任演説、および第一廻状のそれぞれにおいてヴォレノーヴェンは自分独自の考えとして、「戦争が終わった後の社会のあり方」が重要であること、つまり、「西アフリカの遠い将来を見据えて」、「その発展のために役立つ」形で諸事業がなされねばならぬことをわざわざ強調している。ヴォレノーヴェンの頭の中には、西アフリカ植民地が諸物資の主要生産地になること、それこそが祖国フランスの繁栄につながるものであるということについて、確固とした信念があった。となると、その生産現場において、より多くの兵員増強のために身体強健な、働き盛りの若者たちをできるだけ多く戦場に「駆り出す＝狩り出す」こと、それは望ましいことではないという考えが彼の中にあったはずである。ヴォレノーヴェンはその就任演説において、一人の子として母国フランスに対して抱く祖国愛を強調している。その思いは、オランダ生まれの自分が、みずからの意志でフランスに帰化し、フランス人になったという意識が強かったヴォレノーヴェンにあってはなおさら強固なものであっただろう。その祖国が今、戦いのさなかにあり、しかも戦局は予断を許さない。戦局打開のために兵員増強が必要なことは彼にも分かりすぎるほどに分かっている。

しかし、ひるがえって現地西アフリカの状況を見るに、徴兵忌避の動きはまことに顕著であると認識せざるを得ない。事実として大暴動が起こったのである。ヴォレノーヴェンは自分自身の心の中でこの対立命題を前に深く苦しんだに違いない。

実際、彼の就任演説、そして廻状を注意深く読んでも、西アフリカにおける諸物資生産の増強、輸送力の強化、そういったことに関しては具体的で、詳細な指示が各植民地総督宛に出されているのは分かるが、その一方で徴兵に関する具体的な指示は読み取れない。それどころか、彼は次のようにさえ言っているのである。

全力を挙げて、またあらゆる手段を用いて、祖国のために尽くすこと、これであります。ただし、戦争が進むにつれてわれらの協力の仕方も変わってくる、それは当然であります。これまでフランスは確かに人員の面での貢献を求めていたかもしれません。しかし、今やフランスが西アフリカ植民地に求めているのはなによりも資源の面での貢献であります（一九一七年六月三日、ダカールでの連邦総督就任演説）。

各植民地総督に現地住民の前に姿を見せよ、住民たちに好かれる存在であれといったことを強調しているのも、諸物資生産増強のためと考えられる。確かに、ヴォレノーヴェンは兵員増強の必要にも触れてはいる。しかし、そのすぐ後に彼個人の思いが表明される。次の言葉を見るとよい。

諸物資生産と徴兵、これら二つは現下の戦争と直接に結びついている。戦争は激しく消耗させるものであるが、永久に続くわけではない。戦争を勝利のうちに終わらせるためには今、全力（兵員）と全資源（諸物資）を傾注しなければならない。しかし、そのことが西アフリカの将来を危うくせしめるようなことがあってはならない。それどころか戦争のための諸措置は、やがて平和が戻ってきたとき、何らかの形で西アフリカ社会の役に立つものであらねばならない（一九一七年六月七日付第一廻状）。

こうして、ヴォレノーヴェンは一九一七年六月、時の植民地大臣マジノ宛の状況報告書において、「西アフリカ植民地からさらに数千人の人員を徴発などすれば、西アフリカは燃え上がり、流血の惨事を招き、完全に破滅状態に陥ることになるでしょう」(2)とまで記している。上セネガル・ニジェール植民地（現在のマリ、ブルキナ・ファソ、ニジェール各々の一部を含む広大な地域）、ダオメ、コートディヴォワール、そしてギニアでも、要するに各植民地いずこにおいても徴兵反対の暴動が起きていたのである。ヴォレノーヴェンはその状況を伝えた。ほとんど砂漠地帯といってもいい乾燥地域に暮らすラクダ遊牧民トゥアレグ人までが暴動を起こしていた。そういった状況にあって、これ以上の徴兵をするのは実質的に無理であることをヴォレノーヴェンは報告した。はっきり言ってしまえば、西アフリカ連邦総督であるヴォレノーヴェンはその直接の上司である植民地大臣に対して西アフリカ植民地連邦においてこれ以上の徴兵は不可能と言ったわけである。

ヴォレノーヴェンのこのような考えは西アフリカ、特にセネガル植民地において活動していた商業者たちの要請にも沿ったものだった。当時、西アフリカにおいて商業に従事していた人々が、西アフリカ各地でなされる徴兵に反意を示していたことはすでに何度か記した。要するに、労働力の減少、家族への徴兵手当の支給、兵士たちへの現金支給、年金の約束、そういったものが結果的に現地商品の値上げを招き、それはやがて現地労働者たちの給与の引き上げをもたらすことへの恐れからであった。もっと直接的、現実的な問題もあった。フランスのボルドーやマルセイユ出身の商業従事者たちはフランス人の若者を商店員として雇用していたが、これらフランス人若者たちは当然、戦争に動員されている。そのために現地人の若者を訓練して、雇用する必要があった。その現地人若者たちまで徴兵されるのではたまらないというのが商業従事者たちの言であった。実際に徴兵されないまでも、徴兵を恐れてイギリス領のガンビアなどに逃げ込む若者は多かったのである。商人たちの要望は的を射ており、当然なものであった(3)。

ピカノン調査団報告

少し時間を遡《さかのぼ》ることになるが、前年の一九一六年、時の植民地大臣ガストン・ドゥメルグの命を受けた調査団が西アフリカに派遣されている。ピカノン監察官を団長とするもので、その主目的は西アフリカにおける更なる徴兵の可能性について調べることであった。フランス、エクス・アン・プロヴァンス在のフランス国立公文書館海外領土部に保管されているピカノン自身の手になる主報告書はタイプ用紙で九二頁に及ぶ長文のもので、西アフリカにおける徴兵の実態について詳細を極めている。報告書はこれ以外にも調査団の一員であるケール監察官作成の、徴集された兵たちの居住状況に関わるもの、兵の食事に関わるもの、兵の衣服や寝具に関わるもの、さらに兵の適格性や衛生状況に関わるもの、兵士および兵士家族への手当金支給状況に関わるもの、そして徴兵が現地経済に及ぼしている影響についてなど、それぞれについて詳細な報告がなされている。特にピカノンの手になる主報告書に見られる率直な直言などは、読む人に強い印象を与えずにはおかない。ここで同調査団主報告書に記されるところの概略を見ておこう。

報告書は一九一六年一一月二七日付けにて作成、植民地大臣宛である。

ピカノンはまず一九一四年八月二六日付け、つまり第一次大戦が始まって直後に、時の西アフリカ植民地連邦総督であったウィリアム・ポンティから植民地大臣宛に送られた電報において、西アフリカ住民の間には戦争に向けての昂揚した気分が満ちており、ゆえに高度に訓練され、戦意に満ちたセネガル歩兵三個大隊をすぐにも派遣できると述べられていたこと、さらにはその後の電報においても徴兵は全く順調に進んでいると報告されていることを再記している。

確かに、西アフリカの一部の権力者（伝統的首長）たちの間にはフランスの戦争に参加することに興奮していた者がいたかもしれない。しかし、一般大衆の間では徴兵の呼びかけに興奮するものなど全くいなかった、とピカノンは続ける。志願してくるものなどほとんどいず、したがって各地方の首長たちは自分の村に割り当てられた兵の人数を調達するために強制的手段を用いるほかなかったというのが事実である。これは五つの植民地すべてについて言えることであり、各植民地行政官は割り当て兵員数の調達に非常に苦労したのである。

いずれの植民地においても、人々はあらゆる手段を用いて徴兵を逃れようとした。徴兵がなされるという報が伝わるや、村を挙げて荒野や森に逃げ込むということがなされた。村人たちを連れ戻すために、その地方の首長を逮捕し、見せしめとして罰を与えなければならなかった。直接的に徴兵の対象になる若者たちは、皆が皆、想像しうる限りの徴兵逃れの方法を用いた。ある者は自分の身体を深く傷つけ、ある者はある種の毒のある樹液を目に入れて重篤《じゅうとく》な眼病を故意に発病し、ある者は目が見えない、あるいは耳が聞こえない、あるいはリューマチで手足が動かない、などあらゆる病気を装い、さらに別の若者は徴兵のない英領植民地に逃げ込んだのである、と一般的状況を述べたのち、ピカノンは五つの植民地各々で具体的に徴兵逃れがどのようになされたかを詳述している。

ここでは一部だけを再記すると、ギニア植民地のピタ・セルクルではやっとのことで三五〇人の若者を集めたのだが、身体的に問題があるものを除くと三〇七人が残った。これらの若者たちは集合場所であるキンディアに集められた。そこには徴兵委員会があり、本委員会の検査によって最終的には一一一人のみが適格とされた。こうして適格とされたものが、収容キャンプから逃げ出すことも多い。一〇〇人集めても、そのうちの三三人が逃げ出してしまったところもある。要するに、徴兵は逃げようがない強制的手段をもってしか可能ではない。

ギニア植民地カンカン・セルクルでは、若者たちは市場に近寄らないようになっている。若者だけではない。要するに男が市場に行くこと自体が危ないと考えられている。そこに行くと強制的に捕獲、徴兵されることを恐れているからである。男たちが出入りしなくなった以上、市場に物資を運ぶ男たちもいなくなり、市場が機能しなくなっていることも記されている。西アフリカのあちこちで、人々の日常生活そのものが正常に機能しなくなっているのである。

ピカノンはダオメ植民地ウイダ・セルクル・コマンダンの報告として次のようなことも記している。その行政官は「住民たちは戦争への参加について強い情熱を示しているというような言葉は冗談に過ぎず、志願してくる若者などただの一人もいないと述べている」というのである。

上セネガル・ニジェール植民地において、一九一五年五月になされた第三次の徴兵に際して、同植民地での目標徴兵数は九〇〇〇人とされていたのだが、実際の徴兵は困難を極め、徴集できたのは三四四人に過ぎなかったという。ピカノンは次のように率直に状況説明している。

大臣閣下、失礼を顧みず真実をご報告申し上げねばなりません。一九一五年一〇月九日付政令が発布される以前も、それ以降も、つまり一九一五年一〇月半ばから一九一六年四月初めに徴兵がいったん中止されるまでの期間において、実際に集められた兵員の五分の四までのものは有無を言わせぬ強制的手段によってのみ集められたのであります。閣下から連邦総督宛に送られた電報では徴兵はすべて志願制度によらねばならぬとされておりますが、志願兵など一人もいないというのが実情であります。

閣下はまた、連邦総督宛の電報において現地住民の抵抗、不安を勘案の上で「わたくしの考えでは召集という形での徴兵は中止し、すべてを志願制とする。戦争は長引いており、敵軍を打ち砕き、敵側に敗北を与えるためにはさらなる兵員が必要であること、そのためには植民地においてさらなる努力が必要であるが、それは植民地内部の安定を壊すようなものであってはならず、まして住民間に暴動を引き起こすようなものであってはならない。こういったことを考えると、一切の強制的徴兵を排し、兵への手当金、家族への手当の支給など金銭的な手当を尽くしたうえで志願兵の徴集に一層の努力をしていただくこと、それ以外にない」と述べておられます。しかし、閣下、志願兵など一人もいないのです。

ピカノン調査団の報告は各植民地内の地方区画であるセルクルを統治するコマンダンから植民地総督宛に送られた報告書を直接の資料にしている。つまり、フランスの植民地大臣が目にする現地報告（これは各植民地総督から上がってくる報告を基に西アフリカ植民地連邦総督が作るもの）よりもずっと現場の状況を詳しく伝える具体的な報告書を資料にしているのである。ピカノンが言うところを一言で記せば、要するに、フランス政府は現地住民が徴兵に対して抱いている感情、気持ちについて完全に誤った判断をしているというものになる。フランスでは現地住民たちは「母国フランス」のために喜んで参上する気持ちをもっているなどと言われているが、それは誤った判断であると断言しているのである。住民たちにそのような気持ちは全くない。そもそも現地住民たちはヨーロッパで起こっていることを何も知らないのであり、したがって無関心であり、なぜ兵士として徴集されなければならないのか理解できない。その上、一旦徴兵されれば、帰って来ることはないと分かっていれば、誰が自分の子を兵として提供するだろうか。どの首長が自分の村の若者を兵士として送り出すだろうか。そんな人はいない、と言っているのである。

この報告は驚くほど率直、直接的なものである。植民地大臣が、「強制的方法を排し、志願兵のみを集めよ」と指示しているのに対し、「志願兵など一人もいません」と言っている(4)。

思い出していただきたいのだが、一九一〇年、ドイツとの開戦可能性がうんぬんされ始めていたフランスはマンジャン中佐を隊長とする調査隊を西アフリカに派遣している(第三章を参照)。マンジャン調査団は半年にわたる調査の結果として、西アフリカは兵を提供する「貯水池」のようであると結論づけていた。この調査報告に基づき、一九一二年二月七日の政令をもってフランス領西アフリカにおいて召集令状をもって徴兵することが決定され、開戦とほぼ同時に西アフリカの数多くの若者たちが「志願兵」という形で、実際は有無を言わせぬ形で徴兵され、すぐさま激しい激戦の前線に送られていたのだ。

思えば、ヴォレノーヴェンが西アフリカ植民地連邦総督に就任した一九一七年六月はピカノン調査団が西アフリカ各地からの詳細な報告に基づいて、これ以上の徴兵は実際的にはとても無理であることを植民地大臣宛に報告した半年後のことであったのだ。

ヴォレノーヴェンは「一九一四年から一七年にかけて西アフリカ植民地でおこなわれた徴兵活動はその方法におい

ても、またその結果においても過度にして苛酷なものであったと思われます。植民地の状況を完全に掌握し、住民が最近なされたような強制的徴兵活動についてもっている恐怖感、不信感を払拭《ふっしょく》しない限り、これ以上の兵士徴発は全く不可能であると思われます」(5)という報告をマジノ植民地大臣宛に発した。

さらに、一九一七年九月、ヴォレノーヴェンは、ルネ・ベスナール植民地大臣宛書簡において、ヴォレノーヴェンは「西アフリカはマジノに替わって新しく着任したばかりのルネ・ベスナール植民地大臣宛書簡において、時の物資供給、さらに戦後の物資供給確保のためにこれ以上の徴兵命令はご下命になりませぬようお願い申し上げます。大臣閣下、どうか戦場に駆り出すための新規徴兵はご下命になりませぬよう。これ以上の徴兵は当地を血と砲火に満ちた土地にしてしまうでしょう。それは破滅であります。しかも、何の結果も得られないのです。当地の人々に要求しうる限度を超えることになります。新規徴兵についてはなにとぞご放念くださいますようお願い申し上げます」(6)と報告している。なんという大胆、かつ懇切、また心情に満ちた上申であろうか。事態は絶望的状況に至っていた。

ヴォレノーヴェン連邦総督の「政治的遺書」

ヴォレノーヴェンは苦悩の末に意を決したかのように、一九一七年一二月二〇日付けをもって、植民地大臣宛に報告書を送っている。この報告書はその内容からして異色というか、独特なものである。現地状況について報告するのではなく、現地状況に関するみずからの個人的考えを吐露するものであり、見方によっては上司に対して礼を失している。ただ、この報告には植民地連邦総督としてのヴォレノーヴェンのアフリカに対する見方が表れている。みずからのよって立つところを明確にしておきたいという意向がうかがえるのである。ヴォレノーヴェンはこの報告をもって彼の政治的遺書にしている観がある。

長文であるので、全文を翻訳、引用するのは避けるが、ヴォレノーヴェンらしいところを見るためには相当量の引用が必要になる。

西アフリカ植民地連邦総督から植民地大臣閣下へ

本日は当西アフリカ植民地連邦の状況についてわたくし自身の個人的な考えを披瀝申し上げたく、当報告書をお送りいたします。

わたくしが当職につきましてから六か月になりますが、五つの植民地各々の総督からは逐次報告を受け、現場の行政官たちとも十分に連絡を取り合ったうえで、現時点におけるわたくしの考えを明確にまとめ、ご報告申し上げます。当地での問題点、その原因、対策について率直に申し上げたく存じます。

閣下、当地の状況はよくありません。未だ平定されていない敵対的民族について申し上げているのではなく（これらについては時間が解決します）、すでに完全にフランスの支配下にある人々の状況について、よくないと申し上げているのであります。多くの地域で観察される人々の無関心さ、フランスに対する冷淡さ、これこそが問題であります。かつて、人々はわれわれに対し、旧来の圧政から解放してくれたものとして感謝と愛着を率直に見せてくれておりました。われわれは不幸な人々の解放者であったのであり、人々はそのことを理解し、感謝を表明しておりました。圧政がひどいものであっただけに、人々のわれわれに対する信頼と希望は大きいものでありました。人々の間には、どのような努力も惜しまず協力するという姿勢がうかがわれたのであります。

かような状況は、閣下、過去のものになりました。現在、人々はわれわれに対して身構え、距離を置くような態度ばかりを示しております。はっきり申し上げれば、われわれから逃げようという姿勢ばかりが目立つのであります。彼らはもはやわれわれの助言に耳をかそうともせず、命令に背くことも辞さないのであります。さらに、大挙して、かつ信じがたい暴力をもってわれわれに反抗するものまで現れました。過去数世紀来、自分たちは圧政とその下での奴隷制に苦しんだが、今また新しい主のもとで苦しんでいる、と言わんばかりであります。その具体的結果として、ダオメ植民地では一万五〇〇〇人以上がナイジェリアに逃げ込み、コートディヴォワール植民地からは二万人以上がゴールド・コーストに逃げ込みました。また、ガンビアにはギニア、セネガル、さらにスーダン（現マリ地域）からも多くが逃げ込んでおります。あまりに多くのものが、フランス領を捨て、イギリス領に逃げ込んでいるのであります。統治の責任を負うものとして、これがいかに重大な状況を表しているか痛感せざるを得ません。

わたくしは状況を過大に書くことで事態の深刻さをお伝えしようとしているのではありません。今、重要なのはこの状況深刻化の原因は何かを知ることであります。何が起こっているのか。この事態にわれわれはどう関与しているのか。住民に責任があるのか、われわれに責任があるのかを知ることであります。

わたくしは以下において、まず一般的原因ともいえる要因を述べ、次いでこの事態をよりよく説明する直近の原因について詳しく申し上げようと思うものであります。

われわれは西アフリカにおいて合理的な原住民政策というものをもっておりませんでした。アフリカは不毛の大地であり、自然の猛威にさらされていると言ってしまうのでは解決になりません。問題のありかを見つけ、それに対処しうることを示す必要があったはずです。

現地諸社会をいかに発展させるかについては意識的、かつ熟慮の政策が必要であります。しかし、現実には何が起こったか。

フランスが当地に平和をもたらす前、人々は日常的には自分たちの生活領域から外に出ることはなく、自分が属する村、民族社会の外に出ることなどほとんどなかったのです。集団が各々隔絶されていた時代、人々の生き方は確かに野蛮時代のものでありますが、そこには利点もあって、それは伝統が残りやすかったということであります。慣習というものが尊重され、社会的な規範、家族の規範が順守されやすく、それに違反するものに対しては厳しい罰則が科されたのです。しかし、平和がもたらされ、社会内の闘争が鎮められると、異なった民族の人々が交流し始めます。かつては自足的に機能していたさまざまな伝統的組織も外部的な影響にさらされるようになり、ここに進歩というものが始まります。そうなると、人は誰でも故郷を失います、というのもどこでもが故郷になるからです。これは人々にとって重大な変化というべきで、そのことは、ある日突然にヨーロッパ諸国の国境が取り払われ、すべては一つだと言われた場合の人々の驚愕、当惑と同じことです。

われわれが当地でおこなったことはまさしくこれです。われわれは、その土地独特の伝統は重視すると約束したものの、それはわれわれの文明の原則に違反しないものである限りという条件付きであったのです。かくして、西アフリカにおける社会変化は重大なものでありました。ヨーロッパ文明はアフリカの男たちに対し、女性や子どもたちにも独自の権利があることを認めるよう押し付けましたが、これは自分たちは安全なところに身を置いたうえで、現地の男性たち（夫でもあり、父親でもある男性たち）の権利を侵害するものであったとも言えます。われわれは確かに旧来の恐るべき強力な首長支配というものを排除しましたが、それはそれまで強力に社会を支配していた体制そのものを破壊することでもありました。

もう一度申しますが、わたくしはこれらの変化を批判しているわけではありませんし、ましてやそうするべきではなかったなどと申しているわけではありません。ただ、これらの改革は当地の社会にあまりに大きな変化をもたらし、単純な心性をもった現地住民たちはわたしたちの意図、目的が何であるのか、その意味を理解しえず、それまでの厳格な社会体制に代わって、優しい、しかし軟弱な、いや去勢されたようなとさえいってもよい権威しかない社会になってしまったと感じていることを申しているのです。旧来のアフリカにおいては集団（共同体）こそが命であり、個々人は何の権利ももっていませんでした。つまり、個性などというものは存在しなかったのです。それが、ある日、突然、個人の権利は社会のそれに優先するという「個人主義」社会に切り替えられたのです。人々が戸惑い、当惑し、混乱するのは当然と言うべきでありましょう。家畜の群れが、突然、牧人を失い、野原をさまよう、それと同じではないでしょうか。

上記、全体的、一般的な問題に加えて、少数民族の人々の不満というものがあります。彼らはわたしたちの到来を歓迎しておりました。自分たちの境遇は改善されると思ったのです。しかし、わたしたちは彼らの期待に応えられていません。彼らは自分たちの境遇に変化はないとさえ思っています。ヨーロッパ文明はその栄光、利点を盛んに吹聴しているが、自分たちの村に学校はできたか、病院はできたか、これまでと何も変わってはいないじゃないか、というのが人々の反応です。生産量が二倍になるという灌漑工事はどうなっているのだ。ヨーロッパでは技術の発達のおかげで土地はあらゆるものを生み出し、人々は飢えることなどなく充分に食べ、弱者には手を差し伸べると言うが、ここではどうなのだ。約束はどこにいったのだ。そして、こういった不満の矛先《ほこさき》が向けられるのは、われわれが各村に据えた村長に対してであります。村長が無能だから、すべてがうまくいかないのだと人々は言うのです。また、植民地行政府の各種の役人、通訳、そして商業従事者たちは自分たちに見合った尊敬を享受していないことに不満を漏らします。自分たちは単なる道具、手先に過ぎないと意識しているのです。彼らは行政府から十分な手当をもらえず、現地の人々からは遠ざけられ、かといってヨーロッパ側からも受け入れられず、不満と失望を隠そうともしません。これは危険な兆候です。

つまりは、植民地統治についての基本原則がないことが問題であります。われわれは出来事に方向づけを与えるのではなく、何か事が起こるたびにそれへの対処に右往左往するのみです。それゆえに西アフリカ植民地連邦は混乱しているのです。

以上は、西アフリカ植民地が抱える基本的、一般的な問題ですが、わたくしがこれから申し上げたく思っている今次の戦争に関わる問題も、これと無縁なものではありません。むしろ、戦争に関わる現今の諸問題が上記の一般的な諸問題をさらに先鋭化させたといってもよいでしょう。

戦争が始まり、総動員令が発せられました。これは取り返しのつかない誤りであったと思います。これあるがゆえに、植民地の行政、経済は突然にストップしてしまったのです。総動員令が発せられことで、当地の住民たちはわれわれすべてが西アフリカから引き上げるのだと考えました。われわれの味方であった人々はそれを真剣に心配しました。逆に、われわれの存在を疎《うと》ましく思っていた人々はこれですっきりすると思ったようです。一九一五年、一六年中に起こった暴動は、現地行政にあたる行政官や商業者たちが動員されたため、現地支配に手薄な状況が生じたからと言っていいでしょう。

セネガル歩兵としての大量の徴兵、これが事態をさらに悪化させました。徴兵数が多いというよりも、徴兵の方法、これが悪かったというのが事実と思われます。セネガル歩兵としての徴兵は、さかのぼればすでに三世紀来行われていることです。三世紀来、当地は兵集めのための「貯水池」と見なされてきたのであります。しかも、一度徴兵されたが最後、二度と戻ってくることはないということを人々はいやというほど認識させられたのです。

今次の戦争に際してなされた徴兵のやり方、それは多くの問題を含むものであります。徴兵担当者の数的な不足は、現場の担当者のいら立ちや怒りを招き、それは結果として方法の乱暴さ、監督の不十分さを生じさせました。戦争については実にさまざまに取りざたされております。戦争が予想以上に長引いていること、それに伴う犠牲も多くなっていること、それが植民地住民に驚愕と心配を与えているのです。悪い知らせは村人たちにすぐ伝わります。噂が噂を生んで広がります。戦争は西アフリカ植民地におけるわれわれの立場の脆弱《ぜいじゃく》さを目に見える形にしました(7)。

閣下、西アフリカ植民地連邦の一二〇〇万の住民はわれわれを愛していると言えるでしょうか？　否です。百回否と言っても過《あやま》つことはありません。では、彼らはわたしたちを嫌悪しているのでしょうか？　そうとは思いません。では、彼らはわたしたちを恐れているのでしょうか？　その点はその通りだと思います。では、彼らはわたしたちを信頼していると言えるでしょうか？　とてもそうとは思えません。

当西アフリカ植民地において、西アフリカにふさわしい原住民政策というものを作り出さねばなりません。

西アフリカ植民地は「若い」植民地であり、あやまちは直ちに修正可能であります。必要なのは、修正のための意志があるか否かであります。

西アフリカのこの地で働く役人たちは自らの仕事の指針となる基本的資料を必要としています。植民地行政府の役人たちは自分たちの経験だけで適切な判断をすることはできず、指針となる書物、資料を必要としています。西アフリカの人々は確かに書かれた記録をもってはいませんが、しかし確固とした伝統、風習、歴史をもっているのです。それらを十分に知る必要があります。わたくしは西アフリカの諸制度を理解するための精緻な研究、それを開始する決意であります。この種の研究・調査はコートディヴォワール植民地については一九〇二年以来、クロゼル総督の指揮下でなされました。また、スーダン地域についてはドラフォス氏が詳細な調査・研究を数巻の書物にまとめています。ダオメ植民地のアボメ地域についてはル・エリッセ氏がしっかりした記録をまとめております。また、ギニアについてはアルサン氏による優れた研究がなされています。これらは優れた研究です。しかし、それで十分とは申せません。それぞれの植民地において、専門官一人、ないし二人を常駐させて、当該地域の調査・研究を進め、そうして西アフリカ植民地全体の社会制度・風習・慣習について十分な研究を進める必要があります。

その際、一般大衆と社会内のエリートという二つのカテゴリーをはっきり分けて考える必要があろうと思います。一般大衆は西アフリカの人間としての独自の道を歩み続けるでしょう。しかし、エリートについてはわれわれヨーロッパ人の生活習慣をますます身近に感じるようにしなければなりません(8)。

一般大衆社会については、まず肝要なことはその社会が崩壊しないよう、今より一層強固なものになるようにしていく必要があります。つまり、人々がその家族とともに、村において、昔からの伝統に則って安心していられるような政策をとることです。

そして、第二にはむしろこちらが重要かと思うのですが、各地の中央部（都市部）のみを重視するのではなく、地方部の充実を進めます。地方が豊かにならない限り、真の進歩はないと信じるからであります。確かに、中央での道路建設など大工事も必要でありますが、それが一般大衆の生活状況改善に決定的なわけではありません。地方部における各種の工事、改善、これらはさほどの予算を必要とするものではありませんが、これらを確実に進めることこそが、各地方部での生産を増大させ、それを確実に中央部に集めるためのよりよい方法であると思います。こういった諸施策をとっている地域におきましては、すでに目覚ましい成果を挙げているのです。それらをより広い範囲で推し進める必要があります。三年以内に、西アフリカ植民地のすべての子どもたちが学校に通えるよう施策を進めねばなりません。人々の安全を高め、法というものをより広く浸透させ、衛生状況を改善し、医療を施す、これらは今すぐにできることではありませんが、少なくともそれを目指さなければなりません。

社会内には一般大衆とは一線を画し、才能や適性においてより優れたものを示すエリートというものが存在します。これらエリートたちはまずはフランス行政府に職を求めようとします。彼らに与えられている物質的条件、まずはこれを改善せねばなりません。現在のところ、わが行政府に勤める現地人役人たちは平均して年六〇〇フランから二〇〇〇フランを支給されております。一般住民が手にする収入に比べると、これら給与生活者たちは四倍にもなる給与をもらっているのに、大した仕事もしていないと言われることがあります。しかし、ここには大きな誤解、混乱があります。わが行政府で仕事をしている現地人役人たちはもはや「現地人」ではないのです。彼らは草ぶきの小屋に住んでいるわけではありません。腰巻一つを衣服にしているわけではありません。現地人風の粗末な食事をしているわけではありません。彼らの妻や子どもたちにしても、もはや村に住む他の女性や子どもたちと同じように裸同然の姿で日々を送っているわけではありません。彼らは自分たちがエリートであることを自覚して生きており、もはやプロレタリアートには戻れないことを自覚しています。このエリート層への対処、彼らにどう報いるか、これこそがわれわれにとって最も重要なことと思います。なぜなら彼らは社会の前衛であり、模範となる人々であって、われわれが最も大きな影響を与えうる人々であるからであります。できるだけ早い時期にこれら現地人役人の報酬初任給を一五〇〇フランに、そしてキャリアの終わりの給与を五〇〇〇フランにまで上げることであります。これは来年一九一八年からにでもすぐに実施すべきと存じます。

そのあとでは、さしあたってゴレ島にあります諸種の学校教育の充実であります。現在あるいくつかの学校での教育では足りません。医師助手、諸種の工事監督、各種工場での現場監督、そういった専門職要員を養成する学校の充実が必要です。

そして、その上で一般的なことを申しますと、こういったエリート層の人間たちがわれわれフランス人側からその身分、能力を認められ、われわれの「仲間」として受け入れられるようにすることです。われわれはエリート層の現地人に対し、握手こそしますが、話しかける言葉は粗野なものであり、見下したものであり、さらには彼らが少しでも間違ったりするとかつての文明化されていない時代のクセがでたな、などと安易にからかったりするのです。こんなことは今すぐにでもやめさせなければなりません。

大臣閣下、この地にある諸問題をご認識いただきたく存じます。わたくしはこの地の人々は統治しやすい人々であること、従順であり、影響を与えやすい人々であって、教え、導きさえすれば喜んでわたしたちに従う人々であることを疑いません。彼らはわたしたちの手からすり抜けようとしていますが、それは子どもが父親の権威をすり抜けようとするのと同じであり、簡単に手なずけられます。ただし、空虚な約束、空虚な言葉ではそれはできません。なぜそうするのか、そのためには何をしなければならないか、その方法をはっきり示す必要があります。目的さえ理解されれば、その実現について未開な人々は文明社会の人々よりいっそう強い欲求をもっていると思います。なぜなら、先にも申しましたが、アフリカでは個人というものは存在せず共同体が絶対だからです。人は社会的規範について明確に意識していなくても、本能的にその存在を認知しており、これが明確でないと人々はすぐに不安になるのです。そうすると不信が生まれます。しかし、逆にはっきりした規範を示せば、人はすぐにも信頼を寄せるのです。わたしたちが現在の過ちを認め、それを改めるにやぶさかでないことを示しさえすれば事態は改善するでしょう。わたくしの部下たちともども、わたくしはそのために全力を尽くす所存でございます。

ヴァン・ヴォレノーヴェン　（署名）

追伸　この報告は、大臣閣下から当西アフリカ植民地において近々、大規模な徴兵をおこなうべしという旨の電報を拝領する前に書かれたものであります。当報告は徴兵の件に直接触れるものではありませんが、当地における一般的な社会状況がいかようであるか、その状況についてわたくしがどのように考えているかを申し上げておくのも無駄ではないと思い、当報告書を送付いたします〔この部分は自筆、手書きである（小川、注）〕(9)。

ヴォレノーヴェンのこの報告書は全体として理路整然としているとは言い難い。そこには西アフリカ現地人を「単純な心性」をもった人々であるとするヴォレノーヴェンの考え方が示されており、フランスが植民地化する以前の西アフリカが野蛮と圧政の地であって、フランスは植民地化という偉大な事業によってそのような状況から人々を解放したのだという植民地行政官の多くに見られる典型的な視点がある。西アフリカ植民地支配の基本的な指針となるものを策定する必要があるといい、そのために現地の社会状況を詳しく調べる調査専門官を置く必要があるという。そして、植民地行政府で働く現地人エリートへの処遇を改善せよという。なぜなら、彼らは社会の前衛であり、彼らを自分たちの側に引き込むことで、現地におけるフランスの影響力をさらに増大させることができるというのである。また、各種の学校を整備、拡充する必要性を述べている。それらはやはりフランス文明側に現地の人々を引き込むた

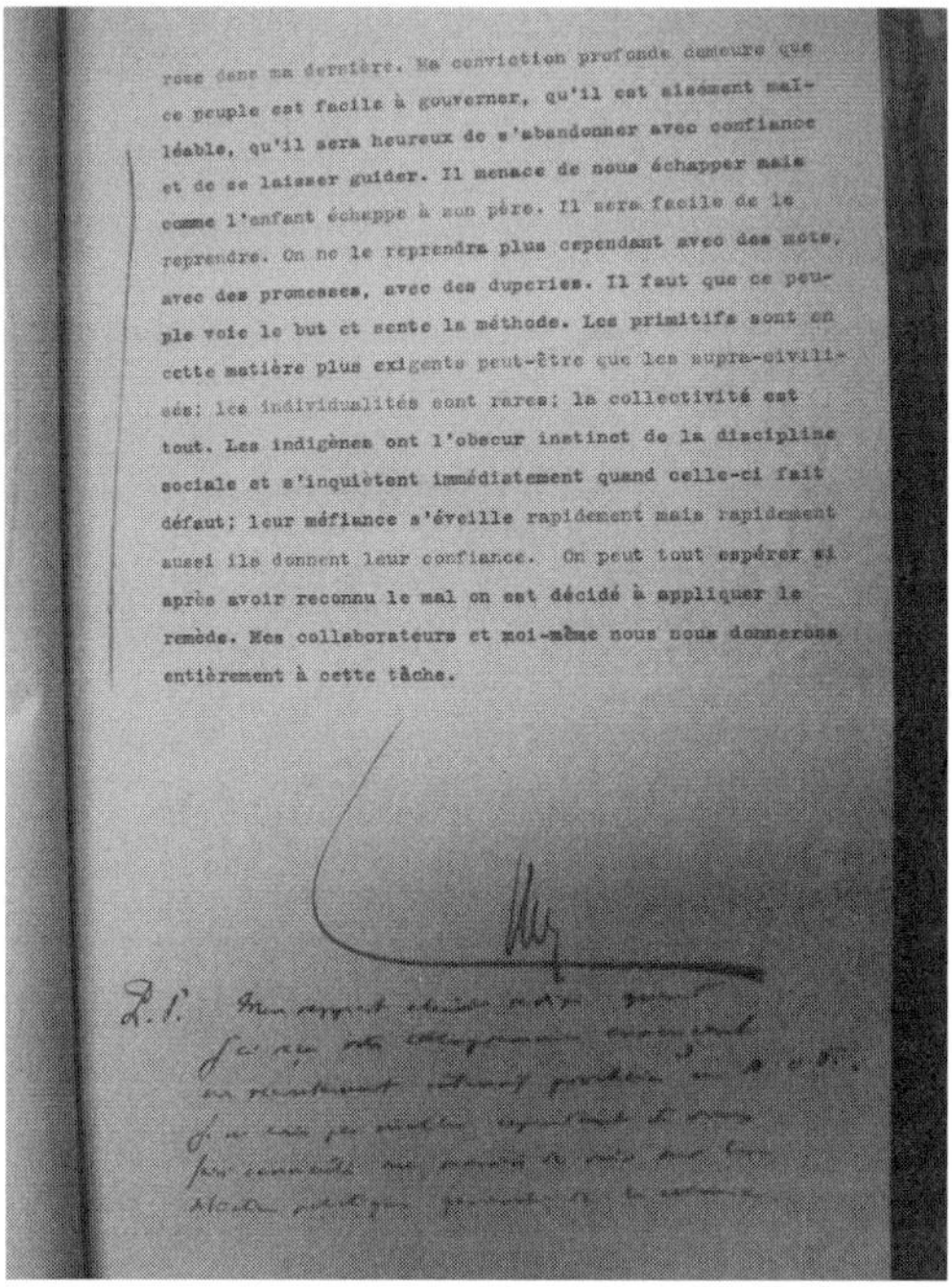

rose dans ma dernière. Ma conviction profonde demeure que
ce peuple est facile à gouverner, qu'il est aisément mal-
léable, qu'il sera heureux de s'abandonner avec confiance
et de se laisser guider. Il menace de nous échapper mais
comme l'enfant échappe à son père. Il sera facile de le
reprendre. On ne le reprendra plus cependant avec des mots,
avec des promesses, avec des duperies. Il faut que ce peu-
ple voie le but et sente la méthode. Les primitifs sont en
cette matière plus exigents peut-être que les supra-civili-
sés; les individualités sont rares; la collectivité est
tout. Les indigènes ont l'obscur instinct de la discipline
sociale et s'inquiètent immédiatement quand celle-ci fait
défaut; leur méfiance s'éveille rapidement mais rapidement
aussi ils donnent leur confiance. On peut tout espérer si
après avoir reconnu le mal on est décidé à appliquer le
remède. Mes collaborateurs et moi-même nous nous donnerons
entièrement à cette tâche.

写真２　写真の写りがよくないが，ヴォレノーヴェンの「政治的遺書」となった植民地大臣宛の報告書現物の最後の頁　報告書はタイプされているが，末尾にヴォレノーヴェンの特徴ある署名（サイン）のあとに，ペンで手書きの一文が付け加えられている（フランス，エクス・アン・プロヴァンス在のフランス海外領土公文書館 ANOM で筆者撮影）

めに大切だというのである。大仰にさえ見える彼の考察を披瀝してはいるが、結局のところは単に西アフリカ統治のための予算の大幅な増額を要請しているように見える。ここまで大仰な論を展開するのはいかにも上司に対して礼を欠いているのではないかと思える。

　また、植民地化の当初、各地を平定し、それらすべてに同じように「個人主義的」考え方を導入しようとすることの非など、同化主義に対する批判も見られる。

　そして、徴兵については詳しい叙述を避けている観があるものの、強制的方法ではもはや無理であると述べている。そのことは九月にベスナール植民地大臣宛に送った「新規徴兵についてはご放念下さい」という報告書と同じである。ヴォレノーヴェンはこの「政治的遺書」を一二月二〇日付けで大臣宛に送った直後、みずからより詳しく現地状況を説明する目的でダカール離れ、パリに向かう船に乗った。

陸軍大臣クレマンソーの決定

本国の首相兼陸軍大臣クレマンソーはしかし、ヴォレノーヴェンの度重なる懇願を聞く耳はもたなかった。マンジャンが言うところの「貯水池」からより多くの兵士たちを呼び寄せる決心をしたのである。これを実現するために、クレマンソーは強力な方法を見つける。クレマンソーが大統領ポワンカレに送った報告には「西アフリカの黒人住民たちに有効かつ強力な影響力を及ぼす人間の助力を得ること。つまり、その出身からして西アフリカ住民と同じであり、その模範となるような人、その人に任を委託することであります」(10)と記されている。クレマンソーの頭には当然、一九一四年の選挙において黒人初のフランス国会議員に選出されたブレーズ・ジャーニュ、その人があった。「彼をもってすれば、アフリカ人住民たちすべてをして今次の戦争に強力に加勢させること、それは間違いなく可能でありましょう」。

クレマンソーがセネガル植民地を代表する黒人代議士ブレーズ・ジャーニュにこの難しい使命を任せたこと、これは慧眼《けいがん》というほかはない。クレマンソーに西アフリカからのさらなる兵士徴発を進言したマンジャンはフランス白人の軍人を西アフリカに派遣して、徴募にあたらせるよう進言していたのである。マンジャンの進言をクレマンソーは一部だけ受け入れた。西アフリカに徴兵を目的に高官を派遣する。しかし、その任務は白人ではなく黒人であるジャーニュに任せる、それこそが有効であることを彼は見抜いていた。この読みはマンジャンのそれをはるかに上回る奥深いものであった。クレマンソーのこの決定に対しては、マンジャンをはじめとして激しい批判がなされたという。西アフリカ代表のジャーニュに任せるなど、そのような行為ははじめから失敗すると分かっているようなものだとさえ言われた(11)。

年が明けて一九一八年、一月八日の閣議においてアフリカにおける徴兵再開が決定された。その後に発された政令においてフランス領西アフリカ植民地のみならず、フランス領赤道アフリカ植民地においても一八歳から三五歳までの若者について、戦争終了までの期間について徴兵が決定された。付随の政令において、兵員提供の家族には税金を免除すること、同時に兵員提供家族への徴兵手当の支給、兵士には特定の条件を満たせばフランス市民権を付与、また戦争終了後の復員兵には職を保証するといった「約束」が決められていた。

そして、一月一一日、西アフリカ植民地出身で、フランス国会における唯一の黒人代議士ブレーズ・ジャーニュをフランス共和国高等弁務官として西アフリカ植民地、赤道アフリカ植民地に派遣することが決定された。高等弁務官にはフランス領西アフリカ植民地連邦、およびフランス領赤道アフリカ植民地連邦、各々の連邦総督と同等の地位、権限を保証するものとする、と明記されていた。

クレマンソーのこの決定は西アフリカ植民地に居住するフランス人（特に商人）に驚愕を与えた。ミッシェルが記すところによると、西アフリカ商業者団体の長は「原住民代表（ジャーニュのこと）に多大の権限を付与し、フランス人士官多数を従えた派遣団が来ることになれば、当地における優勢人種（フランス人をはじめとする白人のこと）の威信を傷つけることになるであろう」(12)という言葉で反応している。

衝　突

クレマンソー首相によって、この重大決定がなされた一九一八年一月初旬、ヴォレノーヴェンはパリに到着していた。

一九一八年一月一四日、ヴォレノーヴェンはクレマンソー首相兼陸軍大臣に面会した。ヴォレノーヴェンにしてみれば、この面会において、西アフリカでのこれ以上の徴兵は困難であることについて意を尽くして説明するためであった。

事態は彼の予期しなかった展開を見せる。

その席において、ヴォレノーヴェンはアフリカ植民地における徴兵再開を知らされたのである。それはすでに決定されたことであるという。それだけではない。その徴兵活動推進のために、西アフリカ選出国会議員ブレーズ・ジャーニュが共和国高等弁務官として西アフリカ、および赤道アフリカに派遣されるというのである。これもすでに決定済みという。

この面会に至るまで、ヴォレノーヴェンはクレマンソーの意向を知らされていなかったのである。この面会の現場がどれほどの緊張に満ちたものであったか、想像に余りある。ヴォレノーヴェンの目前には、上記諸決定を明記する政令が提示されていた。

その三日後、一九一八年一月一七日、ジョースト・ヴァン・ヴォレノーヴェンはフランス領西アフリカ植民地連邦総督の職を辞した。その辞表は当然ながら彼の直接の上司である植民地大臣宛に提出されたのだが、そこには次のような言葉が見られる。

一月一七日付けの官報によって、「一月一四日付けの政令をもって、西アフリカ植民地連邦総督、および赤道アフリカ植民地連邦総督と同等の名誉と権限をもち、したがって各連邦総督の部下たちに徴兵に関する措置を含むすべての指示を与える権限をもち、なおかつ植民地大臣との間で直接の書簡交信権をもつ共和国高等弁務官が任命されたとのことを知りました」という言葉で始まっている。

本件について、わたくしは知らされておりませんでしたが、そのことの正否をうんぬんするつもりはございません。そもそも政令にはすでに大統領の署名もなされており、決定済みのことであります。しかし、一九一八年一月一四日付け政令に記されるところと、一九〇四年一〇月一八日付け政令に規定されるところとは両立しうるものではないことを指摘申し上げるのはわたくしの義務であるかと存じます。この後者の政令によりますと、フランス領西アフリカ植民地連邦総督は共和国代表として行動するものであり、したがって植民地における民間部門、軍事部門のすべての者は連邦総督の権限下にあること、また連邦総督ただ一人が大臣との直接の書簡交信権をもつものであることが規定されております。

一九一七年一二月二〇日付け報告にて申し上げました通り、西アフリカ植民地における社会状況は非常に困難なものであります。また、一九一七年九月二五日付け報告において申し上げました通り、西アフリカにおける徴兵活動には多大の危険があると思われます。その状況を鑑みますれば、共和国高等弁務官に連邦総督と同等の権限が付与されますことはそれだけいっそう不適切なことであると存じます。

以上の点を踏まえ、わたくしに与えられております西アフリカ植民地連邦総督の任を解かれますようお願い申し上げ、その上でわたくしを陸軍大臣の管轄下に移し、植民地歩兵部隊大尉として軍務に戻されますようお願い申し上げます。わたくしは、かつてわたくしが在籍したモロッコ植民地歩兵連隊に戻り、直ちに前線配備となりますれば大変名誉に存じます(13)。

ヴォレノーヴェンが提出した辞表中に見られる「一九一八年一月一四日付け政令に記されるところと、一九〇四年一〇月一八日付け政令に規定されるところとは両立しうるものではない」という一文中の一九〇四年一〇月一八日付け政令においては、連邦総督は共和国大統領の代理であり、連邦内における軍事、民間部門すべてを統括する責を負い、その意味において管轄上司、つまり植民地大臣と直接文書交信し得るのは連邦総督ただ一人であることが明記されている。そのことについては第五章中にも記しておいたとおりである。責任の所在ということについて、その鉄則を厳格なほどに意識し、遵守していたヴォレノーヴェンにとって、ジャーニュに共和国高等弁務官として連邦総督と同等の権限が付与されるということ、これは到底受け入れられることではなかった。

第三章中で何度か言及した『フランス領西アフリカ軍事史』という本、一九三一年、パリで開催された国際植民地博覧会に際して公刊された分厚い本であるが、これにはわたしがここで述べてきたことがごく簡潔に次のように記されている。その見事なほどの簡潔さは、あたかもわたしが本章においてこれまで記してきたことをまとめるかのような内容であり、ここに引用しておく。

写真３　ヴォレノーヴェン墓碑中央部　墓碑中央部には「フランス領西アフリカ連邦総督ヴァン・ヴォレノーヴェン」という銘が記されている。その前に置かれた墓石の上面には十字架がレリーフで示され，その前面には「モロッコ植民地歩兵連隊大尉」と記されており，ヴォレノーヴェンが一介の兵士として死んだことが分かる（筆者撮影）

一九一八年一月一日の政令により、西アフリカ住民に今次大戦が文明の危機そのものに関わるものであり、西アフリカ住民はフランスの運命の帰趨《きすう》に深く関わっていることを周知徹底せしめるための広報宣伝活動を強化し、その上で徴兵強化をすることが決定された。この新規徴兵を最善の形で実施するため、政府はセネガル出身で、西アフリカ植民地代表であり、西アフリカにおける社会・経済状況に通暁《つうぎょう》している国会議員ブレーズ・ジャーニュ氏にこの広報宣伝活動を一任すべく、彼を西アフリカ特派共和国高等弁務官に任じた。

ジャーニュ氏の高い手腕により、目標数四万七〇〇〇人と規定された新規徴兵は特に障害を認めずに実行された。西アフリカ植民地連邦クロゼル連邦総督の後を継いだヴァン・ヴォレノーヴェン氏は一九一八年、前線に戻ったため、西アフリカ連邦総督のポストは赤道アフリカ連邦総督を務めていたアングルヴァン氏に一時的に両連邦総督兼任の形で一任された。同連邦総督(14)の努力により、西アフリカでの徴兵はあらゆる楽観的な予測を上回る結果を生んだ。四か月間で四万七〇〇〇人という目標をはるかに上回る六万三二〇八人の兵を徴集し、これらは順次、フランスに送られた。フランスへの派兵は同年一一月一一日の休戦に至るまで続けられた。この時徴兵されたセネガル歩兵たちは連合軍兵士として活動することはほとんどなかったが、休戦後のライン川地域、および中東地域での保安要員として活用された(15)。

『フランス領西アフリカ軍事史』に現れるヴォレノーヴェンに関する記述は、ここに見られる一行にも満たぬ一文「ヴァン・ヴォレノーヴェン氏は一九一八年、前線に戻ったため」のみである。そこには連邦総督の文字は記されず、「氏」（M. = Monsieur の略）とのみ記されている。わずかに、「クロゼル連邦総督の後を継いだ」という一文で、ヴォレノーヴェンも連邦総督であったことが了解されるのみである。

その後のヴォレノーヴェンについて、簡潔に記しておく。

植民地大臣宛の辞表はその日に受理された。一月二六日、彼はモロッコ植民地歩兵連隊に再配属、第一中隊指揮の任に就いた。三月、四月と西部戦線での激戦を戦い、それは七月まで続いた。七月一八日、砲弾が飛び交う中を前進、敵軍を七キロ後退させ、敵兵士八二五人を捕虜にし、敵側の大砲二四門、機関銃一二〇丁を押収した。

翌七月一九日、ヴォレノーヴェンはロンポンの戦場で、中隊指揮の先頭に立っていた。敵軍の眼をくらますため、ヘルメットを脱いでいた。機関銃の連続音がした後、ヴォレノーヴェンはその場に倒れた。一瞬ののち、立ち上がったかと思うと昏倒し、一人の兵士に担がれるようにして救護班のもとに運ばれた。頭蓋下部に機関銃弾を受けていた。ヴォレノーヴェンの死が確認されたのは翌七月二〇日、彼の四一歳の誕生日前日、早暁のことであった。

第二部　西アフリカ植民地とは何だったのか

第七章　フランス植民地統治原理としての同化と協同

第一部の諸章を通して、わたしたちは第一次大戦に突入したフランスがその人口減少に悩むあまり、みずからの植民地である西アフリカの若者たちを大量動員したこと、西アフリカ現地ではさまざまな形で抵抗運動がなされ、同植民地連邦の行政当局者たちは同地からの強制的徴兵に異を唱えていたことを見た。それに対し、フランス本国では戦局打開のためにさらなる兵員増強が図られ、そのためには西アフリカ現地出身のフランス国会議員ブレーズ・ジャーニュを徴兵のために現地派遣することが決定されたのであった。

これまでの記述において、わたしたちはフランスの植民地統治には同化という原理に基づくものと、協同という考え方に基づくものがあることを瞥見《べっけん》しておいた。本国政府の徴兵方針に異を唱え、みずから信奉する原則に忠実であった連邦総督ヴォレノーヴェンはその任に着任後わずか七か月半の時点で辞任、そのままドイツ軍との戦いの前線に戻り、そこで死亡したのであった。

フランス植民地統治の基本方針としての同化とは何であり、その後、同化に代わるかのように言われるようになった協同とはどのような考えに基づくものであったのだろうか。この点について、この章で検討しよう。

植民地――文明化の使命

少し大げさな言い方になるが、近世の植民地とは欧州文明の一国が自国に属するものとして支配下におさめた領域、一般に海外に位置する土地のことである。したがって、それは国家事業として発現し、新しい海外領土に欧州文明を植え付けようとするものであり、その新しい領土には本国とは異なった独自の地位を付与しようとするものであった。それら植民地は現地住民に加えて、本国から移住したもの、およびその子孫からなっており、本国の統治権のもとにあることになる(1)。

本書の主題との関連でいえば、フランスは一七世紀半ばに西アフリカ、現セネガル地域に交易のための商館を建設しているから、その時期から西アフリカでの植民活動を始めたとも言えるが、当初は沿岸部での奴隷を主とする物資の購入が目的であり、内陸部への植民活動は副次的、というよりほとんど皆無であった。ただし、西インド諸島においてはもっと早い時期の一六二五年頃からアンティーユ諸島（マルチニック、グアドループなどの島）が占領されている。重商主義の時代、植民活動は活発化したが、ヨーロッパ諸国間での競争も激しく、またフランス革命という国内の大事件による混乱が長期に及んだこともあり、一八一四年時点でのフランス領植民地はイギリス領植民地に比して少なくなっていた。ルイ一八世による王政復古がなされるとフランスの植民地活動は再活性化された。

一八三〇年七月にブルボン王政が市民を主とする「七月革命」によって倒される直前、フランスはアルジェリアに侵攻、主都アルジェを制圧し、その後の征服戦争を制し、アルジェリアを占領下においていた。一八四八年、フランスはシュルシェールらによる奴隷制廃止運動が結実し、フランス領有地における奴隷制は廃止された。一九世紀後半になると、東南アジアでのフランス領土も拡大された。本書主題との関連でセネガルについて言えば、一八五四年にフェデルブがセネガル総督に任ぜられると内陸部への進出活動は活発になされた。カンパーニュと称される軍事的制圧行動がなされたのち、現地の首長との間で協約を結ぶ形で勢力範囲が広げられていったのである。フランス領内における奴隷制が廃止された事実とは裏腹に、それと軌を一にするかのように一八四八年以降、植民地化活動は活発化していた。特に、一八七〇年の普仏戦争中に発足した第三共和政（一八七〇年から一九四〇年にフランスがナチス・ドイツに侵攻されるまで続いた）前半の時期に、国家的事業として国威発揚のために推し進められた。その時の基本理念が「文明化の使命」ということであった。

同化主義（Assimilation）

近世、いや古代ローマ時代においてもヨーロッパ諸国による植民地活動が自分たちの文明を新しい土地に植え付けようとするものであった以上、それは多かれ少なかれ「同化」を目指すものであったことは間違いない。しかし、近世フランスの植民地経営の基本理念がこの同化という思想を基本原則として標榜するものであったことにはフランスという国の歴史的経験が関わっている。一八世紀末に始まった大革命、その経験の中から生み出された自由、平等、友愛という大原則は、人類に普遍的に適用されるべき基本原則であるという考えがフランスを特徴づけ、フランスこそがヨーロッパ、いや世界における最先端文明なのであり、そのフランス人による植民がなされた土地の人々はフランス文明に同化するのがフランスと同等の文明に達するために必須のこととされたのである。確かに世界には文明の観点からして遅れた状態に生きる人々がいる。野蛮とされる状態に生きる人々も少なくない。しかし、どんなに遅れた状態にある人々であっても、人間としての資質は同じ（平等）なのであり、にもかかわらず差が生じているとすればそれは社会の環境、特に教育に違いがあるからである。教育こそが人々の生活のあり方を変える原動力であるとされた。ここで重要なのは、人間は世界の多くの地域での文明の程度においてさまざまな違いを見せてはいるが、人間の本質としては基本的には皆、同じなのだということである。したがって、教育さえきちんと施せばあらゆる人類が同等の状態になれるのだということになる(2)。フランスが最も進んだ状態にある以上、それに同化させることこそが植民地として新しく開発される土地の人々を幸せにする重要事なのだとされた。人間は理性的に変わっていく（進化する）ものだという楽観が基本にあった。イギリスではキプリングが詩の中で述べた言葉「白人の重荷」が植民地経営の際の一つの標語になったが、それはフランスについて言えば「文明化の使命」であり、そのことはまた「同化」という言葉で言い表されるものであった。

しかし、植民地における同化政策はナポレオン一世の時、停止される。ナポレオン一世は植民地における奴隷制についていて、労働力を安く活用できる制度として有利なものと考えた。彼はフランスの領土における奴隷制を廃止しようという動きがあることについて、それはフランスのために有利なこととは思わなかった。そして、植民地において同化政策によりフランス本国と同じ制度の実現を目指すこと、それは理論的に言って奴隷制を廃止することにつながるから、同化主義政策についても反対だったのである。

同化主義政策が復活されたのは一八四八年である。フランスは本国における共和政をその海外領土においても実施すべきであり、したがって奴隷制は廃止されるべきであり、植民地はフランス領土と同一の制度のもとに運営されるべきとした。本書主題との関連でいえば、シュルシェールらによるこの一八四八年の奴隷制廃止の政令が布告されたときに、植民地人もフランス本国防衛のために協力すべきものとされたのである。まさに、同化思想のすべてがここにあった。第三共和政の初期の時代、同化主義政策はフランスの植民地経営の基本理念になったのである。

セネガル植民地における同化主義

フランスの同化主義に基づく植民地政策にあっては、現場でのフランス語教育が重視された。このことにもフランスが自分たちの文明こそ最先端を行くものとして認識していたことが表れている。高度なフランス文明を植民地の人々が身につけるためには、その具体的な表現型としてフランス語の習得が必須と考えられたのである。

ここでは、同化主義政策がフランス植民地全体においてどのように実施されたのかを見るのではなく、本書の主題となる地域、西アフリカ・セネガルでの同化主義政策の経緯について見ていこう。

フランスはセネガルにおいてサン・ルイ、ゴレ島に早くから交易基地としての商館を建設していたが、それは奴隷やアラビア・ゴム、獣皮などとヨーロッパからの諸製品の取引のためであり、内陸部の植民地化が進んでいたわけではない。しかし、サン・ルイ、およびゴレでのヨーロッパ人と現地人との交流は当然、活発であり、混血者を生み、またそこに居留するヨーロッパ人もおり、新しい社会環境と新しい「文化」が形成されていったのも事実である。一九世紀になって現地での農業開発を主とした内陸部開発のためには現地人へのフランス語教育の重要性が認識されるようになった。

一八二二年から翌年にかけて、アンヌマリー・ジャヴエィという修道女がセネガルとシエラレオネ（イギリス領）に滞在している。みずからが一八〇七年に創設したサン・ジョゼフ・ド・クリュニー修道会の支部としての女子教育機関を現地に作る目的であった。一九世紀後半のイギリスからはメアリー・キングズリーをはじめ、何人かの女性がアフリカやアジアに探検・宣教に出向いたことが知られているが(3)、フランスからも一九世紀前半の時期にアフリカに主に宣教を目的に出かけた女性がいたのである。実際、彼女の努力によりサン・ルイとゴレに小さいながら学校ができた。そこで現地の子どもを教育し、その後にフランスで教育を受けさせ、その子らが帰国後にはより多くの現地人にフランス風教育を広めるようにするという計画であった。しかし、実際には現地人の親が子どもをフランスに送ることに簡単に同意することはなく、わずか三人がフランスでの教育に向かっており、一八三八年に高校教育を修了、セネガルに戻り、主として神学教育に従事した。そのうちの一人が当時のセネガルにおける諸民族の言語、歴史、社会状況などについて広範な記述をした著書として有名な『セネガル素描』を著したボワラ神父である。

ボワラ神父はジャヴエィ修道女の要望通り、フランスでの教育を終えたのち、セネガルに帰国、時のセネガル総督（当時も gouverneur と呼ばれていたが、商館長といってもよい）ブエ＝ヴィヨメの賛同を得て、中等学校に相当するものをサン・ルイに創設した。ボワラと一緒にフランスに留学したムサという人と一緒に始めた事業であったが、中等学校ではラテン語、フランス史、フランス地理、数学、そしてグラフィック・デザイン（＝図工？）の教育が目指された。ブエ＝ヴィヨメ総督、ボワラ、ムサともにセネガルでの教育はフランスでの教育と同一でなければならない、フランスに同化するためには古典学と数学、フランスで教えられているとおりの歴史・地理を教育する必要があると固く信じていたという。当初、三四人の生徒でスタートし、一年後には四七人の生徒にまで増えた。しかし、ブエ＝ヴィヨメ総督から次の総督に替わると、この教育方針には疑問が呈された。フランス本国でもセネガルにおいてラテン語をはじめとする古典学の教育がそれほど重要なのかについて疑義が呈され、さらに教育する側（ボワラ神父など）の資質そのものにも疑義をもたれるに至り、創設後数年のうちに生徒はいなくなった。フランス帰りの修道士であるボワラをはじめとする三人の教師にはアルコール依存や金銭的、性的な不品行の非難がなされていたという。

当時のセネガルにはプロエルメル修道会による小学校があり、そこではフランス語の基礎、初歩的な算数が教えられていた。それを基盤にボワラらの中等学校がスタートしたわけだが、早々と挫折。かくしてセネガルには一八五〇年には中等学校はなくなり、その状態はそれ以降三〇年ほど続いたのである。

中等学校事業のかたわらで、ボワラは学校に来る各地の生徒らから情報を収集し、一八五三年に『セネガル素描』を公刊しているのだが、その中でフランスはセネガルにおいてどのように教育を進め、フランス文化を浸透させるべきかを書いている。彼によると、セネガルの子どもたちは頭がよく、抜群の記憶力をもつのだが、何分、「フランス語を理解しないがために勉学が進まない」。「現地の言葉しか知らない子どもは勉強を嫌がり、ゆえに学校をさぼり、試験をしてみると学年はじめの状態と何も変わらない」(4)状況なのだという。キリスト教公教要理を教えても、子どもがフランス語を理解するのならともかく、それができない子どもには意味は伝わらない。現地のウォロフ語で教えられるのはおよそのことでしかない。ウォロフ語には神学的な用語など何一つないのだから、カトリック教理をどうしてウォロフ語で説明できようか。子どもたちに人の心を震わすような祈りの言葉を教えようと、聖人たちがいかに英雄的で崇高な行為をしたのかを教えようと、フランス語が分からなければ子どもたちは氷のような冷たい表情で聞いているだけなのである。フランス語が分からないがために、宗教理解は未だ幼稚な段階にとどまっている、とボワラは嘆き記している(5)。

ボワラはフランスに一五年間滞在し、教育を受けたのだが、セネガルが野蛮状態を脱し、文明の高みに達するためには人々をキリスト教化する必要があり、セネガル人がフランス文明を体得することによってのみそれは可能と固く信じ、広言していた。要するに、ボワラは完全にフランス化されたセネガル人になっており、その意味で完璧な同化主義者になっていたのである(6)。

ボワラの著書が世に出た年の翌一八五四年、セネガル地域の実質的な植民地化に向けて大きく動き始めるきっかけとなったフェデルブがセネガル総督に就任している（フェデルブがセネガルに着任したのはボワラの本が公刊される前である）。フェデルブ総督はサン・ルイを都市として整備したのみならず、内陸部の平定活動、つまり軍事行動も頻繁にしている。セネガルにおいてフランスの力を一層強めるための諸活動を実質的に進めた人である。一方で、彼はイスラーム教徒のための裁判所を設置し、イスラーム教徒の子弟にも開かれた学校をつくり、また現地諸民族の言語研究にも熱心であった。現地人の文化に深い関心を寄せていたのである(7)。他方、ボワラはフランス文化とキリスト教を称揚し、その一方でイスラームの悪弊を何とか取り除かねばならないと強調していた。ジュライに言わせると、ボワラは「フランス人以上にフランス人になっていた」(8)。

一八四八年、シュルシェールらによってフランス領土内での奴隷制は廃止され、植民地は本土の一部をなすという思想のもと、実際、セネガルからもサン・ルイ市長がフランス国会に一つの議席をもつようになった。ヴァランタンという人であった。ゴレで名を成していたシニャール（混血女性）とフランス人男性の間に生まれた混血者であった。彼の後、もう一人の代表がフランス国会に選出されているが、その後、第二帝政においてセネガルからの代表選出は中止された。復活したのは第三共和政になってからの一八七二年、サン・ルイ、ゴレがフランスのコミューンと同等のもの、完全施政コミューン（Commune de plein exercice）(9)になってからである。同地での議会はフランス本土の地方議会と同等の権限をもつものとされた。同化政策は強化された。

一八八〇年にはリュフィスクも完全施政コミューンに指定され、さらに一八八七年にはダカールがゴレから分離されて独立の完全施政コミューンになった。総計、四つの完全施政コミューンができたことになる。これらのコミューンは各々市議会をもち、議員は選挙で選ばれた。また、四つのコミューン全体がまとまって一つの議会（Conseil général）をなし、それは本土の地方議会と同等のものとされた。選挙権はそれらのコミューンに五年以上住んでいる人がもつとされた(10)。

セネガルのコミューンでの経済活動（＝フランスからの商品と現地物資の売買）を牛耳っていたのはボルドー出身者が多かった。これに現地の混血者とわずかな数の現地人が加わる。混血者は数的に多いから、次第にコミューンでの経済、政治の領域で力を得ていくようになった。現地人の多くは五年以上コミューンに暮らしているとはいえ、大部分がフランス語の読み書きはできず、したがって政治の領域でも混血者たちの意向に左右されることが多かった。

フランス本国での政策としての同化は植民地を本国の構成部分と見なし、したがって本国制度と同一のものが植民地にも施行されることになる。しかし、この基本方針に対し、セネガルで直接の現地統治に関わる総督からは疑問が呈されることが多かったのである。ジュライが当時の歴代の総督が本国管轄省宛てに送った報告書をもとにまとめているところによると、総督、および行政官たちは現地コミューン住民の大多数がフランス語を読み書きできず、フランス文明について実質的なことを知らず、かつキリスト教の規範に通じているわけでもなく、民主的で責任ある政府というものがどのように機能しなければならないかといったことを理解していない以上、人々を同化するのは早計に過ぎると述べていた。現地黒人たちは混血者たちに左右されるのみで、彼らのほしいままに操られているに過ぎないと述べていた。こういった報告は早いものは一八四九年になされ、その後も一八七〇年代を通してなされている。セネガル現地において同化主義への疑問が生まれつつあった。

一方で、混血者たちは本国の同化主義政策により利益を得るところ大きく、また「母なる国」フランスへの羨望も強く、完全な同化主義信奉者であった(11)。先に述べたボワラもそういった同化主義信奉の混血者の一人である。

同化主義政策への批判

ふたたびフランス本国での植民地政策をめぐる議論に戻ろう。

先に述べたとおり、一九世紀はじめのナポレオン一世帝政時代、同化主義政策は一時停止されていたが、一八四八年の奴隷制廃止に伴って植民地経営が活発化する時期、再び強力な基本方針となった。第三共和政の初期、植民地活動が非常に活発であった時にも当然、同化政策が基本であった。それに対し、たとえばセネガル植民地で直接に現地人統治にあたっていた行政官たちからは同化政策に疑問が呈されていたのである。植民地現地からのこのような反応は当然、本国での基本政策に影響を与える。

同化という事業は野心的なことである。人間はその文明発達の程度に違いはあれ、優秀なる人々は遅れた状態にある人々を教育によって教化し、「改良」し得るのであり、やがては遅れた人々をすべての点において自分たちと同等の高みに引き上げることができると信じるのである。偉大なる啓蒙時代から、やがて大革命を経て、自由、平等、友愛という人類の大原則を標榜するに至ったわれわれフランス人こそがこの偉大なる使命を完遂しなければならない。それは可能だという論理である。

このような、いわば楽観論は現地からの報告も踏まえ、少しずつ修正されていく。

その時期は一八九四年が一つの目安になるようである。この年、ギュスターヴ・ル・ボンの『諸民族の進歩についての心理学的法則』という本が出版されている。この本はその後何度も版を改めて出版された。ギュスターヴ・ル・ボンは多彩というか異色の学者で、心理学、社会学、物理学、そしてアジア、アフリカへの旅行家としても知られた。『諸民族の進歩についての心理学的法則』という著は、その標題からすると理論を詳説した本のような印象を与えるが、実際は警句集という体裁である。たとえば、「未来には過去が詰まっているので、未来を予測するためには、まずは後ろを振り返らねばならない」とか、「将来を予見することのできない政治家は、惨憺《さんたん》たる結果をもたらす人である」といった短い警句が多数、記述されている。

レオポル・ド・ソシュール

ル・ボンの著第一版が世に出てから五年後の一八九九年、レオポル・ド・ソシュール（言語学者フェルディナンの弟）がル・ボンの著を称讃しつつ、ル・ボンが短い警句で論じたことを詳細に解説するかのような一著を公刊し、そこで同化主義に手厳しい批判を下している。このことを鑑《かんが》みると、同化主義批判が著書という形で世に問われるようになったのは一八九四年ではあるが、批判が実質的な力をもつものとなっていくのはむしろ一八九九年以降のことというべきかもしれない。ド・ソシュールの著は『フランス植民地政策の心理学　現地人社会との関連において』(12)と題するものである。ここで少し詳しく検討しよう。

ド・ソシュールは海軍士官だったのだが、その著においてフランス領植民地経営は決してうまくいっていないという。その理由は現地住民に対する政策が誤っているからである。植民地が繁栄するためには住民の精神を平定し、社会組織を整える必要がある。しかし、フランスがおこなっている政策は現地の人心をますますフランスから遠ざけるのみだというのである。われらが植民地はあまりに教条的、かつ絶対的な同化主義という政策に基づき経営されている。それは中世の十字軍のやり方にたとえることさえできるというのである。人間はその社会、文明に多くの違いはあれども、それらは教育によって変えられるという理想を掲げ、さまざまな社会に生きる人間に見られる底深い精神的な差異、遺伝の法則を無視して、この理想は達成されるとフランスは考えている（pp.6–10）。イギリス人はこのような方針とは真逆ともいえる政策をとり、そのおかげで現地人からの忠誠と信頼を勝ち得ているという。

ド・ソシュールは遺伝、それも人々の資質の遺伝ということを強調している。フランスは現地人に言語、宗教、制度を押し付け、それを受け入れさせるためには同化という政策しかないと考えている。そこには人間は資質的に皆同じとする思想があるからだ。　しかし、今日、すべての生物、すべての人間は、気づかれないほどわずかずつ変化する資質というものを遺伝として受け継ぎ、次代につないで現在ある姿になっているのだということに異論を唱える人はいない。それは生理学的な性質、精神的な資質、それら双方について事実である。われわれ人間はそのような進化の法則に支配されているのだ。諸民族の性格、資質というものは各々、長い時間の中で形成されたものなのであり、それらの間で互いに交信し合おうと思えば、互いがそれまでに経過してきた時間と同じほど長い時間を通してやっとそれは可能となるであろう（p.33）。同化など簡単にできることではないのだ。そういうことを最初に述べたのはギュスターヴ・ル・ボン氏である。ル・ボン氏の言うところを要約すれば、文明のあり方、それはその人々の性格（資質）の表明なのだということだ。したがって、その人々が別の文明を受け入れようとするのなら、まずはその新しい文明を体現する人々がもつ精神的な性格（資質）を取得しなければならない、となる。ここで言う性格（資質）とは良くもあり、悪くもあるある種の能力のことで、いわゆる国民性というものである。それは遺伝的に伝えられるのだ。そして、多くの土地に旅をした人には分かることだが、劣った人種の人々にあっては心理的要素が遺伝するということがよりはっきりしている（p.37）。ル・ボン氏が結論するところは簡単なことだ。生理学的純粋種の民族などというものは存在しない。人々は移動、征服、あるいは政治的な理由で混じり合う。つまり、民族は歴史的に構成されている。千人のフランス人、千人のイギリス人、千人の中国人をとってみよ。それらの人々は個人間で相当な違いを見せるであろう。しかし、全体として見れば、人々は遺伝により、全体として共通する性格を見せるものだ。それが国民性というものである。子どもは両親の性質を受け継ぐのではなく、両親の祖先たちすべての性質を受け継ぐのだ。われわれは両親の子であると同時に、われわれという人種（＝民族）の子なのだ。何世代も、何世代も経て、われわれは生まれている。つまり、生者より死者の方がはるかに多く、はるかに強いのである。死者によってわれわれは動かされている（p.43）。生理的な特質だけではなく、心理的、能力的、感情的、道徳的、そういったものすべての特質が長い、長い時間の中で受け継がれ、現在のわたしたちを作っている。それが国民性である。

知的才能、これは教育によって変えうるかもしれない。しかし性格（資質）、これを教育で変えることはできない。ことほど左様に性格は重要なものなのだ。しかも、諸民族にあっては性格がことを決するのであって、知性が果たす役割はじつにわずかでしかない（p.46,p.48）。

ここで、ド・ソシュールは結論めいた言い方で次のように述べる。


諸人種間には精神構造のつくりにおいて、かくのごとき深い深淵とも言うべき違いがある。それゆえに、優等人種がその文明を劣等民族に受け入れさせることなどできたためしはないのだ（p.50）。

だから、教育によって人々を変えられるなどという考えは純粋理性というものを信奉する学者たちが生み出した最大の不幸なるものだということになる。アフリカ人や日本人にいかに教育を施そうとも、西洋人の性格を植え付けることなどできない。教育を受けたアフリカ人、日本人はどんなに多くの賞状を手にしようとも、普通のヨーロッパ人の水準に達することはできない（p.54）。


じつのところ、ド・ソシュールは彼が信奉するギュスターヴ・ル・ボンの説を繰り返し、詳しく説明しているにすぎない。ド・ソシュールの言葉、表現には過激、かつ差別的なものが見られる。ただ、彼が強調するところを一言で言えば、物事を変えるには時間がかかる、それも言うならば千年単位ほどもの時間がかかる、したがって短兵急に物事を進めてはならないということである。ここには真実性があるだろう。フランスがその基本原則として進めている植民地における同化政策、それはあまりに性急に結果を求めようとすることなのではないかと彼は言う。

彼が言うところの性格を言い換えると、精神のことであり、この精神を形成しているのは一つの文化の長い時間の中で少しずつ形作られてきた習俗、思考の仕方、そうして作られてきた独自の民族的な思想のあり方、そういったものである。文明が遅れた段階にある社会をそのままに止め置けというのではない。しかし、それに手を加えようとするのなら、その社会が何を必要としているのか、その社会はどのような適性をもっているのかなど、まずは深い研究によって知識を得よ、と言うのである。彼の表現には問題が残るとしても、対象社会をよりよく知る必要を強調していること、そこには真実性があるだろう。対象社会を知らずして、本国で作成された抽象的な概念に基づいて実施される同化など無意味だというのである。

協同主義（Association）

少し時間を先に進めることになるが、一九二三年、時の植民地大臣であったアルベール・サローが「植民地学校」(13)においておこなった講演で述べていることにも、長い時間の必要性が強調されている。遅れた段階にいる人々を引き上げることはできる。しかし、それには長い時間がかかる。

数ある未開という不定形の粘土をこねて、辛抱強く、新しい人間の顔を作ることはできる。もう一度、強調しておくが、辛抱強くである。この言葉を記憶にとどめておいてほしい。植民地経営の真の金言、それは辛抱である。これこそ、あなた方が植民地でなすべきもっとも高貴にして、しかももっとも困難なこととして第一に心にとどめ置いていただきたい。忍耐、これこそが植民地事業の核心である(14)。

アルベール・サローのこの言葉は感動的でさえある。第五章で述べたが、本書において主人公の一人であるヴォレノーヴェンは一時期アルベール・サローの配下にあり、彼の影響を強く受けている。そのことは彼が西アフリカ連邦総督になってのち、現地で発した言葉、連邦内の各植民地総督宛に書いた廻状、そういったものの中にははっきりと読み取れる。

植民地経営は無益であるからやめるべきだというのではない。植民地経営自体には認めるべき利点、長所がある。同化主義はいい結果を生むものではないとすると、では、どのような理念、原則に基づいて植民地は経営されるべきなのか。こうして同化主義批判の中から新しい経営理念、原則が生まれてくる。それが協同主義（Association）と呼ばれるものである。

協同という言葉、これはいつごろから、どこで言われ始めたのだろうか。確かなことは不明なのだが、たとえば諸国の労働者間での協力（＝協同）ということが言われるようになったのは第二帝政の時代、一八六〇年頃からであるようだ。そして、植民地においてこの言葉が使われるようになったのはアジアの植民地においてであったようだ。ポール・ベールは生理学者としても知られる人だったが、一八八六年の四月、アンナン・トンキン（現在のベトナムに相応）総督に就任し、同年一一月に同地でコレラにより亡くなった。彼は人種差別的発言（たとえば、黒人の劣等性についてなど）もしているが、同時に宗教に対する科学の重要性を固く信じ、カトリック教会から激しく排斥《はいせき》されてもいる。個性の強い人であったようだ。彼はフランス政府による同化主義政策について次のように言っている。

ある国民がなんらかの理由により別のある人民の土地に足を踏み入れるとき、そこでなし得ることは三つしかない。打ち負かした人々を絶滅させるか、その人々を奴隷状態に陥れるか、あるいはみずからの目的のためにその人々と協同するかである。そして、実際上はこの第三番目の選択しかない。それこそが利益になる選択であり、正しい選択である。その人民との協同（Association）により人々を豊かにし、より高次の文明に至らせる。人々をして、われらと同じ運命と利害に結びつけることである(15)。

個性の強い人らしく、辛みのきいた表現であるが、要するに協同こそが相互の利益になると説いている。先に、わたしたちはセネガル植民地においても一八五〇年頃から本国の政策としての同化主義に対し、現地で直接の統治にあたっている総督ら行政官たちから疑問が呈されていたことを見た。それは一八七〇年代にも繰り返されている。「協同」という言葉こそ使われてはいないが、同化主義政策の実効性が疑問視されていたのである。一八八六年にポール・ベールによって発された言葉、「協同」がそれ以降、より明確な形をもち、一つの理念として確立していったようである。

ギュスターヴ・ル・ボン、そしてその弟子とも言えるレオポル・ド・ソシュールは激しい言葉を用いて同化主義を批判しつつも、協同という言葉は使っていない。ポール・ベールの言葉は先駆的であったと言えよう。

協同という思想がアジアの植民地において生まれたようだというのには次のような理由もある。歴史学者のユベール・デシャンが反同化主義理論の最重要著書(16)として挙げている『支配と植民』という本はインドシナに駐在していた外交官（医者でもある）ジュール・アルマンが一九一〇年に公刊したものだが、アルマン自身はそれより二五年も前から、つまり一八八五年頃から論文の形で発表していた考えをまとめたものだという。つまりはポール・ベールとほぼ同時期、インドシナ発である。

アルマンによるこの著はデシャンが反同化主義理論の最重要著書というだけあって、議論は精緻なものである。たとえば植民地（colonie）や植民者（colon）という語が正確に何を意味するのかの定義はもとより、人が他の地域を植民地化する根拠、植民地化の起源など丁寧に説明してある。

その著においてアルマンは同化理論をフランス大革命時代のイデオロギーの生き残りに過ぎないとし、植民地が本土にとっての利益にならないのであれば植民地の存在理由はないと断じている。植民地とは本国によってつくられ、本国のために存在するものだ、と明言する。ところが、これまでのフランス植民地政策は間違っているのみならず、賢明ではなく、植民地の本来の意義に真っ向から反するものだと断言している(17)。ここには当然イギリス植民地経営の思想の影響が見られる。その上で、同化主義政策こそ「最大の誤り」(18)だと言うのである。そしてアルマンも、ヨーロッパの国が植民する土地には、すでに古い昔からそこに住んでいる現地住民がいるのであり、彼等こそが各々の土地の特性、そこで培われてきた独自の自然観、世界観、それらの活用法というものを知っており、したがってそのようなものとしての現地住民との協同なくして植民地経営はできないことが強調されている(19)。

こうして見てくると理解されるが、協同主義においては現地住民との協同、それが何よりも重要ということになる。なぜならば、当該現地には独自の自然環境、社会環境があり、現地住民は長い歴史を通して、それらの環境から知恵を学んで生きているからである。そこに新しく入り込んできた入植者は外来者なのであり、自分たちの考え、しかも抽象的な理想論を押し付けようとしても無駄である。現地住民と協同するところにしか活路は開けない。協同とは、現地住民の慣習を尊重し、行政は現地組織を介する間接的なものにし、経済的な相互の協力を通して、互いに知性、技術を発展させていくことである。つまり、協同は植民者側、被植民側、双方に利をもたらす(20)。

と、このように述べてくると、協同主義政策はあたかも植民地の人々への友愛の精神を基盤にして生まれたかのような印象を与えるかもしれない。現地の人々との協同こそが双方に利益をもたらすという言などを見ると、その観は強い。しかし、基本は何といっても本国にとっての経済的な利益があがるか否かである。ちなみに言えば、フランス革命勃発直前期のフランスにおいて、当時のフランス領有地西インド諸島と本国との交易量はフランスの総外国取引量の三〇パーセントにあたっていたのに対して、一九〇九年から一三年の間のフランス植民地すべてと本国間の交易量は総取引量の一〇パーセントでしかなかったという。植民地は広大なものになっていたにもかかわらず、それらとの交易量は減少していたのである(21)。このことは、要するに同化主義政策は現地での教育、行政組織の創設にお金がかかるばかりで、経済的な利益を伴っていなかったことを物語っている。それに比して、イギリスはその植民地から多くの利益を上げていることを鑑み、フランスはみずからの政策を考え直す必要があったのだ。

政治家ジョゼフ・シャイエは先にその名を挙げたポール・ベールの娘婿になったことをもって、著書などではシャイエ＝ベールと名乗ることの多い人だが、義父ポール・ベールの薫陶よろしく一九〇二年刊の著において次のように述べている。フランスの植民地政策は西インド諸島についても、東南アジア、アフリカについても、マダガスカルについても皆同じ、同化主義政策である。フランス本土にあって理論を考える人たちにとって、世界のあちこちに広がるフランス領植民地は全体で一つのブロックを成しているかのようである。アフリカの一つの植民地を訪ねた人はそこで得た印象を全アフリカについて適用できる、いやアジアについてさえも同じことが言えるかのように思っている。各々の植民地が皆同じ社会的背景をもち、同じ問題をもつのであれば、この全体を一つのようにとらえて作られる理論は有効であろう。しかし、実利を重んじるイギリスではこのようなことはない。フランスのようなブロック理論は馬鹿げたものだと言わねばならない。相異なるいくつもの植民地を一つのブロックのごとくに見なすこと、それは全くの誤りである。イギリスにとって重要なのはその土地に人を植え付けること（coloniser）ではなく、その土地を所有する（posséder）ことである。そこから利益が上がればそれでよい。

重要なのは原住民政策（la politique indigène）である。

原住民政策とは何か。それはある一つの領地に住む人々の間での人種的な違い、天賦の資質、人々が望むこと、必要とすること、そういったものの違いを認識し、それら各々の土地においては各々に適した異なった政策をとること、これである。植民地経営においてこれほど重要なことはない(22)。

その地に入植した植民者が成功するか否かは現地住民との協力の存否にかかっている。原住民がいなければ税金も入らないし、生産物もない、したがって産業も生まれないし、商売もできないのである。原住民こそが植民地経営の根本ということになる。

協同政策は確かにイギリスの植民地政策の影響を受けている。何人かの論者の意見をまとめてみると、いくつかの共通点が浮かび上がる(23)。

一、広大にして、いくつもある植民地、それらは各々が異なった自然環境、社会環境の中で、長い時間をかけて作られてきた社会を構成している。

二、人びとはその歴史の中で国民性とでもいうべき共通性格を作り上げている。

三、その共通性格には外部者は簡単に変更の手を加えることはできない。

四、新参の外来者は当該の土地住民の歴史、文化について十分な研究をすべきである。

五、そのうえで、新参者は自分たちの文明を押し付けるのではなく、現地の人々との協同によって当該の土地がもつあらゆる可能性、価値を十全に引き出すことで双方が利益を上げられる。

六、したがって、植民地すべてに同じ方法を適用するのではなく、各々の植民地に応じた、もっともふさわしい政策がなされるべきである。

植民地経営には支配、および利益の獲得という概念と目的が含まれるから、それは人類学的な研究が目指すところと異なるのは言うまでもないが、ここに要約した協同主義のあり方には人類学的研究の姿勢と共通するものがある。

同化政策においては、複数の植民地に本国の制度と同等、同類のものを適用することになる。同一の法律をどこにでも適用しようとする。ある植民地内の異なった地域間に観察される地域差というものも時間とともに少しずつ消えてゆき、最終的には一つの統一体を実現し得ると考える。同化政策は理論上、植民者側がもたらす諸要素と被植民者側の諸要素、それらが相互に浸透しあい、結果としての全体の融合、統合というものを目指す。最終的に本国と植民地全体が同じ法律に支配され、人々が同じ権利と義務を有するようになることを目指すのである。かくして、同化主義の原理は一般化、つまり本国文明を全体に広げ、それらを統一することにある。これは自民族中心主義と同義である。

しかるに植民地化される諸地域、諸民族の性格、特質は相互に大いに異なっているという現実がある。同化つまり、統合化、統一化ということと、この諸地域、諸民族間の大きな違いとはそう簡単に乗り越えられるものではない。言い換えると、本国でのある一つの制度がいかに優れたものであると考えられるにしても、それを植民地に適用するにあたっては慎重さと節度というものが必要なのである。理論的なやり方は絶対ではない。理論の適用にあたっては、被植民者側の適性はもちろん、社会の風習、その社会にあった伝統的な制度、その社会の経済的な条件、そういったものを勘案したうえでなければ理論の有効性そのものに疑義が生じる。

同化主義に対してこのような疑問が呈されるようになったのは、まず植民地統治・経営の現場にある人々からであり、それは一八九〇年代に始まった。そしてそれがより多くの人々に支持されるようになっていくのは一九〇〇年代に入ってからであった(24)。

ガリエニとリヨテ

ジョゼフ・ガリエニとユベール・リヨテ、ここに名を挙げる二人は共にインドシナ植民地での行政（おもに軍事）を経験したのち、前者はマダガスカルで、後者はモロッコで名声を上げた植民地行政官である。ガリエニは一八九〇年代初めからインドシナで名を上げ、その後一八九六年からマダガスカル総督を務めた（一九〇五年まで）。一方のリヨテは若い時分からフランス植民地政策にはむしろ批判的な軍人だったが、一八九四年、インドシナに送られ、そこでガリエニの強い影響を受けた。その後、ガリエニに従いマダガスカルで勤務、モロッコに移ったのち、一九一二年にモロッコがフランス保護領となってからモロッコ総督になった。第一次大戦中の一九一六年一二月から翌年三月までの間は本国の陸軍大臣に就いている。

この二人にここで触れるのは両者とも（フェデルブがそうであったように）、個性の大変強い人で、本国政府の基本政策に拘束されることなく現地での具体的政策を強力に進め、大きな成果を挙げていること、そしてそれらの政策が「協同」主義的と言ってもよいものだからである。もちろん、二人は軍人であり、植民地業務に携わっているのだから、文明化の使命を信奉し、フランスの影響の及ぶ範囲拡大に熱心であったのは事実である。彼らが名を上げたのは軍事的な仕事ゆえのことである。しかし、そのことは必ずしも現地人への一方的な苛烈さを意味してはいない。その点は先に名を上げたセネガル総督フェデルブ同様と言える。ガリエニ、リヨテともに現地人の文化に強い関心を示し、それの理解に努めている。現地住民の人心を理解し、彼らをしてフランスがおこなおうとしている発展のための諸活動に参加させる、それが肝要と考えた。具体的な言葉としてそうとは言っていなくとも、これは協同の精神である。

ガリエニ自身が言っている言葉として、ある土地（植民地）における行政組織はその地にある資源、地理的環境、人々の精神、そして達成しようとしている目的を踏まえたものでなければならないというものがある(25)。これはまさに協同の精神そのものではないか。彼はそのような方法を「油の染み作戦」(la tache d'huile) と呼んでいる。また、それは「民族ごとの政策」(la politique des races) とも言われる。つまり、地域によって異なる民族ごとにそれにふさわしい対応、政策をとることで、油がにじみ広がるように、少しずつ支配領域を広げていくということである。軍事行動は必要なものではあるが、その地域住民について知ること、それこそが肝要であることを言っている。民族ごとの政策、それは同化主義が基本方針にしていたブロック理論、すべての植民地について全体を一つのブロックとしてフランス文化に同化させる、そのような方針とは基本的に異なり、その地その地にふさわしい対応をとることによって、最適な支配体制を作るというものである。

ガリエニが熱烈な共和主義者であったのに対し、リヨテは王党派の高名な家系出身者であり、趣味についても前者は「庶民派」だが、後者は「貴族的」で、それらの点では両者は異なっていたが、植民地経営についてリヨテはガリエニの方法に心酔していた。それが両者をインドシナ、マダガスカルで強く結びつけたのである。モロッコに配置されたのち、リヨテは現地のイスラームに理解を示し、現地の伝統的統治組織との協力体制を作った上で、モロッコをフランス保護領下におくことに成功した。

リヨテは現地民を武力で制することは長続きするものではないと述べていた。現地人との協同が重要であることをガリエニから学んでいた。ちなみに述べておくとリヨテは第一部でも何度か触れたパリ開催の国際植民地博覧会（一九三一年）の総責任者を務めている(26)。

一九二三年、植民地学校での講演で、時の植民地大臣アルベール・サローが植民地経営における金言は「辛抱」であって、その具体的な形とも言える「忍耐」こそが核心であると述べていたことを見た。アルベール・サローは同年、『フランス植民地の開発』という著を公刊し、フランスの広範な植民地各々での生産物、開発状況などを詳細に述べている。彼がその著書の標題で言っている「開発」という言葉はフランス語では mise en valeur（ミーズ・アン・ヴァルール）である。フランス語独特の表現であろうが、これは「当該地のもつ可能性を充分に生かし、活用したうえで価値づける、それが開発」であるというような意味合いであろう。この言葉自体にも「協同」の精神が現れている。つまり、植民者が一方的に押し付けるのではなく、現地の自然的、人的、社会的価値、それらを総合したうえで全体の価値を十全に引き出すということである。協同主義が強調されるようになった時期、mise en valeur という表現も非常によく使われたのである。サローはこの著で、「植民地活動はもはや一方的なものではない。それは双方の利益、双方にとっての善となるべきものである。一つの人種側が他方の人種から一方的に奪われるというものであってはならない。協同、これこそがわれらが植民地政策の標語であり、それは今や幸いなことに定着している」(27)と述べている。

アルベール・サローの著書公刊を受けて、一九二四年、政治学自由学院の卒業生、在校生を対象におこなわれた講演会で、「植民地名誉総督」の肩書をもつ歴史・地理学者であるカミーユ・ギーは「同化はすでに過去の記憶でしかありません。唯一、正当かつ合法的な政策、それは協同主義政策であります」(28)と明言している。

これ以降、少なくともフランス植民地学校を卒業した植民地行政官たちが現地で活動する際の標語は協同であり、mise en valeur であり、辛抱、忍耐であっただろう。

もちろん、植民地に対するフランス人一般の見方がこれによって劇的に変わったとは到底言えない(29)。協同主義は同化主義がそうであったように、一つの理想である。それぞれの植民地の状況に応じた対応が原則であるから、協同政策の原理といった統一的見解があったわけではない。それはいわば「曖昧」なものであった。フランスの「文明化の使命」そのものに大きな変化はなかったのだ。そこにこの政策の弱点があったのも事実だろう(30)。

ただ、協同は同化に比べれば、現地に存在する人材、資材をより一層活用しようとするものであるから、より現実的なものであり、本国経済にとってより少ない負担ですむものであった。本国の植民地大臣（一八九四年以降）の基本任務は、各植民地がおこなう政策間の調整と統括ということにあった。

第八章　セネガル歩兵部隊とは何だったのか

フランスは第一次大戦開戦とほぼ時を同じくするように西アフリカの若者たちを数多く呼び寄せ、西部戦線の激戦地に送った。「セネガル歩兵」と呼ばれる兵士たちであった。そのことについてわたしたちは第一部で詳しく見てきた。そこでの記述において、セネガル歩兵と呼ばれた部隊兵士たちは第一次大戦時に作られたものではなく、それ以前の早い時期に創設されていたことを瞥見《べっけん》しておいた。彼らはいつごろから、どのような理由でフランス軍に参入するようになったのだろうか。そのことについてこの章で検討しよう。フランスは西アフリカに進出した早い時期から現地人を兵士に仕立てていたのである。

第一節　セネガル歩兵部隊創設前史

時間をかなり遡《さかのぼ》ることになるが、ヨーロッパ人がサハラ砂漠以南のいわゆる黒人アフリカ地域に初めて到達したのは記録上は一四四四年ということになっている。それより八〇年ほど以前からフランス北部の町、ディエップの商人たちが西アフリカ沿岸部で象牙や獣皮の取引に来ていたという記録もあるが、肝心のその記録が書かれたのは一七世紀後半ということもあり、ことの信憑性には疑問符が付されている。

一四四四年、ポルトガル人ディニス・ディアスが指揮する船が西アフリカの沿岸添いに南下し、船の進行方向左側にはずっと黄土色の大陸が続いたのだが、ついに緑濃い草の繁る岬に達したことから、この岬をカボ・ヴェルデ（ポルトガル語で「緑の岬」）と名付けた。これが現在、フランス語で同様の意味をもつカップ・ヴェールと呼ばれ、セネガル国の首都ダカールが位置するところとなっている。ディニス・ディアスがこの岬に到達してから四八年後にはコロンブスが初めて大西洋横断の航海をしている。

ディニス・ディアスはこのとき、現地の青年四人をポルトガルに連れ帰っている。今の用語でいえば、拉致したことになる。ポルトガルに連れて来られたこれら四人の青年はポルトガル語を身につけた。彼らは一一年後の一四五五年、ヴェネチア人カダ・モストが西アフリカ、セネガル地域の内陸踏査をした際の通訳、ガイド役として貴重な働きをした。こうして一五世紀半ばの西アフリカ、現セネガル地域の様子が記録に残されることになった。

その後、ポルトガル、スペイン、オランダ、そしてイギリスやフランスがこの地域に進出していく。大西洋を間において ヨーロッパとアメリカでアフリカを舞台に奴隷貿易が活発化していった。フランスがアフリカ大陸の西端、セネガンビア（セネガル川とガンビア川に挟まれた地域）と呼ばれていた地域に本格的に乗り出すのは一六五九年と考えてよいだろう。というのもフランスはこの年、セネガル川の河口を少し遡った地点に位置し、現地語でンダールと呼ばれていた中洲島に商館を築き、この地をサン・ルイと称したからである。これがフランスにとっての最初の本格的な奴隷貿易拠点となった。一六七七年にはカップ・ヴェール岬、つまり現在のダカールが位置する岬にほど近い小島ゴレを、すでにそこを占拠していたオランダから奪取する形で占拠し、そこにも商館を立てた。ここも重要な奴隷貿易基地になった。

こうして基地ができた後の、その後の動きを図式的に言えば次のようになる。まず、商館員の食糧など必要品を売りに来る現地人との交流が始まる。そのような商業的な交流がなされる過程でフランス語と現地語を互いにわずかながらでも理解する人ができてくる。やがて商館でのさまざまな下働きをする現地人も現れるようになる。ものを売りに来る女性とフランス人商館員との間での性的関係が生ずる。やがて現地人女性の中には商館員の現地妻といった立場のものになる人ができてくる。商業的な仲介を専門にするものが現れ、言語に強い通訳者ができてくる。やがて混血の人が生まれ、これら混血者はフランス人と現地人との仲介者として、通訳として重要な働きをするようになるだろう。

商業基地を中心とした土地は一つの町になり、そこはヨーロッパ的色彩の強い場になっていく。つまり、当初は「ヨーロッパ文化の影響を受けたアフリカ」という環境ができるのだが、それは次第に形を変え、「アフリカ的色彩の強いヨーロッパ文化」というものができあがる。

奴隷貿易の下働きとしての現地人

奴隷貿易とは一義的にはヨーロッパ諸国がアフリカで現地人を仕入れ、それを船でアメリカ側まで送り、そこで売ることである。アメリカで売られたアフリカ人は主に農場で働く労働奴隷としてサトウキビや木綿、コーヒー、藍などの農産品生産に従事するが、こうして生産された農産品はヨーロッパに持ち帰られ、当時のヨーロッパ人の生活を豊かにした。つまり、奴隷貿易はヨーロッパ人がアフリカで仕入れた現地人をアメリカで売り、その帰途にはアメリカ産の各種の農産品を持ち帰ることで完遂されたことになる。船は帆船であるから自然条件によってはさまざまな危険があるし（強風は怖いが無風はもっと怖い）、往路の積み荷は生きた人間であるから食事、排便、運動など相応の手がかかる。また、積み荷自体が暴動を起こすなどの危険も伴う。奴隷貿易はやれば必ずうまくいくというわけではなかったが、大方の場合はこの貿易は莫大な利益を生んだ。

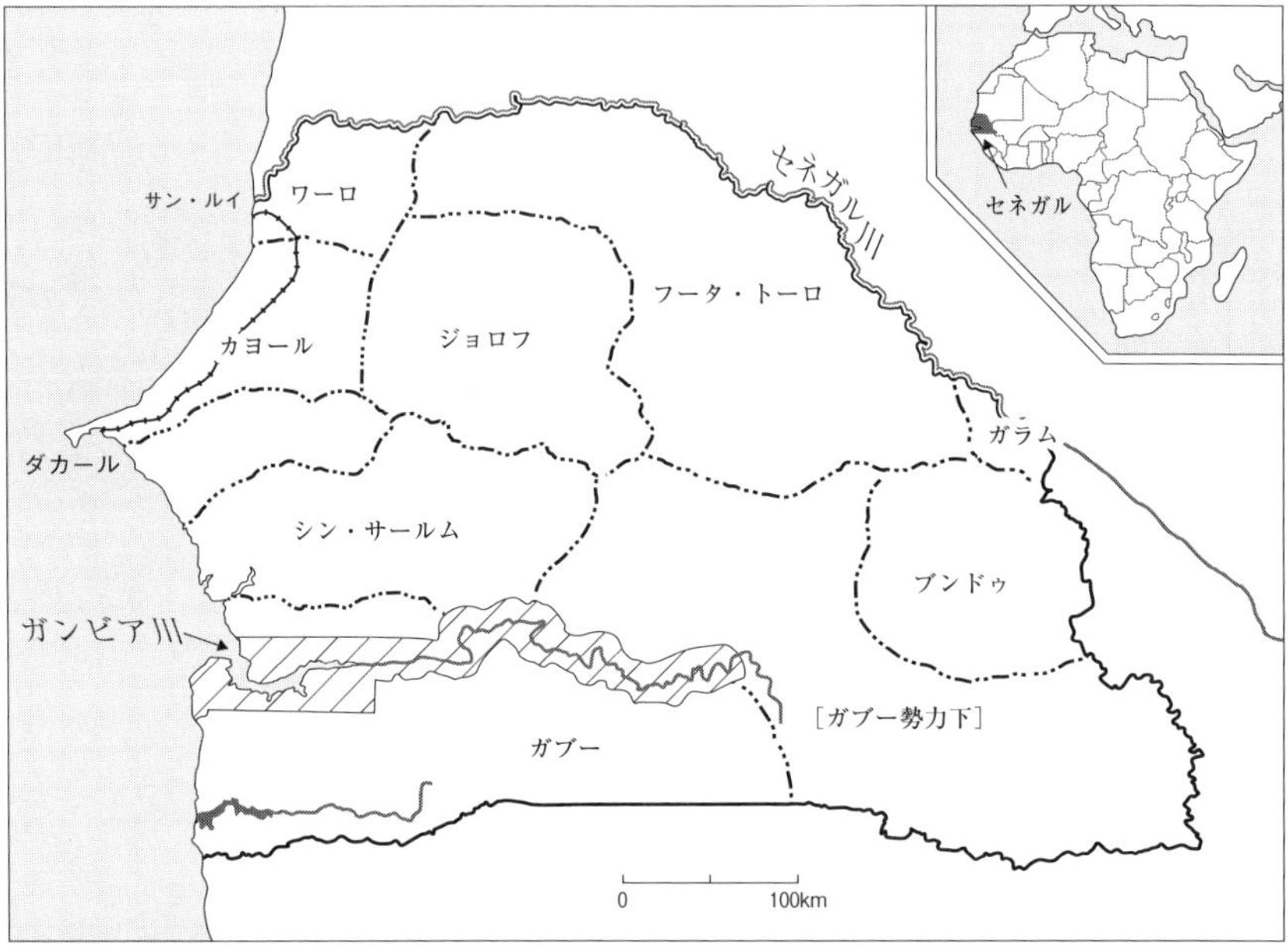

地図２　16世紀から19世紀末頃までのセネガル地域の諸王国　セネガル川を遡ったところにガラム（ガジャーガとも呼ばれた）があり，内陸部から送られてくる奴隷は多くがこの地域でヨーロッパ商人に売り渡された。19世紀末に敷設されたサン・ルイとダカール間の鉄道路線も示しておく（斜線部分はガンビア川流域のイギリス領地域）

ヨーロッパ諸国はアフリカでの現地人の仕入れにあたって、自分たち自身で内陸部に入り込み、現地人を捕獲したわけではない。現地人から買い取ったのである。アフリカ人強者たちがアフリカ人弱者を売った。弱者とは、その大部分は王国間の戦いにおいての敗者たちであった。つまり、アフリカ内の諸王国間ではしばしば戦いがなされ、敗者として捕らえられる人が多かったのである。捕らわれた人々は勝者側の人々の奴隷にされることが多かった。アフリカの諸社会においてはこうして奴隷制というものが古い昔から存在していた。その奴隷たちの一部がヨーロッパ人に売り払われたのである。罪を犯した人が、その罰として奴隷にされ、ヨーロッパ人に売り払われるケースもあったが、多くは王国間での戦争で負けた側の人が奴隷として売られた。

フランスが最初に商館を築いたセネガル川河口部のサン・ルイは奴隷貿易の拠点としてその後、繁栄することになるが、奴隷の仕入れ自体はセネガル川をはるかに遡った地域でおこなわれた。セネガル川上流地域、現在のマリ国と境を接する地域はガラム（ガジャーガとも呼ばれた）と呼ばれていたが、その地で仕入れるのが普通であった。

ガラムに至る途中のセネガル川流域各地ではアラビア・ゴム（アカシア属の灌木の樹液で、ヨーロッパで接着剤としてはもちろん、染色の際の媒染剤や食品添加用にも用いられた）、獣皮、象牙などが仕入れられた。ガラム地域に達する旅は容易ではなかった。当時、セネガル川を遡った船は言うまでもなく帆船であるが、平底船でフランス語では一般に「シャラン」と呼ばれた。船はセネガル地域が雨季に入る七月、川の水量が充分になってからサン・ルイを出発する。セネガル川を遡り、ガラムに到達するのに三か月ほどもかかった。その地で奴隷の仕入れに一か月から二か月をかける。奴隷はさらに内陸の地、現在のマリ国あたりから陸送されてくることが多かった。陸送とは要するに奴隷商人たちに護衛されながら、そして奴隷たち自身、頭には水や荷物を乗せてみずから運びながら、また反抗的な人達は首に枷《かせ》をつけられて歩いてくるのである。

奴隷の買い取りは商業行為であるから、売る方、買う方ともに損のないよう交渉に時間がかかるのは当然である。また、奴隷買い取りにはフランスから何人もの商人が来るわけで、その場に行けばいつでも奴隷が手軽に、かつ充分に手に入るわけではない。「入荷」が充分でなければ、待つほかはない。というわけで時間がかかるのである。これで十分という奴隷が手に入ると、サン・ルイに向けてセネガル川を下ることになるが、これには二週間ほどがかかった。つまり、サン・ルイを出た船がセネガル川を遡ったガラムで奴隷を仕入れて、再びサン・ルイに戻ってくるのはだいたい一二月頃になったのである。

帆船で川を遡る旅には多くの困難がある。場所によっては、何人もの船員が陸に降り、ロープで船を曳くこともしなければならない。障害物が船に引っかかったりすれば、それを取り除くためにはワニやカバのいる川に入る必要もあった。奴隷を仕入れて後の帰路は、川を下ることになるから時間的には短いが、船上では生きた人間である奴隷たちを管理しなければならない。多くの人間に食べさせるための食事の準備はもちろん、彼らが暴動を起こさないように見張る必要がある。船には料理担当の女も乗っていた。

こういったことから理解されようが、奴隷仕入れ船にはフランス人商人だけではなく、現地人の下働き要員が必要であった。下働きの船員はラプト（laptot）と呼ばれた。ラプトという語はセネガル現地に多く住むウォロフ人の言語で「通訳」とか「船乗り」を意味したと何人かの著者が言及している。確かにウォロフ語辞書を見ると、「ラプト」ないしは「ラッパトー」として同意味の語が記載されており、現地のウォロフ語起源のようである。ラプトの他にグルメ（gourmet, gurmet）と呼ばれた船員もいた。こちらは語の綴りからするとフランス語起源のように思えるが、ウォロフ語辞書によるとポルトガル語起源と記されており、一般にキリスト教化した現地人を意味していた。もともとの現地人ではあるが、ヨーロッパ人との接触を通してキリスト教化したものがいたのである。しかし、このグルメという語はその後、ヨーロッパ人男性と現地人女性の間に生まれた混血者をも意味するようになった。彼らはラプトより上級の船員として、ラプトの管理にあたることが多かった。奴隷仕入れ船にはフランス人商人は乗り組まず、仕入れ航海のすべてがグルメに任せられることもあったという。

ラプト、つまり現地人であり、主として船上での肉体労働に従事する船員がもっと重要な働きをする場面があった。それは外洋からセネガル川の河口を入り込んだ場所に位置するサン・ルイまでの航行時である。サン・ルイ島（現地語名ンダール）はセネガル川河口から約一六キロも遡ったところに位置しているのである(1)。この点については少し説明がいる。

セネガル川が内陸側から大西洋に注ぐとき、その河口部分の川は海に対して直角状になっているのではない。北側から陸に沿って南に向けて相当の距離を流れたのちに海に流れ込んでいるのである。つまり、川と海の間に、川の右岸側には細長い陸地が続くことになる。小鳥の舌のように細長く、とがった陸地が続いており、これが砂州になっている。サン・ルイ島からこの細長い砂州を一六キロ下って、外洋に達することになるのだが、河口が海に接する部分は海に対して直角状になっているのではなく、海に対して長い斜線状になって海に注ぎ込んでいる。

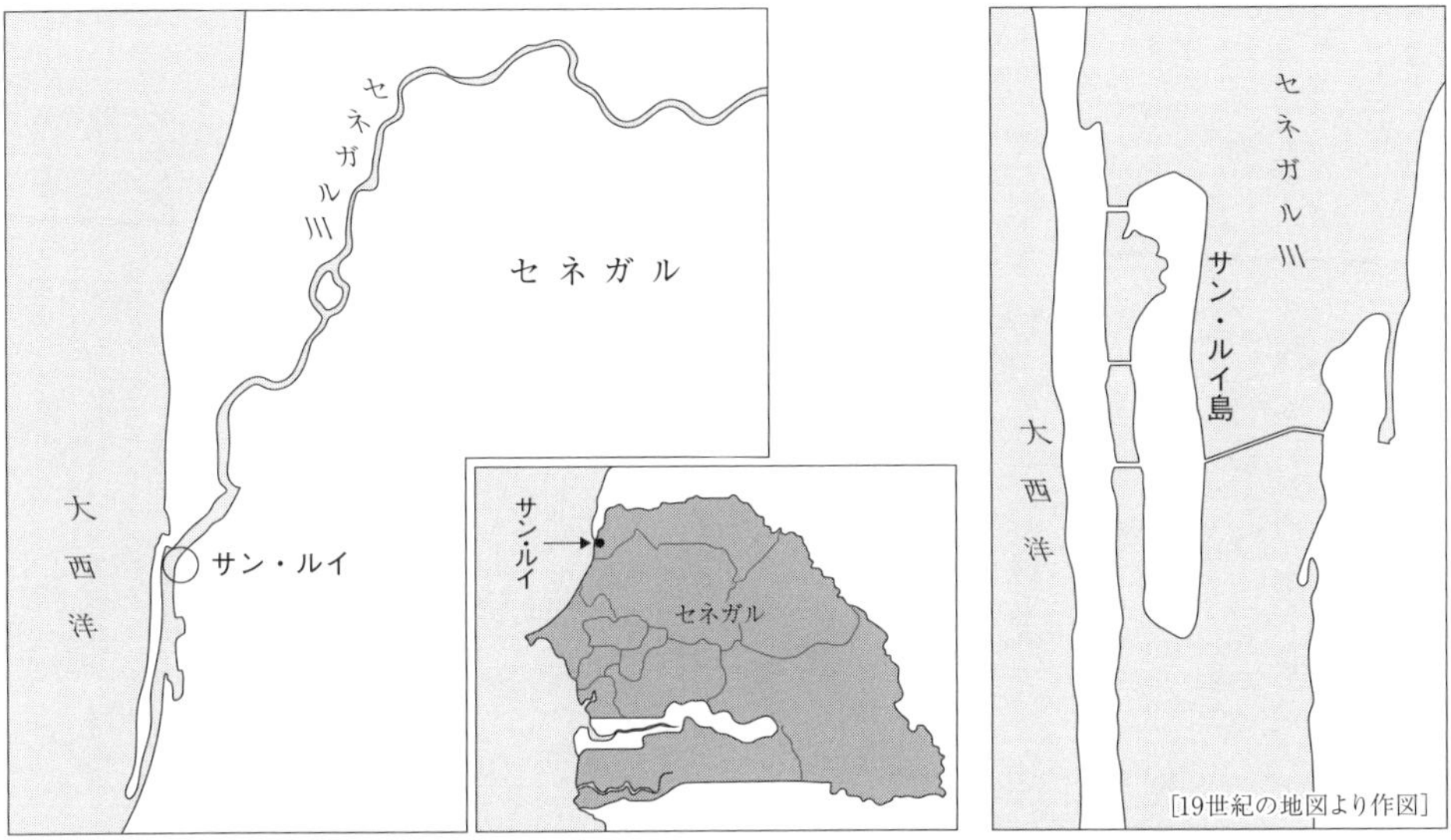

地図３　セネガル川河口部　サン・ルイは河口から 16km ほど遡ったところの中洲島に位置する。大陸と，嘴状に細長く突き出た陸地の間を抜けてセネガル川が大西洋に注ぎ込む部分の水流は大変危険であった（右側の図はサン・ルイ島の拡大図）

いずれにしても、ヨーロッパから外洋を航行してきた帆船はセネガル川を遡ることはできない。河口部の少し沖合で停泊するのである。人は小舟に乗り換えてセネガル川の中に入り、サン・ルイ島に向かうことになる。逆に、多数の奴隷を停泊中の帆船に積み込むためには、小舟で何回も帆船まで往復することになる。サン・ルイ島と海に停泊する帆船との間での往復の航行、特に河口部が大変危険だったのである。

海からセネガル川に入り込む部分、河口部は水深が浅い上に、波のために底の砂が常に動いており、水の流れが一定せず、非常に危険であったらしい。最も危険な部分の通過は時間にすれば一五分ほどのことであったというが、この間、小舟は怒濤の激流にもまれることになる。事情を知らないヨーロッパ人船員の手に負えるものではなく、ラプトに頼るほかはなかった。この河口部分の危険についてはサン・ルイでの奴隷貿易に従事した人の誰もが記録しているほどだが、ラプトたちはそのときどきの砂州の位置、水の流れなどを熟知し、水を恐れることなく必要であれば激流に身を投じることさえ辞さない勇気をもっている。強風時、あるいは霧に覆われたときの恐ろしさは譬《たと》えようもないことが記録に残されている。ラプトを馬鹿にしたり、心付けをケチることは命の危険に直結したというのである。激流で水に落ちても助けてはくれないからである。

サン・ルイ、およびゴレ島にはフランスの商館が建設され、そこにはフランス本国から商館防衛のための兵士が一定期間について送られてくるだけではなく、奴隷をはじめとするさまざまな商品の取引をするための商人たちが来る。そういった兵士や商人が現地人女性と交流するようになる。そして混血者が生まれることになるが、混血者はフランス語と現地語に通ずるのが普通であり、男性の場合、商業取引の場での通訳をしたり、取引に関するさまざまな仲介をするようになる。先に述べたグルメなどもそういった仲介者としての重要性を発揮した。一方、混血女性の場合、彼女らはその美しさからサン・ルイに来るヨーロッパ人男性の相手として一つの「地位」を築くことが多かった。これら混血女性はポルトガル語で婦人を意味するシニョーラをもとにシニャールと呼ばれた。そして、シニャールの中にはヨーロッパ人男性との付き合いで多大の富をなし、それを元手にみずからも多くの奴隷（ラプト）を擁し、それらをヨーロッパから来る奴隷取引商人に貸し付けることでさらに富裕化し、名を成すものが多かったのである。シニャールたちはみずからの肉体を武器にしたことは確かだが、頭脳的に動き、サン・ルイにおける経済的、社会的な影響力を行使したものとして知られている(2)。

現地人志願兵

このようにフランスは奴隷貿易の早い時代からさまざまな場面で現地人を補助要員として使っていたが、その後、フランスはセネガンビア地域において現地人を単に商業行為のためだけではなく、軍の補助要員として使い始める。軍は、当初は商館、つまり貿易基地の防衛のために必要であったが、さらに奴隷をはじめとする貿易品獲得のためのさまざまな場での防衛のために必要となっていった。さらに、その後は植民地を拡大する軍事活動である平定に際して重要であった。そのために必要な兵員すべてをフランス本国から派遣するより、現地で現地人を調達する方が経済的なのは明らかであった。

セネガル現地人をフランス軍の兵として使い始めた当初の時期について詳しく記しているデュヴァルによると、一八世紀、イギリスとの間でサン・ルイやゴレ島をめぐって争奪戦が繰り返される過程で一七七九年には一〇〇人の現地人兵士で構成される六個中隊が作られ、これが「アフリカ志願兵部隊」と称されたという(3)。フランス本国では大革命に至る直前の時期である。

一九世紀に入ってすぐの一〇年間に少なくとも二度、セネガル兵はアンティーユ（西インド諸島）に送られている。このように早い時期から現地人兵士がセネガル現地の施設防衛のためだけではなく、遠く西インド諸島での活動のためにまで送られていたというのは驚きである。フランス人兵士たちは現地の気候、衛生状態などから健康を害するものが多かったということもあるが、要するにフランスから必要な数だけの兵士を送るよりも現地人を兵士に仕立てることの方がはるかに経済的であったためである。こうして、その時々の必要に応じて「一時契約」の現地人兵士も増えていく。これら兵士たちは奴隷身分の者をその主人から買い取るという形で雇用されることが多かった。かつての奴隷貿易時代におけるラプトたちも多くは奴隷身分のものであり、その所有者から一時的に借り受けることが多かった。先に、もともと「志願兵部隊」と称されたことを記したが、その内実は奴隷を買い取る形だったのであり、自由身分のものが「志願」して兵になることなどなかったのだ。

デュヴァル、及びその他何人かの著者の説明などを総合してみると、一八一六年には「セネガル大隊」と称して一四年契約で奴隷身分のものが兵士にされ、一八二七年から二八年にかけて二個大隊がマダガスカルに送られた。現地民平定のためである。さらに一八三一年には一個中隊が南米カイエンヌに送られている。セネガル人の兵士たちは随分早い時期から遠隔の地に派遣されていたのだ。また一八四三年にはスパイ・セネガレー（Spahis Sénégalais）と称して騎馬兵隊も作られた。スパイというのはもともとはアルジェリアで現地人を騎馬兵に仕立てたものの名称であり、その言葉が転用された(4)。

デュヴァルがその著書中に記しているセネガンビア地域における平定活動のリストを見ると、一八三三年以降ほとんど毎年、平定という名の軍事活動がおこなわれ、それらのすべてにセネガル大隊が参加させられている。こうしてセネガル川流域地方、カヨール王国地域、ワーロ王国地域、さらにフータ地域と次々に平定されていった（二〇〇頁の地図2を参照）。

フランスがその植民地における奴隷制を正式に廃止したのは一八四八年である。しかし、この年をはさんだ前後にも何度もの平定活動はおこなわれている。奴隷身分のものを買い取る形での兵士への仕立ては続けられていた。名目上、志願兵とされていただけのことである。

第二節　セネガル歩兵部隊創設

フェデルブが来た

「アフリカ志願兵部隊」とか「セネガル大隊」といった呼び名で続けられていた現地人兵士の使用は一八五七年に制度的に大きく変わることになる。その契機はフェデルブがサン・ルイ総督(5)に就任したことであった。

フェデルブ、つまりルイ＝レオン＝セザール・フェデルブが三四歳という若さでサン・ルイ植民地(6)に着任したのは一八五二年のことである。そのとき彼は軍の土木工兵隊の士官という身分にあった。二年後の一八五四年（三六歳時）、現地のフランス人居住者、特に商人たちの推挙によりサン・ルイ総督に就任した。商人たちがフェデルブの総督就任を希望したのは、彼がセネガル川流域内陸部の軍事的平定に熱心であり、反抗的な現地住民を平定してくれれば、それはただちに商売に有利であったからである(7)。

このフェデルブのサン・ルイ植民地総督就任をもって近代セネガルの始まりのように言われることがある。そのことは、後代の歴史学者などによっても「フェデルブが来た！」といった端的な表現で、彼の総督就任をもってやっと近代セネガル建設への歩みが始まったように言われることにも表れている。カロム・デイヴィスなどはフェデルブの総督就任をもってフランスがその領土拡大を開始したのはもちろん、フランス人植民者たちに植民地開拓という責務の思いを強くさせたという意味で、アメリカ開拓者たちが西へ西へと勢力範囲を広げはじめたことと同じほどの重要性があるとしている。「たった一人の人間が歴史の流れにいかに決定的な効果を与えるかの一つの例である」(8)とまで述べているが、これは明らかな褒めすぎである。フェデルブ一人がセネガルにおける近代的な制度すべてを創設したわけではない。それ以前にサン・ルイ総督に就任していた何人もの人が少しずつおこなっていた制度設定、それらをより整ったものに完成させたのがフェデルブであったと言う方が正しいだろう(9)。

ただ、フェデルブが総督に就任する一八五四年以前の三七年間で三四人の総督が入れ替わっていたという事実がある。平均すれば一人の総督は一年強しか勤めていなかったのだ。フランスから新しい任地であるサン・ルイに来て、総督という任に就き、自然環境や植民地の社会状況、会計的な問題まで、さまざまな問題を認識し、どうやら慣れてきたかというときに健康を害したり、何らかの問題を起こしたりしてフランスに呼び戻されたり、あるいはフランス本国での事情により召喚されたりしたのだろう。これでは誰か特定の総督一人がその短い任期中にきちんとした新体制を整えるのは難しかった、というのが実情かもしれない。さらに当時の通信状況を考えればよい。電信はまだない。郵便も飛行機便はない時代である。書類は船で数週間をかけて本国に届けられる。事務文書の作成、承認などにかかる時間の多さなどを考えれば、本国政府から一つの承認、決定を得るまでには早くても数か月かかるのが当たり前だった。そうした時代状況の中で、ある総督がごく短期間しかセネガルにとどまっていなかったという状態では大きな仕事を成し遂げるのは困難であっただろう。もっとも、先に述べた一八五四年以前の三七年間について、一人の総督は平均して一年強しか勤めていなかったということ、これはあくまでも三七年という年数をその間に就任した総督数で割った平均の就任期間であって、こういう記述の仕方は事実を見誤らせるかもしれない。それだけ多くの総督が就任した中で、たとえばロジェー男爵総督は一八二一年七月から一八二七年までの六年以上をサン・ルイ総督として過ごし、主として農業開発に力を入れたことで知られるし、ブエ゠ヴィヨメは一八四二年からの約三年をセネガ

図６　フェデルブの肖像画　1882年に描かれたものだが，軍服に身を固め正装している
(Champeaux et Deroo 2006に掲載されている図をもとに描画)

ル総督として過ごし、現コートディヴォワールのアッシニエ、グラン・バッサムに商館を建設、フランスの支配地域を広めたことでも知られている。フェデルブ以前にも西アフリカ開発史に名を残す総督はいる（逆に、着任後二、三か月で帰国した総督もいる）。

　フェデルブ以前にはよく整備された体制としてはできておらず、あれこれと手はつけられていたものの完成してはいなかった問題、それらを基盤にフェデルブ独自の決断力と才能をもってよりよい体制の完成に貢献したのがフェデルブであったというのが事実に近いのではないか。フェデルブは途中で一度任を離れているが、総計すると七年間という長期間、総督として務めたのである。現地人兵士の使用についてもすでに見てきたようにフェデルブ以前の早い時期からおこなわれており、それをもとにフェデルブが体制を整えたということである。

　もう一つ、フェデルブに関して記しておかねばならないこと。それは彼が現地人の文化に強い関心を示し、その理解に努めたという事実である。彼は確かにセネガル内陸部への軍事行動を何度もおこなっている。しかし、平和的方法が結果をもたらさない場合に軍事に訴えるという方針をもっていたという。やたらに軍事に頼ったとは言えない。セネガル開発は現地住民との協力なしにはなしえないことを理解していた(10)。フェデルブはそれ以前に西インド諸島フランス領の島グアドループ、そしてアルジェリアでの軍務を経験していた。それらの地で現地民の習俗を知り、そのうえで人々との接し方といった問題にも興味をもつようになっていたようである。それらの地での経験がサン・ルイに赴任してからも生かされており、彼はそれ以前の総督のやり方(11)に疑問をもち、現地住民のものの考え方、習俗・慣習などを理解することが植民地行政にも重要であるという考えをはっきり示した。その観点から、わたしたちは先の第七章において、フランス植民地政策の原理としての協同主義の先駆的な考えがフェデルブの中にすでにうかがわれることを見たのである（第七章の注7を参照）。

セネガル歩兵部隊創設

フェデルブはセネガルにおける現地人兵士たちがその資質と働きに見合った身分を保証されているとは言えないことを理解した。このことを鑑《かんが》み、現地人兵士をもって正規の歩兵部隊として創設することを考えた。サン・ルイ商館の防衛や、セネガンビア各地での軍事活動に現地人兵士たちが補助要員として使われていた。さらにはマダガスカルや南米カイエンヌでの平定活動にセネガル現地人兵士は補助要員として使われていた。フェデルブはこれら兵士たちをより体制の整った一つの独立した常備軍部隊として創設することを考えたのである。常備軍として体制を整える点に重要性があった。そのためには奴隷身分のものをその主人から買い取るという旧来の形ではなく、志願兵という制度をともかくも内実のあるものにするために兵士には給与が支給されること、軍内での功績によって褒賞《ほうしょう》のみならず昇任の可能性もあることが示された。現地人兵士を常備化すること、これはフランスからの兵士たちがその数においても、効率という点からも充分とはとても言えない状態であったからこその必要であった。当初は五〇〇人の兵士からなる部隊創設が目指された。

総督就任から二年後の一八五六年、フェデルブは休暇によりフランスに一時帰国した。その折、彼は「新しい制度のもとでのセネガル現地人兵士部隊の創設」を当時の海軍大臣に進言した。これが当時のナポレオン三世皇帝にまで上げられ、その結果この進言は翌一八五七年七月二一日付けナポレオン三世皇帝の勅令という形で発布されるに至ったのである(12)。

こうして「セネガル歩兵部隊」（Bataillon des Tirailleurs Sénégalais）が正式に発足した。これが西アフリカにおけるフランスの勢力圏拡大に決定的な役割を果たすことになる。と同時に、フランスのヨーロッパにおける戦争に起用されることになり、さらに歴史を下るなら中東地域での戦争、そして第二次大戦での東南アジアにおける戦い、一九五〇年代半ばのスエズ動乱などに際して役割を果たす部隊になるのである。

正式に創設されたことにより、セネガル歩兵たちの制服についても決定されている。次のようである。セネガル歩兵の制服は実際的であると同時に「魅力あるもの」(séduisant)とする。帽子は赤色とし、ターバンは白布とする。外套は頭巾つきのものとし、上着とトルコ兵風のヴェストはブルーのラシャ地で黄色の縁《ふち》飾り付きとする、立ち襟《えり》のシャツにベルトは赤色、トルコ兵風短ズボンはギニア・ブルーの木綿地、または白布のもの。靴、およびゲートルは白色とする。セネガル歩兵の武器は従来現地人首長に所持が許可されていた二連銃とし、給与、配給食糧についてはフランス兵と同じにする。ただし、配給食糧については現地人の食習慣に沿ったものとする。また、別に衣服手当を給する。

セネガル歩兵の契約期間は従来の七年から二年に変更する。契約にあたって五〇フランの手当てを給する。再契約については一年から四年の期間とし、その期間については年ごとに一五フランの特別手当を給する、というものであった(13)。

制服、靴、そしてシェシアという名で後世にもよく知られるようになった特徴ある赤色の帽子(大きなコップを伏せたような形)、さらに白布のターバンは頭に巻かないときは上着の左肩に乗せるなどした。アフリカの農村に暮らす当時の青年たちにとって、靴などは履いたことはもちろん目にしたことさえほとんどなかったであろう(14)。こういった服装がもつ魅力は現代のわれわれの想像をはるかに超える強いものがあっただろうと思われるのである。

フェデルブがより多くの現地人を兵士として仕立てる必要を痛感したのにはじつのところ差し迫った事情もあったようだ。駐在フランス軍兵士が酒におぼれ、病気になったり、死んだりするものが多かったのである。フェデルブが管轄の海軍大臣宛に出した報告書簡の一つに「現地で死ぬフランス軍兵士の半分は酒が原因です」というものがあることをエチェンバーグは記している(15)。わたしたちは第一章において、ピエール・ロチ記すところのセネガル駐在兵士たちの日常をかいま見た。もちろん、ロチは文学者として書いているので、脚色や誇張が多いのは承知の上だが、駐在兵士たちが退屈を持て余していただろうことは想像に難くない。兵士たちには酒保で酒を手に入れる引換券が渡され、一日当たりの飲酒が過度にならないよう配慮されていたのだが、黒人兵たちの中には酒を飲まない（イスラームの教えに則り酒を飲まない、あるいはブドウ酒の味になじめない）ものが多く、彼らがフランス人兵士たちに引換券をあげるというのはごく普通のことだった。かくして、討伐《とうばつ》行動など業務のない時のフランス人兵士たちは朝から晩まで酒浸《びた》りというものが多く、それが原因で健康を害し、死に至るものも多かったのである(16)。

「人質学校」

セネガル歩兵部隊の創設と並んで重要なのだが、歩兵部隊創設の前年（一八五六年）にフェデルブが開始したもう一つの重要な制度がある。それは「人質学校」（l'école des otages）と呼ばれるものであった。これは武力による各地域の平定がなされ、フランスの勢力が及ぶ範囲が広げられた際にその地域の首長をはじめとする土地の有力者の子弟（男子）のうち、適当な年齢にある児童を「人質」のように預かり、初歩的な学校教育を施すというものである。この学校でフランス語の読み書きと初歩的な算数、および簡単な実務を教えることがなされた。また初歩的な軍事教練、たとえば行進の仕方といったことも教育された。フェデルブ自身の言葉では「われわれが施す文明化の仕事を助け、また地域のさまざまな言語に対応しうる通訳となりうる人材の養成」(17)を目指すものであった。この学校はサン・ルイにつくられたものであり、そこに子どもを「人質として捕らわれて」いる首長など各地の有力者にしてみれば、サン・ルイに対して、つまりフランス勢力に対して反抗しないというか恭順の意を示すことでもあった。人質学校での教育を終えた児童は各地の村に派遣され、そこでフランス行政府の意を受け、その施策を具体的に実施する出先役人としての役目を果たすことになる。言わばフランス行政の下級役人である。人質学校は植民地支配の基礎作りとして

写真４　フェデルブがサン・ルイに作った「人質学校」の生徒たち　机や椅子はなかったと思われる。生徒たちは土間に座り，板に文字を書いた（Le Général Faidherbe 1889に掲載されている写真がWikipedia〈http://fr.wikipedia.org/wiki/Ecole_des_otages〉に再録されている）

重要な制度の一つであった⒅。

この学校は一八六一年には「首長子息、および通訳学校」（l'école des fils de chefs et des interprètes）と名称を変えた。人質学校という呼称はさすがにあまりに印象が強すぎたのだろう。この学校は一八七一年にいったん廃止される。人質学校として創設されてから廃止に至るまでの一五年間に、そこで一〇三人の生徒が学んだという。平均すれば年に七人ほどの少数の生徒だった。そのうち、四一人は学業不振で途中脱落、六人はフランス風の教育に反抗する「不良生徒」であった。それらを除いた残りの五六人が「フランス行政の良さ」をよく理解する「よい生徒」たちであり、植民地にとって有益な人になった。その内訳をみると、一一人は各地で村長になっており、九人は通訳になった。また、二人は現地軍の現地人士官となり、そのうちの一人は戦場で戦死した。数人のものは植民地内航海船上で会計担当官になっている。その他にも、植民地行政の下部役人、土木事務要員、あるいは行政府印刷部要員、商業要員になったものもいる。残りの数人は自分の村に帰り、農業、あるいは商業に従事している、とフェデルブ自身が記している⒆。

首長子息、および通訳学校は一八七一年に廃校されたものの、その流れを汲《く》む学校として一九一五年、新しいエリート養成校として生まれ変わっている。それが「ウィリアム・ポンティ師範学校」である。その学校名は直前まで植民地連邦総督（一八九五年にフランス領西アフリカ植民地連邦ができて以降、そのすべてを統括する長は連邦総督と呼ばれた）を務めたウィリアム・ポンティを記念するものである。この学校は各地の有力者子弟を将来の指導者として教育するための重要な学校になった。その対象はセネガルだけにとどまるものではなく、フランス領西アフリカ全域をカバーする重要な教育施設になったのである。ちなみに言えば、独立後のコートディヴォワール初代大統領になったウフエ・ボワニィ、マリの初代大統領を務めたモディボ・ケイタ、さらにセネガルの前大統領であるアブドゥライ・ワドなど諸国の政治指導者何人もがこの学校で教育を受けている。当初の人質学校創設の背景にあった思想、つまり「文明化の先兵養成」というものは現代の政治家のうちにも残ったと見るべきだろう。

もう一つ、本書主題との関連でフェデルブがなした重要事として、平定した植民地内の地域の行政区画割りがあるが、それについては次の章で述べる。

平定について

話を元に戻し、フェデルブの時代に帰る。セネガル植民地総督としてのフェデルブの業績として、筆頭に挙げるべきはしかし、なんといってもセネガル内奥部の平定活動である。「平定」という日本語は英語、フランス語でのpacificationの訳語であり、その意味は当然「平穏にすること、鎮めること」ということである。それを見ると、あたかも平穏なる活動であるかのごとき響きをもつこの語は具体的に何を意味するのか。要するに、軍事平定、つまり武力で人々を屈服させ、みずからの権威、権力のもとに従わせることである。当時の植民者たちが言っていたように、横暴な首長のもとで苦しんでいる人々を解放する、たとえば奴隷制が強固に残り、それゆえに権力者たちが多くの奴隷を酷使しているという地域があるのだから、そのような地域を襲撃し、苛烈な支配から人々を解放するためには軍事的攻撃こそが有効であるというケース、つまり圧政下にある住民たちへの解放者の行動として平定は必要だったのだろうか。そうではないだろう。多くの場合、内陸部の集団間での紛争、いや紛争とまでは言えない些細ないざこざなどにかこつけて、それを解決、ないしは処罰するという名目で軍を派遣し、人々を圧倒する。住民側が抵抗すれば容赦なく攻撃し、屈服させてしまう。特に地域紛争などなくても、フランス行政の意向に従順な様子を見せない（多くは税の不払い）といった理由で、軍部隊を派遣し、家々はもちろん穀物倉までを焼き、住民が所有する家畜を奪い、有無を言わせずにみずからの意向に従わせる。また、内陸部で商業に従事するフランス人から物資を略奪されたという訴えがあったりすれば、それは訴えの内容が事実であるか否かには関わりなく軍派遣の立派な理由になった。要するに、地域住民を掌握し、フランスの権力下におくためには軍事力こそが最も有効と考えられていたのである。フェデルブは書いている。

ある村の住民による略奪行為があった場合、その責任はその村が位置する地域全体に帰せられるべきであり、わが方が要求する賠償がなされない限り、わが方からのあらゆる種類の報復行動がなされるものと了解ありたい(20)。

セネガル人歴史家のバチリがダカール公文書館の史料をもとに記しているのであるが、バケル（セネガル川上流部の地名）駐屯軍司令官の報告書にはその地域の「諸村を地図上から消したことに満足」(21)と記されているというのである。

平定の軍事行動には総督であるフェデルブ自身もたびたび参加し、軍の指揮をしている。いくつか具体例を見てみよう。

一八五六年五月九日、つまりセネガル歩兵部隊が未だ正式な軍隊として制定される以前のことだが、フェデルブ総督は軍兵士を率いてサン・ルイを出発、トラルザ（現モーリタニア内）地域を襲撃。二日後、四〇〇〇頭の牛、一二〇頭のロバ、それに一二〇人を捕虜として獲得。

同月二一日、サン・ルイ駐在軍デゼッサール大尉はワーロ地域（セネガル川流域部）からの志願兵を率いてケメール地区を襲撃。一六〇人を捕虜にした。さらに二七日から三〇日にかけて、サン・ルイの志願兵を率いダガナ地区にいたモーリタニア人集落を襲撃、家畜多数、および五〇人ほどの捕虜を獲得。六月一日には騎馬部隊がワーロ地域で不服従の態度を示していた漁師どもを襲撃、彼らの漁具すべてを奪う。

その後、一八五六年末に至るまでの数か月間に、サン・ルイ、およびワーロ地域の志願兵たちはトラルザ地域に数度の襲撃をかけ、七〇〇頭以上のラクダ、牛四〇〇〇頭、羊五〇〇〇頭、ロバ一五〇頭、そして二三〇〇人に上る捕虜を獲得という大成果を上げた、といった具合である(22)。

当時の記録を読むとこのような記述が次から次へと現れる。次に見る襲撃について読者はどう思われるだろうか。

モハンメド・エル・ハビブは屈服させたが、その息子エリィはカヨール地域のある村に逃走、そこを拠点にワーロ地域内各地に出没、同地域の住民の意志に反しわれわれへの抵抗をそそのかしていた。かくのごとき状況を許すわけにはいかず、フェデルブ総督は一八五六年一二月、兵士六〇〇人、志願兵一二〇〇人を集結させ、エリィが拠点にしていた村を襲撃した。村を包囲したときには、エリィは逃走したとの情報入る。騎馬部隊が追ったが発見できず。そのとき、敵側の一二人ほどを殺害、わが方はバルディ大尉（フランス人）を失った。敵弾を頭に受けたことによる。

騎馬部隊がエリィ追跡に出た時、フェデルブ総督は三人の士官、四人の従士（すべてフランス人）とともに村に残っていた。総督は村の住民が銃を手に、取り囲む中で勇敢にもピストルを手に「銃を置け」と一喝、村民らは結局それに従った。

志願兵たちはモーリタニア人の村を次々に焼き討ちし、翌日、エリィをかくまっていた村を離れた。その午後、周辺地域を巡察後、サン・ルイに戻った。この征伐により、同地域の村々ほとんどすべては平定された(23)。

捕獲を目的にしていたエリィなる人物を見つけたかどうかは記されずじまいである。要するに、抵抗の意志を示すような村は焼打ちなのだ。何が何でも屈服させ、「わが方」の意志のもとに置き、従わせる。それが平定であった。繰り返すが、ここに挙げた襲撃はいずれもセネガル歩兵部隊が創設される以前のことである。志願兵部隊として多数がおり、志願兵とは別の「兵士」も、騎馬部隊兵士（スパイ）もいたのである。

図７　晩年のフェデルブ　フェデルブはその生涯を通じて軍人であったが，任地の人々の言語や文化に関心をもち，晩年にはパリ人類学協会の副会長も務めた
（フェデルブ自身の回想録である著〈Le Général Faidherbe 1889〉の冒頭に掲げられた図をもとに描画）

ここで参照したデュボク将軍の記録は全文三九八頁に細かい活字がぎっしり詰まったものだが、全編、このような襲撃、討伐、征伐の詳しい説明で埋まっている。平定とはこういうことであったのだ。このような記述はフェデルブ自身が残している回想録を読んでもいくつも出てくる。

ある地域が平定されるに伴って、フランス軍は内陸部のさらに奥へと勢力範囲を広げていく。軍が前進するにつれて駐屯基地がつくられる。一九世紀末の時点で駐屯基地とはどのようなものであっただろうか。大変興味深い記録が残っているのでそれを参照してみよう。フランス、ボルドー在の海軍軍人である夫に西アフリカへの派遣が決まった時、その夫の予想に反して、その妻（当時、二四歳ぐらいであったらしい）が当時七歳の娘もつれて同行すると言い出したのである。当時、セネガルはもとより、西アフリカ内陸までフランス人女性が行くなどというのは無謀極まることと考えられており、周囲の人々皆の反対を受けるが、その女性は頑として応じず、結局娘同伴で夫に随行、西アフリカを旅した、その女性による記録である。一八九二年のことであるが、平底船でセネガル川を遡行し、途中で船上から銃でワニを撃ったりなどしながら、内陸部のマータムに到着。そこにはフランス軍の駐屯基地がある。その描写である。

駐屯基地には海軍中尉をトップに、軍曹、歩兵ラッパ手各々一人ずつがおり、それにセネガル歩兵が数人という構成です。これらセネガル歩兵はマータムで徴兵された兵士ですが、どういう人たちだか分かりますか？奴隷です。そう、奴隷の人たちです。奴隷所有者が基地に売りに来るというわけです。軍ではそれら奴隷に兵士としての服を与え、基礎的訓練を施し、それからさらに内陸部のカエディ基地に送り、そこでさらに軍事訓練を受けさせるというわけです。医師がこれらの兵士たちを診察し、その医師が（奴隷について）兵士にするにふさわしいと認めれば、軍は奴隷所有者に普通三〇〇フランを支払うのです。奴隷はその時点で奴隷身分から解放され、ある一定期間、フランス軍の兵士として雇われることになるのです(24)。

話を戻そう。フェデルブ、およびデュボク将軍が記しているのは一九世紀半ばにおける平定の様子である。こういった過激、ないし過酷な平定は一九世紀という時代がそうさせたのだと言えるだろうか。事実はそうではない。二〇世紀に入っても平定はすさまじい暴力を伴って実行されたのである。たとえば、一九〇八年にコートディヴォワール植民地総督の任に就いたアングルヴァンはみずから『コートディヴォワールの平定』という記録を残しているが、それを見るとコートディヴォワールが一つの植民地として制定されたのは一八九三年であることを記し、その前後においてなされた数多くの平定事業（＝軍事行動）の失敗を挙げ、それらを背景に植民地という文明化のための事業推進に関して平和裏の征服などというものがいかに「絵に描いた餅」にすぎぬかを強調している。彼に言わせると、現地住民に聞いてみれば分かるが、「善良・穏和」をもって統治にあたった行政官についていい思い出をもって語る住民など一人もおらず、「厳格さ」「激しさ」をもって住民に接した行政官のみが彼らの心にその姿を残しているという。「野蛮と未開」に生きる現地住民を教化するためには力による支配、これあるのみというわけである。彼は言う。

植民地行政に携わる者は、その地の自然環境を調べたり、住民について民族学的調査をしたり、植物、地質、言語を調べたりすることで給料をもらうのではない。その地を統治するために給料は支払われるのだ。それを別の言葉で言うと、より高度の文明の目的達成のために規律を教え込み、全体の利益のために個の利益は制限されることを教えること、つまり税の徴収である(25)。

フランス行政府の権威に逆らうもの、意図的にその意向に応じない者どもに対しては、即座に対応し、鎮圧しなければならないとしている。フェデルブ、あるいはその他の植民地行政官とても変わることはなかったのだが、アングルヴァンも植民地総督としてあるべき姿を明確に述べたうえで、税金の支払いに遅滞を生じた村を焼打ちにし、畑の作物を荒し、村長を逮捕、殺害するといったことまでおこなっている。苛烈という言葉そのものである(26)。

「セネガル歩兵」という用語について

セネガル歩兵いう名称について一言述べておきたい。本書において、わたしが「セネガル歩兵」と訳している名称のフランス語での表現はtirailleurs sénégalaisである。この語彙について従来日本では「セネガル狙撃兵」ないしは「セネガル歩兵」のどちらかが訳語として用いられることが多かった。しかし、日本語としての「狙撃兵」と「歩兵」という二つの語彙は、それらが与える語感としては相当に異なっている観があり、ここで私見を述べておきたい。

フランス語でのtirailleurという名詞はtiraillerという動詞から作られている。そして、tiraillerという動詞はもともとtirer、つまり「引く、(引き金を)引く」から派生している。さて、tirerという動詞が原義として単に「引く」、「(引き金を)引く」を意味しているのに対し、tiraillerの方は単に「引く」のではなく、「いろいろな方向に何度も引っ張る」

という意味合いをもっている。要するに「引っ張りまわす」ことであり、そこからさらに受身形で人が「相反するような感情、意思に引きまわされ、苦しめられる」ことをも意味しており、むしろこの受身形で用いられることの方が多い動詞である。そしてさらに、補語なしで「やたらに発砲する」という意味になる。つまり、狙いも定めずに銃の引き金をやたらに何度も引くというような意味である。そのような意味合いを鑑みれば、tirailleurs sénégalais は、むしろ「セネガル撃ちまくり兵士隊」とでも訳すのが適当ではないかとわたしは当初、個人的には思っていた。しかし、この訳はわたしの勝手な思い込みによる無礼な誤りであった。tirailleur は軍隊用語として、きちんとした意味をもった語として存在するのである。

手元の小仏和辞典（大修館『スタンダード佛和辞典』）を見るとまず「部隊に先立って進む狙撃兵」と記され、続いて「植民地の歩兵隊」と記されている。旺文社刊の『ロワイヤル仏和中辞典』にもやはり「部隊に先行する狙撃兵」と記され、複数形では散兵、散開兵と記されている。この点は、あるフランス語文献にも記されているのだが、tirailleur という語はいわば軍隊用語の一つであり、敵軍を前にして、「散開」しながら、つまり一つにまとまるのではなく散らばりつつ、銃を激しく撃ちながら前進する兵士たちのことを意味するという(27)。

ちなみに、フランス語大辞典『リットレ』(*Le littré*)を参照してみると次のように記されている。まず、現れるのが Celui qui tiraille. であり、その意味は「あちこちに向けて撃つ人」であるが、その次に Chasseur qui tire mal. とあり、これは「下手な鉄砲撃ち（猟師）」という意味である。そして、軍隊用語としての Soldat qui tiraille et combat en avant d'une troupe, ou sans faire partie d'une troupe.（「部隊に先行、ないしは部隊からは離れて、あちこちに向けて撃ち、闘う兵士のこと」）という意味合いがあり、この文章での tirailleur は先にも記した「散開兵」という意味になる。

以上をまとめてみると、わたしが当初、勝手に解釈したように兵士としての価値を貶《おとし》めるかのような「撃ちまくり兵」といった意味合いは全くない。ただ、tirailler、つまり「あちこち撃ちまくる」というのは、敵軍を前に走るように前進しながら撃つのであるから、きちんと狙い定めるというわけではない。こういった点を考慮して、わたしとしては狙撃兵という訳は採用せず、セネガル歩兵と訳すのが適当ではないかと考える。

辞書的な定義はともかく、訳語を「歩兵」にするか、「狙撃兵」にするかという問題は、つまるところは日本語表現の問題である。日本語で「狙撃兵」、ないし「狙撃手」と言えば、銃撃に関して身体的に秀でた才能、技能をもった人が一般の兵士よりもさらに特殊な訓練を受け、その腕をもってある特定の機会に、特定の対象に、充分に狙いを定めて撃ち倒すことを任務としている兵士だと理解される。

しかるに、tirailleurs sénégalais は西アフリカ各地から半ば強制的に徴兵され、十分な訓練を受けないまま、ヨーロッパに連れて来られ、前線に送られた兵士たちである。第一次大戦末期には西アフリカ現地での訓練などほとんど全く受けずにヨーロッパでの戦争の前線に送られる人が多かった。そういった事情を考えると、ここはセネガル狙撃兵という語を用いるのはふさわしくないというのがわたしの考えである。

また、フランス語ではセネガル歩兵部隊のことを Infanterie des tirailleurs sénégalais と表現することもある。これは騎馬兵（＝ Spahi スパイ）ではなく歩兵隊ということを意味している。また、単に Infanterie coloniale（植民地歩兵部隊）と言われることもある。Infanterie は「歩兵隊」の意味である。実際のところ、一九〇〇年の時点でアルジェリアはフランス軍の第一九軍管区として位置づけられ、そこの軍にはスパイ（騎馬兵隊）、ラクダ部隊、グムと呼ばれたモロッコ人部隊、そしてアルジェリア歩兵部隊、チュニジア歩兵部隊があった。ここに記した「歩兵部隊」はフランス語で tirailleurs である(28)。Tirailleurs たちは「歩兵隊」（英語の infantry）に入れられるか、「砲兵隊」（英語の artillery）に入れられるかで戦闘様式も変わってきたという報告もある(29)。こういった点を考慮しても、結局、tirailleurs sénégalais については「セネガル歩兵」と訳すのがもっともふさわしいのではないかと思う。

辞書的解釈をする場合、tirailleur には「部隊に先行する狙撃兵」という訳語がある以上、セネガル狙撃兵という訳も全くの誤りとは言えないのは事実だが、それは実情に即しているとは言えない。実際、辞書によっては第二番目の語義として「（昔の植民地のフランス軍指揮下の）原住民歩兵」（『クラウン仏和辞典』三省堂、第5版）と記すものもあることを述べておきたい。

第三節　カヨール王国の王ラット・ジョールと鉄道建設

サン・ルイとダカール間の鉄道建設計画

わたしたちは先にフランスは一八世紀半ば以降からセネガル地域における軍事的活動に現地人兵士を使用し、一八三三年以降になるとほとんど毎年のように平定活動のための軍事行動を展開していたことを見た。商館があり、総督が駐在しているサン・ルイを基点にして、その周辺部各地へと、フランスの勢力が及ぶ範囲を広げていったのである。ワーロ王国地域、そしてカヨール王国地域へ、さらにはセネガル川上流地域、そしてカヨール王国よりもっと内陸部の地域へと軍事的討伐行動は広げられていった。一八五七年、フェデルブ総督によってセネガル歩兵部隊が創設されると、単なる討伐行動というより、より広い範囲に及ぶ平定活動としてさらに広範囲に広げられ、セネガルの南部地域、さらには現ギニアなどへも広げられた。

地図を見ると分かるが、セネガルは北部をセネガル川によってサハラ砂漠から隔《へだ》てられ、西側は大西洋に面している。南部には降雨量の多い密林地域（年間降雨量一〇〇〇ミリ超）もあるが、中央部から北部にかけて雨量は多くはなく（年間およそ五〇〇ミリ前後、またはそれ以下）、むしろ乾燥地域に属しており、しかも雨は夏を中心とした雨季に集中している。広範な地域で年の半分以上は雨の降らない乾季なのである。また土質の観点からすると砂地が多い地域である。こういった自然環境からしてフランスは植民の早い時期からセネガル地域においては落花生栽培を主力にすべきと考えており、その導入は一八二〇年代にまで遡る。

フェデルブがセネガル植民地総督を務めていた一八六〇年代の初め、ゴレ島司令官を務めていたピネ・ラプラド（のちにセネガル植民地総督）はカップ・ヴェール岬の小さな漁港であったダカールをより大きな港に開発しうる可能性について考えた。そしてそのダカールをセネガル地域のみならず、より内陸部からの農産物をフランス向けに輸出するための一大基地港にするのが適当であることを考えた。確かにサン・ルイの基地（商館）はセネガル川の河口部とはいえ、海に直接面しているわけではなく、セネガル川を遡行《そこう》したところにある。しかも川が海に面する部分の水流は船の航行に危険であることを考えると、将来的にはダカールを港湾都市として開発するほうが有効であった。セネガル川を通してその上流域からサン・ルイ商館に送られてくるアラビア・ゴムや獣皮などの諸物資は陸上輸送にてダカールに送り、そこでまとめてフランス向けに送るほうが効率的であった。そのためにはサン・ルイとダカール間に強力な輸送手段が必要となる。フェデルブもセネガル地域の開発のためにはサン・ルイとダカールの間に鉄道を敷設する必要は理解していた。早くも一八五七年には鉄道建設の案が出ていたという。まず、サン・ルイとゴレ島間に電信設備を作る。そののちサン・ルイとダカール間に鉄道建設するという案が考えられた(30)。こうしてサン・ルイとダカール間の鉄道建設計画は具体化していった。

鉄道建設こそは初期における植民地開発の要となる事業といってよい。内陸部からの諸物資を効率的に港に運ぶためにはどうしても必要である。鉄道は物資だけではなく人々の交流を促す。そのことは人々の考え方、大きく言えば思想の質を変える。つまり社会変化を促進する。目に見える鉄道は目には見えない社会の質をも変える。こうして、電信設備と鉄道建設はセネガル地域におけるフランスの力を現地民の目に如実に見えるものとして示すことになるであろう。かくしてフランスは現地セネガルに未平定地域として残っていたカヨール王国の王と電信設備、および鉄道建設に向けての交渉を始めることになった。

フランスが考えていたサン・ルイとダカールを結ぶ鉄道はこれら二つの町が大西洋に面した場所にあることからして、当然セネガルの大西洋岸の地域、つまり当時の王国名でいえばカヨール王国を通ることになる（二〇〇頁の地図2を参照）。一八七九年、鉄道建設計画案がカヨール王国の王に提示され、王の了承が得られた。フェデルブの時代に当初の鉄道建設計画案が出てから二〇年以上もの時がたっていた。鉄道建設に了承を与えたのはカヨール王国、ラット・ジョール王であった。この頃、ラット・ジョール王はサン・ルイにいる総督と親密な関係を結んでいたがゆえのことであった。ラット・ジョールというのは略称で、正式の名をラット・ジョール・ンゴーネ・ラティル・ジョップという。

ラット・ジョール王と総督の親密な関係

かつて、わたしは本書主題とは別の件で現セネガルのダカールにある国立公文書館においてラット・ジョール王とセネガル総督との間に交わされた多くの書簡を閲覧したことがある。ラット・ジョール王が自分の言語、ウォロフ語で話したものを側近の者がアラビア語に訳し、それを紙に書いてサン・ルイ在の総督宛に送る。紙はいわゆる半紙状のものであったり、あるいは現在の学童用ノートの一頁のような紙であったりする。手紙は封筒に入れられてはおらず、わたしたちが折り紙細工でつくる「やっこさん」のような形に折りたたみ、その折りたたんだ四つの角が一点に集中する部分の上に蠟《ろう》をたらして封としている。サン・ルイ商館にはアラビア語、ウォロフ語とフランス語を解する通訳（先に述べたフランス人と現地人との間に生まれた混血者が多かった）がおり、アラビア語で書かれた手紙をフランス語に訳すのである。サン・ルイ在の総督からの手紙は逆の順序をたどってラット・ジョール王のもとに届くことになる。

ラット・ジョール王は当初、総督と非常に懇意であった。多くの書簡から読み取ることができる親密さには驚かされるほどのものがある。たとえば次のような書簡がある。

　わたしが貴殿に送るこの手紙の目的は次のとおりであります。わたしの臣下であるビライマ・ジェンの妻がジャラホル（地名）の首長のもとに逃げ込み、ビライマ・ジェンは妻を連れ戻すべく人を送りました。ビライマ・ジェンは（妻である）その女をコキ（地名）の戦いに際して、（その女の）母と（その女自身の）子ども三人ともども捕獲したのです。ジェンはその女を妻にしたいと思い、そのためその女の母親と三人の子どもを買い戻し金なしで（つまり、ただで）コキに送り返したのです。貴殿にはこの事情がよくお分かりと思います。ビライマ・ジェンは正義が尽くされることのみを願っております。つまり、女が（ジャラホルの首長のもとに）とどまるのなら（首長は）買い戻し金を払うか、金を払わないのであればビライマ・ジェンのもとに女を返すかです。ただ、ビライマ・ジェン自身は女を取り戻すことのほうを望んでいます。夫というものは金よりも妻自身の方をより大事だと思うのは当然だからであります。わたしは貴殿からの要請には常に応えていることを鑑み、貴殿もわたしの要望にお応えになるよう期待いたします。貴殿の臣下にわたしの要望を実現するようご指示願います[31]。

ここに登場するビライマ・ジェンなる人物はコキという村を襲撃し、一人の女とその子ども三人、そして女の母親を捕獲、自分の所有にした。しかし、母親と子ども三人は「買い戻し金なしで」もとの村に帰した。何の見返り金も要求することなく返してやったということだ。そして、捕えた女を自分の妻にしたわけである。ところが、その女はビライマ・ジェンとの生活を望まなかったのであろう、ジャラホルという村に逃げ込んだ。使いのものを送って、連れ戻そうとするのだが、うまくいかない。ついては総督、この件に介入して何とかしてほしいというのである。王たるものの依頼事としてはなんとも情けない観があるが、セネガル総督に対し敢えてみずからの身を卑屈なほどに低くして依頼をすることで王が総督に抱いている親密さの感情、恭順の思いを伝えようとしているのかもしれない。ついでながら再記しておくと、フランスがその領土内での奴隷捕獲、奴隷所有・売買を正式に禁止したのは一八四八年のことである。しかし、ラット・ジョール王の時期（一八七〇年代後半）、同王が支配していたカヨール王国の多くの地にはフランスの支配は及んでおらず、したがって奴隷の捕獲、所有は堂々となされていたことが分かる[32]。

これに類する書簡としてもう一通、紹介しておこう。それはラット・ジョール王自身の女奴隷がサン・ルイに逃げ込んだという内容である。

この手紙が目的とするところは、わたしの女奴隷の一人が貴殿の管轄領域内に逃げ込み、サン・ルイにいることが確実であることをお知らせするものです。アイシャ・カンという名の女です。この女はコキでの戦いにおいて、アーマドゥ・シェイクというマラブー（イスラームの導師）とともに捕獲したものです。女の夫、その兄弟、女の父母、すべては戦いの中で殺されています。貴殿とわたしとの間にある友情を踏まえて、この逃亡女の件について貴殿が善処されるよう望みます(33)。

この手紙を見ると、サン・ルイはフランス領土になっているのだから、ラット・ジョール王といえどもその女奴隷を捕獲するために人を送ることなどできなかったことが了解される。そこで総督に何とか女奴隷を見つけて送り返してほしいと要請しているのである。

なぜ、ラット・ジョール王はセネガル総督に対し、これほどまでの親密さを見せたのだろうか。もともとラット・ジョールが王位に就くにあたっては裏でフランスの助力があったのである。だからこそ、ラット・ジョールはフランス（直接にはセネガル総督）に恩義を感じており、親しさを通り越して、卑屈と思えるほどの親密さを見せていたのである。この時期のセネガルにおいて、フランスは自分たちの勢力を広げるのに都合のいい人を王位に就けるためにあれこれと画策しており、当時の王は頻繁に交替している。また、歴代の王はファル家から輩出していたのだが、ラット・ジョールはジョップ家の出であり、本来の王家筋ではない。ラット・ジョールは最初は一八六二年から六三年（一八六四年とする説もある）まで、そして二度目は一八七一年から八二年までの二度にわたって王位に就いているのだが、最初の王位就任時、彼は弱冠二〇歳だった。このような若者が王位に就いたという事実には、王家筋に適当な年齢の者がいなかったということも関わっているし、またラット・ジョール自身がすでに武勇で名をなしていたことも関わっているが、それだけが理由というわけではない。フランス側にとって都合のいい人だったのである。

この時期のセネガルの諸王国においては王家とそれを取り巻く各地方の首長たち、それら首長をはじめとする有力者たちの背後にいるイスラームの有力導師、さらには王の奴隷たち（チェッドと呼ばれる戦士たち）が各々の立場を優勢にするために複雑な動きをしていた。王の奴隷たちは身分上は確かに奴隷であるが、王の側近であり、王の後見役として強い力をもっていた。そういった諸勢力がフランスの力を陰に日なたに利用しつつ、みずからに有利なように策動していた。フランスはフランスでセネガルの王国におけるさまざまな勢力が入り乱れるように優位に立とうとする動きを眺めつつ、みずからに有利な勢力側を援助することで最終的に力を得ようとしていたのである(34)。

鉄道敷設合意の協定

一八七九年九月一〇日付けにて、時のセネガル総督ブリエール・ド・リルとラット・ジョール王との間に鉄道建設の協定が締結された。協定全文は一四条からなっている。第四条において、鉄道建設に関わる全ての費用はフランスが負担するかわりに、カヨールの王は必要な用地すべてを無償で提供する旨が明記されている。最後の第一四条では、この協定はフランス、カヨール王国双方の利益になることのみのために結ばれるものであり、カヨールがいかなる侵略者からも主権を侵害されることなく、またセネガル総督とカヨール王との間にある友好関係が恒常的であるよう、かつまたカヨール住民が鉄道沿線で産する品々を鉄道利用者に売るなど、鉄道がもたらす富のすべてを享受しうるようにするために結ばれたものである旨が記されている(35)。

この協定への署名について、カヨール王国内の諸地方首長たちは、鉄道の敷設はいずれカヨール王国を完全にフランスの手に渡すことになるとして反対していた。フランスに鉄道建設を認めること、それはとりもなおさず鉄道のレール敷設部分と駅舎部分の土地をフランス領土として明け渡すことである。そのことはいずれより広い領土の明け渡しにつながるであろう。ラット・ジョールは当初、この点を甘く見ていたのだ。彼にしてみれば、フランスとの友好協定がみずからの権力維持に有利と判断したがゆえの決断であったのであろう。しかしその後、ラット・ジョールが自らの領土内に外国勢力（フランス）の手によって鉄道が敷設されることの危険に気づくのに多くの時間はかからなかった。

セネガル国立公文書館には一八八二年九月八日付け（鉄道敷設の協定に署名してから三年後）にて、当時のセネガル総督ヴァロンがフランス本国の管轄大臣宛に送った手紙の写しが残っている。それには次のように記されている。

ブリエール・ド・リル総督は当地での信頼厚い人物であるブー・エル・モグダッド氏をラット・ジョールのもとに派遣し、一八七九年九月一〇日付けでの協定書に署名をすべく依頼したものであります。ラット・ジョールは協定書に署名いたしました。しかし、その署名現場に立ち会ったのはラット・ジョールのイスラーム導師マジャハテ氏、およびラット・ジョールの戦士長であるマイサ・ンドヤ氏の二人のみでありました。

昨年（一八八一年）、鉄道敷設調査技師団がカヨール地方の実地調査をおこなった際、同地方の有力首長たちは鉄道敷設について秘密協定がなされていたことを知り、これにいたく憤慨、ラット・ジョールを非難するに至ったのです。また、通訳サンバ・ファルは上記調査団に同行していたのですが、彼は鉄道敷設がどのような影響を及ぼすかについてラット・ジョール自身、および彼の取り巻き、そしてカヨール地方の有力首長たちに縷々《るる》状況説明をしたようであります。そして、この時期以降、ラット・ジョールはわたくしどもへのすべての書簡において彼の領土内での鉄道建設については断固拒否する旨を述べるようになったのであります（後略）」(36)。

この報告を見る限り、ラット・ジョール王は彼の領土内での鉄道建設について地方首長たちの意見を徴《ちょう》することなく、イスラームの導師マジャハテと、自らの後見役である戦士（チェッド）の長マイサ・ンドヤのみを後ろ盾にして、セネガル総督との間での秘密協定に署名したことが分かる。彼のこの行動はのちに高い代償を彼に払わせることになる。が、同時にこれはラット・ジョールをして後世に名を高からしめることにもつながったのである。

セネガル国立公文書館に残っているラット・ジョールの諸書簡には、鉄道建設拒否の意向が豊かな比喩表現を用いた文章で記されている。そのいくつかを見てみよう。

一八八一年四月二七日受領という日付が入った手紙は、「カヨール王国の王ラット・ジョールから総督へ」と記された後、次の通り。

貴殿の使いの者がわたしに言ったことはよく理解した。貴殿はわたしの領土内に陸地を走る船を走らせたいという意向であるという。わたしはかくのごときことを決して認めないであろう。認めることは決してない。このような重荷を背負うぐらいなら、自分としてはこの地を去るか、さもなければどのような手段にでも訴えるつもりである。わたしが貴殿との間に作られた協定書に署名したこと、それは確かに事実ではある。しかし、それはこの協定に署名することがわが領土カヨールの繁栄のためになると思ったからこそであったのだ(37)。

別の一通は次のようである。一八八二年七月二五日付けで、「唯一神に感謝！　カヨール王国の王ラット・ジョールよりンダールの王ダルー氏へ」と記されている。これまでの手紙に見た親しげな呼びかけとは異なり、自分の王としての地位を確認したうえで、セネガル総督とは言わずに、サン・ルイの現地名であるンダールの王（アラブ語でエミールと記してある）となっており、それまでの親密さとは一転、よそよそしさと敵意をあらわにするものになっている。

貴殿がわたしに宛てた手紙をわたしは確かに受領した。その手紙において貴殿はわが領土内に近々貴殿の鉄道が通るであろうことを述べている。

以下のことをよくわきまえられよ。わたしに命ある限り、わたしは全力をもってこの鉄道敷設に対抗するであろう。鉄道敷設の一線を越えたりすれば、それは貴殿にとって誠に危険なことになるであろう。野雁《のがん》がアラビ

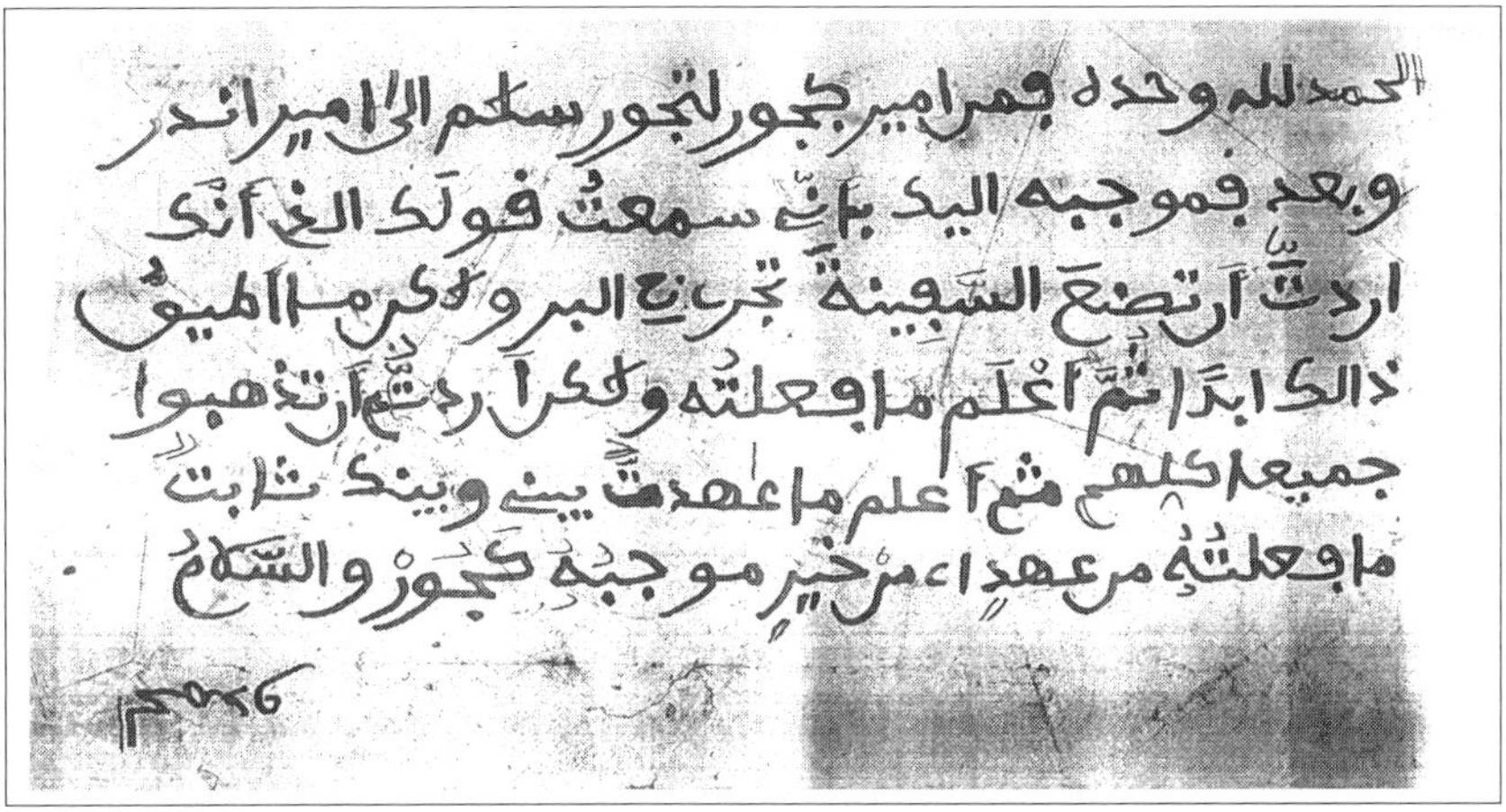

الحمد لله وحده من امير كجور لتجور سلام الى امير اندر
وبعد فموجبه اليك بانى سمعت قولك الخ انى
اردت ان تضع السفينة تجري في البر ولكن ما اطيق
ذالك ابدا ثم اعلم ما فعلته ولكن اردت ان تذهبوا
جميعا كلهم ثم اعلم ما عاهدت بيني وبينك ثابت
ما فعلته من عهد الا من خير موجبة كجور والسلام

2086

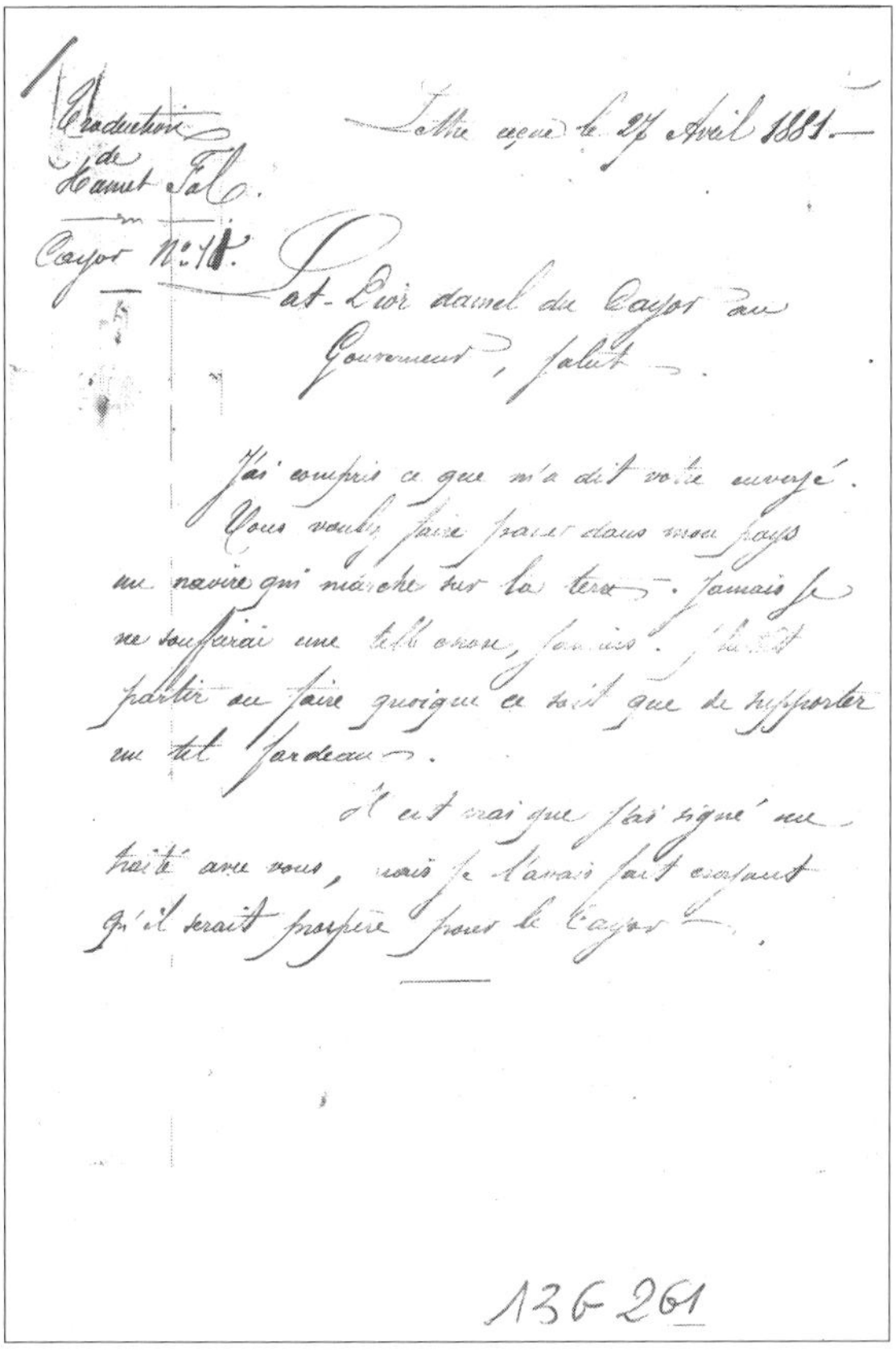

Traduction de Hamet Fal.

Cayor N° 18.

Lettre reçue le 27 Avril 1881.

Lat-Dior damel du Cayor au Gouverneur, salut.

J'ai compris ce que m'a dit votre envoyé. Vous voulez faire passer dans mon pays un navire qui marche sur la terre. Jamais je ne souffrirai une telle chose, jamais. Plutôt partir ou faire quoique ce soit que de supporter un tel fardeau.

Il est vrai que j'ai signé un traité avec vous, mais je l'avais fait croyant qu'il serait prospère pour le Cayor.

136 261

写真５　鉄道建設拒否を伝えるラット・ジョール王の手紙，アラビア語とそのフランス語訳（セネガル公文書館蔵のものを館員がフォトコピーしたもの）

ア・ゴムの木の樹液を吸おうとすれば、その野雁はアラビア・ゴムの木のトゲに尻尾の羽何枚かをむしり取られずにはすまないであろう。言っておくがわたしは剣と槍を目にするのは大好きだ。貴殿から鉄道建設に関する手紙が届くたびに、わたしの答えはいつも「否」、「否」、「否」だ。たとえわたしが眠っている時でさえ、わたしの答えは変わることはない。わたしの愛馬マルーでさえもがわたしと同じ答えをするであろう。「否」である。もし、わたしが眠りこみ、その眠りが夢で妨げられ、わけのわからぬ夢に苦しめられたりしたら、目覚めてのち、わたしは自らの寝床の右側に三度唾を吐くであろう。昨年、わたしは鉄道建設を拒否する旨の手紙を貴殿に送った。その意思は今年も変わることはない。そしてそれは来年も変わることはないのだ(38)。

上記の手紙が送られてから約一か月後の一八八二年八月一八日付け受領となっている手紙には、

総督が意図する鉄道をわが領土カヨールに走らせることをわたしが受け入れることは決してない。サンバ・ファルはこの鉄道が走れば、そののち（フランスが）わが領土を奪うのは容易なことだと説明してくれた。わたしラット・ジョールは平和のみを望んでいる。しかし、先祖の地を守るためならわたしは何でもするし、さもなくば隣国（周辺の王国のこと）に戦いを仕掛けてでもこの地を去るであろう。六〇回の戦いを経験しなければ真の王にはなれないことはよく分かっている。わたしは自分の力でのみわが名声を勝ち得たことを確信したいのだ(39)。

この書簡に出てくるサンバ・ファルとは先に挙げたヴァロン総督が所轄大臣宛に送った手紙にも記されていた鉄道敷設調査団の通訳として働いた人である。彼は鉄道敷設がカヨール王国の実質的崩壊につながることをラット・ジョールに説明していた。

同様の趣旨の手紙は他にもある。要するにラット・ジョールは決定的に鉄道建設拒否の意向を示し、そのことによってフランスと決定的に対立することを選んだのである。

サン・ルイ―ダカール間の鉄道完成

フランスはその後、みずからの意向に沿う傀儡王《かいらい》を立て、ラット・ジョールの力をそぐようにする。こうしてラット・ジョールは孤立化、ついに一族のものを引き連れて隣国に避難した。フランスによる鉄道建設計画は一八八二年には具体的な工事の開始となり、八五年に完成した（七月六日）。サン・ルイとダカールの港との間の二六五キロメートルを結ぶこの鉄道はフランス領西アフリカ（未だ完全な植民地連邦にはなっていないが）における最初の鉄道であった。言うまでもないことだが、建設工事はフランス人だけによってなされたのではなく、現地人が多数使われている。その人集めのためにはカヨール内の諸首長たちの協力が不可欠であった。フランスはこういった地方首長たちを十分に懐柔していた(40)。カヨール王国はフランスの手に落ちた(41)。

ラット・ジョールは避難したとはいえ、避難先からフランスの宿営地に対してゲリラ的な攻撃を仕掛けている。そして、鉄道完成後の一八八六年一〇月二六日、デッキレという地でのフランス軍との戦いにおいてラット・ジョール王はその息子二人と、配下の兵七八人ともども殺害された。

ラット・ジョールとの戦いがいかに困難なものであったか、その戦いの過程でラット・ジョール側には何百人という犠牲者が、フランス軍（とセネガル歩兵）側にも多数の犠牲者が出たことか、先に挙げたデュボク将軍の記録、およびフェデルブ将軍自身の回想記に詳しく記されているのだが、それらをここで引用するのは長くなりすぎるので注に文献事項のみを記しておく(42)。ラット・ジョールの抵抗は執拗であり、激しいものであったことを強調しておきたい。

本書の趣旨との関連でいえば、デッキレでの戦いにおけるラット・ジョールの殺害、これが直接的にはセネガル歩兵の手によるものらしいのである。この当時の事情を詳述しているさまざまな歴史家の書物においても、フランス軍との戦いにおいて殺害されたという記述しか見られず、直接に殺害したのが誰であったかまでは分からない。しかし、当時のセネガルにおけるフランス軍にはすでに多数のセネガル歩兵が擁されていたこと、そして各地の平定活動においてこれらセネガル歩兵が活躍していたことは先にも記したとおりである。また、フランス軍を導いたのはもともとラット・ジョール王の戦士（チェッド）長であったデンバ・ワル・サルという人であったことも分かっている(43)。そして、このデンバ・ワル・サルはラット・ジョール亡き後、フランスからカヨール地方の統治権を託された。要するに、王の奴隷（戦士）であった人がフランスの傀儡としてカヨール地方の統治に（短期間ながら）あたったことになる。それまでのカヨール王国はこの時点でフランスの保護領（Protectorat）になった。

ラット・ジョールの評価について

ラット・ジョール王の殺害によって、セネガルの伝統王国は実質的に崩壊した。セネガル地域におけるフランスの植民地統治が実質的、かつ具体的に大きく動き出したのである。かくしてラット・ジョールはフランスによって殺害されはしたが、彼はフランスによる鉄道敷設の危険性に気づき、それに身をもって抵抗し、その結果としてみずからの死を受け入れたわけである。その観点から、彼はフランスによる植民地化への抵抗を体現した最後の人間として、のちのセネガルにおいて英雄と見なされるようになっていく。それは現在でも変わることはなく、セネガルの学校教育においてラット・ジョールは歴史上の英雄としての光を放ち続けている。

先に、一八五四年、セネガル総督に就任したフェデルブは近代セネガルの誕生を演出した人のように言われることを記した。都市整備という観点からいえば、サン・ルイにレンガ造りの建物が増え、また中洲島であるサン・ルイを陸地側と結ぶ橋（この橋は今でもフェデルブ橋と呼びならわされている）を建設し、さらに道路整備などをしたという事実の他に、同地にセネガルで初めてとなる銀行を設立したのもフェデルブである(44)。これによって同地の商業活動はより活発になった。フェデルブの評価について先にカロム・デイヴィスの言葉を記したが、セネガルの歴史を書いたアンドレ・ヴィヤールもその著の一つの章全部をフェデルブのために捧げ、「フェデルブ以降のセネガルではすべてが（近代化に向かって）可能になった」と記している(45)。セネガルの歴史においてはフェデルブはかくも評価が高いのだ。しかし、彼の出生地であるフランス北部の町リルに建てられたフェデルブを記念する碑には、フェデルブのセネガルでの業績についての言及は全くなされていないという。要するに、フランスの人々にとってフェデルブは軍人として偉大であったということであって、アフリカは問題にされていなかった。

二期にわたって総督の地位にあったフェデルブがいくつもの制度改革、ないし制度創設をし、そしてなによりも強い武力を背景にセネガル内陸部の平定を推し進めたことは間違いない。セネガル地域植民地化の基礎を築いたと言われるのも、その通りだろう。

ただ、この点については見る人の立場、より端的に言えば植民者側であるフランス人の見方と、被植民者側であるセネガル人の見方とでは異なっている。わたし個人としてはフェデルブ総督就任の一八五四年よりも、セネガルの王国が崩壊した一八八六年をもって、近現代セネガルの始まりと見る方が適切ではないかと考える。この年、ラット・ジョール王の死によりセネガル伝統王国が実質的に崩壊したことの裏返しのように、セネガルではムリッドとよばれる一つの新しいイスラーム教団が生まれている。図式的に言えば、それまでの長い期間におよんで続けられてきた大西洋奴隷貿易によって多大の利益を得てきた諸王国の王侯貴族が、ついにフランスという外来勢力によって崩壊させられ、その混乱の中でセネガルに定着し始めていたイスラーム勢力がみずからの力を発揮する新しい場を得たということになる。伝統的王権に代わって、新興イスラーム勢力が権力を握ったのである。この新しいイスラーム勢力は自然環境がそれほど豊かとはいえないセネガル地域で、フランスが開発しようとしていた落花生栽培を媒介にして急激に力を増していく。アーマド・バンバという「聖人」を創始者とするこのイスラーム教団はセネガルのウォロフ人農民を基盤にして生まれたのだが、その後の歴史において教団も都市化していくことによってセネガルという国の「国柄」を決定するほどの大きな力をもつものになっていった。現代セネガルにおいて、イスラーム教団は主なものだけでも五つ以上ある。ムリッドは信奉者の人数からすると最大勢力ではなく、二番目の位置にあるのだが、その社会的影響力の大きさからいえばまず間違いなく最大の力をもっている。いわゆるインフォーマル・エコノミーの領域でムリッド教徒たちがもつ力は絶大であり、それがセネガル政治の動きにも大きな力を及ぼしている(46)。

ムリッド教団の創始者アーマド・バンバについて、わたしたちは第一部、第四章ですでにその名を目にしている。フランス税関員であったブレーズ・ジャーニュがガボンに勤務していた時期、流刑中の身としてそこにいたバンバの知遇を得ていたことを記した。のちにジャーニュがフランス国会議員に選出されるにあたって、アーマド・バンバの後ろ盾は非常に有効だったのである。

第九章　フランス領西アフリカ植民地連邦

第一部の諸章、および第二部の第七章、第八章において、わたしたちはすでに何度かフランス領西アフリカ植民地連邦内の行政機構について触れてきた。たとえば、植民地内の行政区画であるセルクル、カントン、村については何度か登場している。ここで植民地内の行政機構、当時の行政府役人の状況などについて検討しておこう。

フランス領西アフリカ植民地連邦の行政区画

フランス領西アフリカ植民地連邦（Afrique Occidentale Française,AOF）が一つの大きな機構として創設されたのは一八九五年六月一六日付け政令による。その全体を統括する総督府はセネガル植民地内のサン・ルイにおかれた。ところどころにイギリス領地があるものの、面積からすれば西アフリカのほぼ全域をカバーするようなフランス領西アフリカ植民地が創設される以前、セネガル植民地を統括していた長官については総督（Gouverneur）と呼ばれていた。フランス領西アフリカという広大な植民地の創設に伴い、そのすべてを統括する長には最も古くからフランス領植民地として存在していたセネガルの総督であるという理由から、セネガル植民地総督をもってこれに充《あ》てることが決定された。セネガル以外の諸植民地をも総括的に統治するものとして、名称は連邦総督（Gouverneur Général）となった。初代連邦総督として、それまでセネガル植民地総督であったジャン＝バティスト・ショディエが就いた。

その前年の一八九四年、フランス本国では植民地省が創設されている。フランスの植民地はもともと海軍省によって開発され、軍事的に保護されていたのだが、植民地が拡大されるにつれて同省の管轄事務は膨大になり、同省所管の下部組織として植民地事務全般を扱うには煩雑になりすぎたことから、独立の省が設けられたものである(1)。

フランス領西アフリカ植民地連邦全体を統括する連邦総督の権限は非常に大きなものであり、連邦全体の軍事部門を統括する最高位のものであると同時に、本国大統領の代理として行政事務すべてを統括する存在であった(2)。ここで記しておくと、連邦総督の権限についてはその後も一八九九年の政令により権限強化がなされ、さらに一九〇四年一〇月一八日の政令によって、各植民地内の行政に関わる法規を発布できるのは連邦総督ただ一人であり、また本国の管轄大臣と直接の交信ができるのは連邦総督ただ一人であることも決められた。さらに重要なことであるが、連邦内の各植民地内において行政官たちは互いに直接に交信しあうことは禁じられた(3)。つまり、複数の植民地総督が互いに、直接に連絡を取り合うことは禁じられたのである。連邦総督を介して連絡を取り合わなければならない。そのことは総督指揮下の各行政官同士についても同様であった。

このことについては、すでに第一部、第五章で見たようにヴォレノーヴェンが発した各植民地総督宛の廻状においても強調されていた。連邦総督の目が届かないところで、事が進行するような事態を避けるためであった。さらに、一九一八年の一月、ヴォレノーヴェンは突然、管轄大臣に辞表を提出することになるのだが、その時の理由がここに述べた一九〇四年一〇月一八日付け政令と深く関わっていたことを、わたしたちは先の第一部、第六章で見た。

当初、連邦総督府がサン・ルイにおかれたのは同地が早い時期（一七世紀半ば）からフランスの交易・軍事基地であったことからして当然のことであった。しかし、この時期すでにダカールが港として開発され、サン・ルイとダカールを結ぶ鉄道も建設されていた（一八八五年）こともあり、総督府は一九〇二年にはサン・ルイからダカールに移された。こうしてダカールはフランス領西アフリカ全体の中枢としての機能を担うようになり、その後の発展につながっていった。

さて、フランス領西アフリカ植民地連邦、フランスでは一般に Afrique Occidentale Française の頭文字をとってＡＯＦ（そのままアオフと発音）と呼ばれるのだが、この連邦が創設された当時、フランスは西アフリカに四つの植民地を有していた。それらはセネガル、コートディヴォワール、フランス領スーダン（現マリに相当する地域）、ギニアである。しかし、これら四つの植民地各々の領域（境界線）が正確に決定していたわけではない。二つの植民地間の境界線はどこかといったことが不明とまでは言わないまでも、曖昧だったのである(4)。

ダオメは当初は連邦の一部として認定されていなかった。ダオメはもともとセネガル植民地の一部をなすものとされていたのだが、一八九三年に一個の植民地になったのち、翌一八九四年に「ダオメ、およびその従属地域」として認定され、一九〇四年になって連邦に編入された。

また、一八九五年の連邦創設時にその一部となったフランス領スーダンはその後、やや複雑な経緯をたどる。一九〇四年にセネガル川上流部地域とニジェール川上流部地域について「上セネガル、およびニジェール」（Haut-Sénégal et Niger）と称される地域ができたが、同地域（の大部分）は一九一九年三月の政令によりオートヴォルタ植民地になり、その時点で連邦に編入された。現在のニジェール国に相当する広大な地域は一九〇〇年から二二年にかけてフランスの軍事領域であり、軍事的な平定活動が続けられていた。一九二二年になって平定活動が落ち着いたとしてフランス領西アフリカ植民地連邦内の一つの植民地になった。モーリタニアの場合はフェデルブ総督の時代から小規模の軍事侵攻が何度か繰り返されていたが、一九〇二年に大規模な軍事侵攻がなされ、翌〇三年、フランス保護領下にあるとされ、一九二〇年の政令をもって西アフリカ植民地連邦内の一植民地となった。つまり、ニジェール植民地が統合された一九二二年以降、フランス領西アフリカ植民地連邦内には総計で八つの植民地が含まれ、分割統治さ

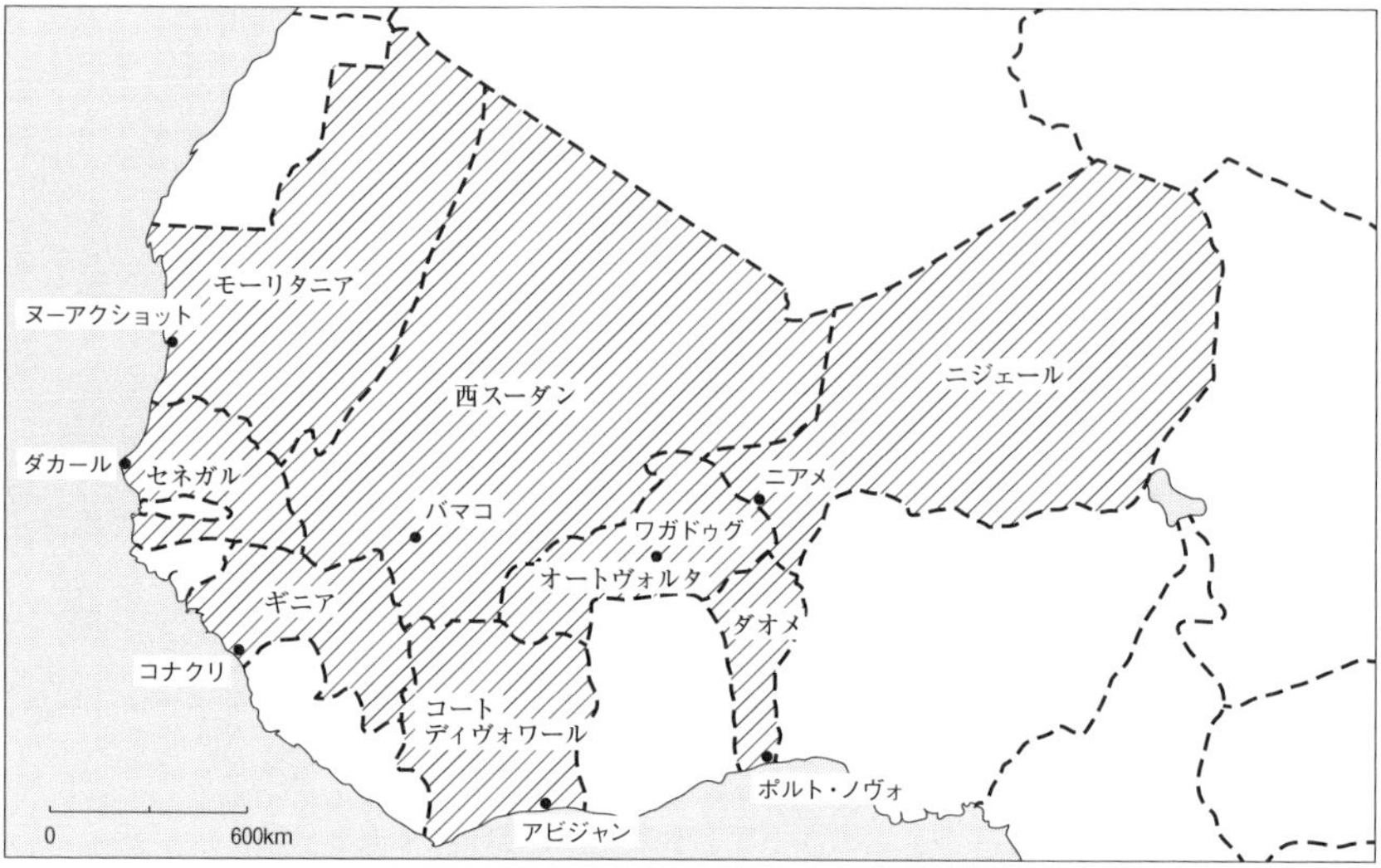

地図４　1922年当時のフランス領西アフリカ植民地

れていたことになる。当時、全体の総人口として約一二〇〇万人が住んでいると推計されていた。

一九二二年以降、存在した八つの植民地各々には、それを統括する長として総督がおかれた。これらの各植民地総督は連邦総督の指揮下にある副総督とも言えるわけで、その意味から「副総督」（Lieutenant Gouverneur）と呼ばれることもあった。

セルクルの起源

八つの植民地各々の中に最大の行政区画としてセルクル（cercle）があるが、この区画割はもともとフェデルブの時代に策定されたものである。

フェデルブは一八五七年以降、セネガンビアで平定の進んだ地域を大きく七つの区域に分け、これらをアロンディスマン（arrondissement）と呼んだ。各々のアロンディスマンには軍の士官をコマンダン（司令官）として割り当て、そのアロンディスマン内の治安維持にあたらせた。そして、これらアロンディスマン内にあった旧来の伝統王国の領域に応ずる形でセルクルを区画し、そのセルクルの長（シェフ）としては伝統的王国の王とされる人、たとえばカヨール王国地域の長としてはカヨールの伝統王であるダーメルを充《あ》てた。つまり、フェデルブ時代、セルクルの長は現地人だった。これらのセルクル・シェフはセルクル内の村々の長にフランス行政の意向を伝えたわけである。この事実を見ると了解されるが、セネガルにおけるフェデルブの統治の仕方は現地に存在する伝統的な支配・統治システムをそのまま活用しているものであり、間接統治と言える。また、フランス植民地統治の原理としてのちに取りざたされるようになる協同主義をすでに実践していたことになる。

しかし、一八六三年以降、フェデルブは現地人のセルクル・シェフに替えてフランス人をセルクルのコマンダンにした。彼らが現地人シェフを統治下におくようになった。また、このときセルクルの下位区域としてカントン（canton）が設定され、カントンの長に現地人が充てられるようになった。それまで存在したアロンディスマンという大きな地域区画は廃止された。植民地内においてセルクルがもっとも大きな行政区画となったのである(5)。

セルクル行政の役人

連邦の八つの植民地内には総計で一一四のセルクルがあった。セルクルの中には下位区分としてのシュブディヴィジオン（subdivision）があり、これらはやはりフランス人行政官によって管理されていた。これら行政官はアドミニストラトゥール（administrateur 行政官）と呼ばれた。一一四あるセルクル中の行政官総計で約五〇〇人がいた。セネガル植民地の場合、行政官としては三〇人がおり、行政官一人あたりが統治する地域の面積は平均で約三〇〇〇平方キロ（参考のために記すと、東京都の面積は約二二〇〇平方キロ）におよび、その地域の住民数は一万九三〇〇人（東京都より大きな面積に人口はこれだけ）ほどであった。セネガル植民地は他の植民地に比してむしろ少ない面積であるが、ニジェール植民地などでは行政官一人あたりの管轄面積は二万六〇〇〇平方キロ（東京都面積の十一倍以上！）にもおよび、その住民数はわずかに二万三五〇〇人となっている。これら面積の大きさと、面積比の人口の少なさを見ても、そこでの徴兵という作業が簡単ではなかったことは容易に了解されよう(6)。

さて、数多くのセルクルのコマンダン、シュブディヴィジオンの行政官に有能な人間を充てるのは簡単ではなかった。当初、これらの官僚は各植民地総督がみずからの裁量で選び、任命することになっていた。それは容易なことではなかったのである。広大なアフリカの内陸部で、自然環境的にも困難、すぐ近くの周りに仲間がいるわけでもない。そのような地に意を決して赴《おもむ》く有能な人材を見つけるのは容易ではなかった。いきおい、有能というわけでもない人間を充てざるを得ないことも多かった。すでにフェデルブの時代、フェデルブ自身がこれらの官僚の無能ぶりを嘆いていたという。

一八八七年になって、パリの管轄省が人選をするようになった。軍人が主である。しかし、セネガルという植民地の事情を何も知らずに赴任し、才能を発揮せぬままに退任する人が多かった。病気でやめる人も多かったのである。アフリカの植民地での任務を希望する人があまりに少なく、本省としてはその人の教育程度など無視して任命することもあったようだ(7)。

各セルクル、およびシュブディヴィジオンの中にはコマンダン以下、アドミニストラトゥールがいるほか、その下には一般の役人がいた。たとえば、セネガル植民地内にはアドミニストラトゥールが三〇人、一般役人が三三人、コートディヴォワール植民地について見るとアドミニストラトゥールが三六人なのに対し、一般役人は四九人、ギニア植民地の場合はアドミニストラトゥールが四四人なのに対し、一般役人は三四人、広大な面積を持つニジェール植民地について見るとアドミニストラトゥールが一六人であるのに対し、一般役人は三〇人と、それぞれの植民地についてかなりのばらつきがあった。ビュエルに言わせると、これらのフランス人一般役人は「イギリス領植民地においてなら現地人職員がやるような仕事」をしていたという。こんなところにもフランスとイギリスの植民地統治のあり方の違いの一端が現れているようだ。アドミニストラトゥールの多くが「植民地学校」卒のエリート官僚であったのに対し、一般役人は本国での高校卒業ののち、試験を受けて役人になったもので、エリート官僚の下働き的な役割でしかなかったようだ。

この点に関連して、ビュエルはフランス植民地における官僚、役人の給与について興味ある記述をしている。イギリス領植民地の職員に比べると格段の差があるというほどに低かったというのである。アドミニストラトゥールの場合は本国政府で同等の仕事をしている官吏と同等の給与を手にする。その点では違いはない。しかし、植民地手当というものがあり、その額は給与の一〇分の七であった（フランス領赤道アフリカ＝ＡＥＦの場合、この手当は給与の一〇分の九であった）。さらに、地域手当というものがあり、それに加えて家族手当もある。これらを総合すると、高級官吏の場合はおよそ基本給の二倍の額を手にすることになった。額にすれば年三万五〇〇〇フランから四万フランになり、これは本国勤務なら一〇年から一五年の勤務経験後に手にし得る額であった。ところが、この額はイギリス領植民地であったナイジェリア北部地域レジデント（Resident　フランス領植民地セルクルのコマンダンに相応する地位）(8)が手にしていた年間給与の五分の一ほどでしかなかったというのである。イギリス植民地の官僚よりはるかに少ない額の給与しかもらっていなかったことになるが、それはフランス領地域における物価がイギリス領地域より安かったことと関連しているようだ。とはいえビュエルは「フランスの行政官たちの生活水準はイギリス行政官たちのそれに比べて低い水準にあり、しかも一般により健全なものであった」ことに関連していると述べており、それはとりもなおさずイギリス領地域における高級官吏たちは一般に「贅沢な」生活を植民地で送っていたということを意味していよう。ともかくも、フランス領植民地における高級官僚たちの給与は諸手当を含めると、本国勤務の高級官僚たちのそれを上回るのであり、その点からして彼らに不満はなく、むしろ羨ましがられる存在であったようだ。

これらの高級官僚たちは二年に一回、六か月の休暇をもらえたが、その間は基本給のみが支給された。そして、年金受給資格は二五年、あるいは三〇年勤務で得られたが、年金額は基本給の二分の一から四分の三の範囲であった。

驚くのは、一般役人の処遇についてである。ビュエルはフランス領植民地における一般役人はイギリス領地域なら現地人職員がやるような仕事をしていると述べていると記したが、彼らは「信じられないほどの安月給」だと記している。彼らの給与はあまりに低いので、彼らの妻の多くは何か現地で仕事をする必要があったという。そのため、植民地政府自体がこれら主婦たちを雇用する目的で速記者、あるいは電話交換手の仕事を与えていたが、こういった仕事はイギリス領植民地においては現地人職員のすることであったという(9)。こういった事実が、フランス領植民地においての「直接統治」というイメージを、その一方でイギリス領植民地における「間接統治」というイメージを強めたのであろう。

カントンと村（ヴィラージュ）

シュブディヴィジオンの下にカントン（canton）がある。また、伝統的な王国があったとされる地域にはプロヴァンス（province）という区画が設定された。これらの長は現地人に任された。カントン長はシュブディヴィジオンの行政官が指名するが、誰をカントン長にするかには微妙なむずかしさがあった。伝統的に首長を務めていた家系のものがフランス語に通じる人間であれば、その人を吟味の上、指名すればよい。しかし、重要なのはフランスの意向、具体的には連邦総督の意向（を受けたセルクルのコマンダンの意向）を従順に受け入れ、それを現地で体現、実施する人でなければならない。となると、フランス式教育を受け、フランス語を解し、フランス人の思考・風習などを理解する人である必要がある。プロヴァンス長には伝統的な王国（首長領）の首長が充てられた(10)。

一つのカントンの範囲（領域）をどのような基準に基づいて設定するのか。これは当然厄介な問題であったはずである。コートディヴォワール植民地の場合について見ると、当初は民族的な同一性というものを基準にして行政区域は決められた。しかし、一九〇八年から一二年にかけてこの区域は軍事的な必要を主基準にして再編され、一九一三年以降には経済的な理由を主にして再編された。コートディヴォワール植民地以外の植民地においては、当該の土地に住む人々、およびその伝統的な統治組織を尊重する形で行政区域は決定されたというが、一般には各セルクルのコマンダンの意向が強く反映した行政区割りがなされたようである(11)。

カントンの中には多数の村（village）があり、これら村の村長はもちろん現地人であった。フェデルブ総督以来、サン・ルイには当初「人質学校」と呼ばれ、のちに「首長子息、および通訳学校」と呼ばれたフランス行政の下部要員養成を主目的にした学校があったことについて第八章で記した。そこで教育を受けた現地の伝統的な首長の子息などがこの任に就くことが多かった。最も手っ取り早かったのはサン・ルイ、次いでダカールの総督府で通訳や事務員といった下働きをする現地人を落下傘降下的に据えつけることであった。ただ、現地住民が受け入れることのできる人を選ぶ必要は当然あった。したがって、当該地域住民と民族的・文化的に最もふさわしい人、そしてその人の「合法性」に疑義が挟まれにくい人を選ぶ必要があった。しかし、初期においては、現地の民族とは異なり、したがって現地人が話す言語を解しない人が指名されることさえあったという(12)。

カントンと村、これらは要するにフランス植民地行政の下部組織である。具体的に言えば、フランス行政府が示す意向を受けて、それを具体的に実施するための組織ということになる。したがってカントン長、村長、特に村長の場合、村の人々から直接に税金を徴収するのが主な仕事になる。さらにセルクルのコマンダンから要求される強制的な労働のために村人から適当な人を選んで供出する役でもある。村人からの税金の徴収に重大な遅滞が生じたり、あるいは税金の徴収そのものを拒否したりすれば、懲罰として行政府に逮捕されもするのである。そうでありながら同時に、村人の間での係争の調停にあたるのも村長の役目であった。他方で、カントン長とプロヴァンス長の役目は見方によっては曖昧と言うしかない。組織階層からしてカントン長、およびプロヴァンス長は現場で直接に住民と接する各村長とフランス行政府の間に位置するものであり、村長とフランス行政とをつなぐ役目しかない。住民に直接接するわけではない。このことから、第一次大戦開戦時に連邦総督を務めていたウィリアム・ポンティはカントンとプロヴァンスの長について旧態依然たる旧弊を残した無用の役として、これらを廃止し、フランス行政は各村長と直接に連絡を取る形にすべきと述べていたという。ところが、こういった見方、つまり村の住民を村長が統括するというのは、フランスでの住民組織を手本に考えているからこそ生まれる見方なのであり、西アフリカ現地の人々はいずれも家族を中心に動いているのであって、その意味では家族単位の「個人主義」と言うべきものであり、村長の指示に依存して動いているわけではない。村長よりも、むしろより広い範囲のプロヴァンスやカントンの長こそ、フランス行政の指示を行き渡らせるためには有効であることが、のちに現地事情に詳しいM・ドラフォスによって指摘されたという(13)。

現地人首長への報酬

ところで、これらカントン長、プロヴァンス長、村長への給与はどのような形でフランス行政府から支払われていたのだろうか。首長としての固定給というものはなかった。村の住民から集めた税金（人頭税）の総額の一定割合が払い戻しという形で首長に与えられていた。その割合は植民地によって差があり、フランス領スーダン植民地では二パーセント、ダオメ植民地においては三・五パーセントから四パーセントが支払われた。しかし、モーリタニアでは一〇パーセントもの高率で支払いがなされたという。モーリタニアの場合、税の徴収に他の植民地におけるよりも多くの困難が想定されていたのだろう。フランス領スーダンの場合、二パーセントに加えて、十分の一税、または家畜に課される税の一〇パーセントが支払われた。また、ギニア植民地では地域により五パーセントから八パーセントであった。この払戻金の額は首長が集めた税総額によって変わるのだから、いきおい、一般的な言い方をすれば首長はいい暮らしをしようと思えば、彼の税徴収の仕方を厳しくしなければならなくなる。村長自身の働きによって報酬額が変わるというフランス行政の巧妙なやり方であった。

この払戻金に加えて、年ごとの手当が支払われるところもあった。たとえば、オートヴォルタ植民地のモシ王国の首長には年の手当金として二万フランが与えられたという。また、カントン長、プロヴァンス長、村長には「みずからの裁量」で村人に物を提供させたり、自分が住む小屋の修復をさせたりすることが認められていたようである。当然、横暴、強圧的な村長というものもいたであろう。カントン長、村長たちはフランス行政の意を受けて、フランスのために行動するものとして住民側からは好意的に見られていたわけではないであろうから、その上に住民に物資の提供を強要したりするのであれば、植民地支配下の現地人首長というものは住民側からは「嫌われやすい」人たちであっただろう。言うまでもないが、セルクルやシュブディヴィジオンのフランス人官僚や役人がカントンや村を訪れた場合、自宅に泊め、もてなすのも当然、長たるものの義務であった。一九二〇年代後半のことであるが、こういった首長たちへの支払額は増額された。しかし、その額はイギリス領植民地であったナイジェリア北部の現地首長たちへの支払額を下回っていたという(14)。

一九世紀末の時期においては、セルクルのコマンダンの指揮下、現地住民とは民族的に異なり、したがって現地住民の言語を話すことさえできないような人が首長に据えつけられるということもあったが、二〇世紀の初めになると、そのようなことは現地住民にフランス行政への信頼を失わせるものとして排されるようになっていた。そのような傾向はあったものの、フランス語教育を受けた者を首長の地位につけるのはやはり何と言っても「便利」なのであり、そのため現地住民とは民族的に異なる人が首長に据えられることはあった。こういった場合、首長と現地住民との間には距離があり、それは首長の側に何らかの汚職、地位に結びついた利得の獲得を起こさせやすかった。ビュエルの記すところによると、一九二四年の時点でセネガル植民地の二四名の首長が何らかの汚職を理由に辞職させられ、そのうちの何人かは監獄に送られるほどの罪を犯していた(15)。

税　金

この節での記述において税金の問題が出てきた。第一次大戦前後の時期における西アフリカでの税金徴収が簡単ではなかったことは容易に想像される。住民台帳も完全とは言えない状態だったのである。税の基本は人頭税であり、これは植民地により、また一つの植民地内でも地域により額には違いがあるのだが、同一地域内では男女、年齢に関係なく、一律に同額が課されるものである。子どもの場合、植民地によって八歳以上、一〇歳以上、一五歳以上が課税対象であった。ただ、軍役についているもの、学生、労働不可能な老人からは税は徴収されなかった。オートヴォルタ植民地では一人当たり二・五フランから八フラン、ニジェール植民地、ダオメ、セネガル、フランス領スーダンでの税額は地域によって差があるが一フランから六フランであった（いずれも年額）。また、セネガル、モーリタニア、ニジェール、フランス領スーダンにおいては家畜税というものもあり、牧畜を主とする人々に課せられた。農耕民の多い社会においてもヤギを飼う人は多く、これらのヤギも課税対象であった。武器（銃）の所有が許されていた住民には武器税として年間三〇フランが課せられた。商人には営業税として年七五フランから一五〇〇フランが課せられた。額に大きな差があるのは営業規模によって変わるからである。こういった税額は一般にはイギリス領地域のそれよりも高額であったという。

さて、これらの税をいかにして徴収したのか。簡単なことではない。村長は当該村の住民構成からして何人から徴税できるかを推計し、その推計はセルクルのコマンダンのチェックを受けたのち、当該村としては総計いくらを納めるべしという指示が出される。要するに、村単位で一括税額が定められるのである。それに基づき、村長は定められた税額を集めなければならない。しかし、村内の誰が納税し、誰が納税していないか、きちんとした台帳はなかった。家族の長たるものは自分の家として納めるべき額を村長のもとに持ってくる。村長はそれを税徴収の役人に渡す。役人は村ごとに割り当てられた一括税額についての領収書を村長のもとに残す。こういった、いわば大まかなやり方であったから、村長としては不正をしやすかったのである。村長はきちんとした納税証明書を村人に手渡すことなく、税をもらうことがあった。一〇歳以上の子どもが課税対象であった地域で、それ以下の年齢の子どもからも税を徴収したりした。出生証明書がないから、正確な年齢が分からないからである。

お金で治める税金の他に、成人男性を対象としたものとして労働提供（prestation）と呼ばれた「強制労働」があった。住民は年間四日から一二日の無償労働を提供しなければならなかった。道路建設、橋の建設、井戸掘り、通信設備設置などに関わる労働が多かった。いずれにせよ、これらの強制労働は旧来の奴隷制度下での労役と区別するためにフランスのためにするものであることが明示されたという。したがって、強制労働はフランス行政のきちんとした管理のもとでなされたのである(16)。

各現場の行政という観点から、もう一つ重要なこととして現地人の裁判という問題がある。この点については一九一二年の政令によって、アフリカの「臣民」については、どこに住んでいるかに関わりなく、すべては現地法廷（多くはイスラーム法に則ることになるが、慣習的な法の場合もある）の裁定に任されることになった。ただ、セネガルの四つのコミューン住民についてのみは、従来からのフランス法に則った裁判によるとされた(17)。

第三部　西アフリカ特派共和国高等弁務官ブレーズ・ジャーニュ

第一部において、わたしたちはフランスが第一次大戦に突入するにあたってその植民地である西アフリカから多くの若者たちを本土での戦いの「救援」のために参戦させたことを見た。西アフリカ植民地からのフランス国会初の黒人代議士であったブレーズ・ジャーニュにとって同胞である西アフリカ人、特に彼の直接の出身地であるセネガル植民地の若者たちを参戦させることは本国フランスの市民権を手に入れさせるために必須のことと思われた。ジャーニュはそのためにフランス国会で華やかな活動をし、ジャーニュ法と呼ばれた法律を成立させ、植民地人がフランス本国人と同等の権利・義務をもつようにしたのである。西アフリカの人々にとってその功績は確かに大きかった。ただ、その場合の植民地人というのは西アフリカ植民地連邦全体の住民であったのではなく、セネガル植民地内で完全施政コミューンと称されていた四つの都市住民だけのことであった。しかも、彼らに保証されたはずのフランス市民権の内実にはその後も曖昧さがつきまとっていたのである。

自分たちが暮らす土地での戦争ではなく、見たこともない遠く離れたフランスでの戦争に駆り出されることになった西アフリカの若者たちは徴兵に激しい抵抗を見せた。みずからの身体を激しく傷つけることによって徴兵逃れをする人がある一方で、村の人々を挙げて他の地域、さらには隣国への逃散もあり、広範な地域に及ぶ暴動もあった。抵抗は激しかったのである。西アフリカ植民地で管理、統治にあたっていた行政官たちの苦労は並大抵のものではなかった。一九一七年六月に連邦総督の任に就いたジョースト・ヴァン・ヴォレノーヴェンは上司である本国の大臣の意向に反する形で徴兵活動に異を唱え、結局、辞任、激戦のさなかの前線に向かった。わたしたちは第一部において、そこまでの動きについて見てきた。

第二部は第一部で触れたさまざまの事項について解説する形で、フランス植民地統治原理としての同化と協同について検討し、セネガル歩兵部隊というものが創設された経緯、そして当時の西アフリカ植民地連邦の行政組織などについて検討するものであった。

この第三部で、わたしたちはふたたび第一次大戦中のフランスに戻る。西アフリカ植民地から選出された初のフランス国会議員ブレーズ・ジャーニュはクレマンソー首相の意を受け、徴兵を目的に西アフリカに派遣されることになったことをわたしたちは見た（第六章）。彼に与えられた地位はフランス共和国高等弁務官というものであり、これは彼がこれから派遣される西アフリカ植民地連邦現地の最高責任者である連邦総督と同等というものであった。黒人であるブレーズ・ジャーニュはフランス本国白人にも全く引けを取らない位置に上りつめたと言えよう。

一方、ヴォレノーヴェンはすでに西アフリカ植民地連邦総督の職を辞し、西部戦線の前線に戻って戦っているときである。

この第三部はブレーズ・ジャーニュが高等弁務官としてダカールに到着する場面から始まる。

第十章　西アフリカ特派共和国高等弁務官

ジャーニュ一行ダカール到着

西アフリカ特派共和国高等弁務官ブレーズ・ジャーニュがダカールに到着したのは一九一八年二月一八日である(1)。三五〇人（！）からなる大派遣団であった。派遣団にはフランス人（白人）行政官二人とやはりフランス人（白人）の広報官が含まれ、賜暇《しか》（特別休暇）を与えられた西アフリカ各地からのセネガル歩兵も多く含まれていた。これらセネガル歩兵たちはもちろん西アフリカ各地での徴兵に際して、ジャーニュの意向を受けて当該地出身者として「仲間」をより多く集めるためである。つまり、徴兵に応じることがすなわち死を意味するわけではないことを身をもって具体的に見せるのである。

ダカール港ではヴォレノーヴェンの突然の辞任の後、新任総督が決まるまでの臨時代理総督を務めていたジュール・カルド(2)はもちろん、同植民地連邦総務長官、セネガル植民地総督、フランス領西アフリカ植民地連邦軍総司令官、そしてセネガル在の高名なフランス人、現地黒人有名人たちが出迎えた（口絵を参照）。歓迎の礼砲一五発が鳴り響いた。仰々しいまでに豪華な歓迎式典。町中の人々が見守る中での車列の進行。

繰り返しておくが、高等弁務官としてのジャーニュは西アフリカ植民地連邦総督と同等の権限を有しており、したがってセネガル植民地総督は高等弁務官の権限には及ばない。ジャーニュは臨時代理連邦総督が乗る車に同乗、連邦総督の左側に座り、連邦総督府に向かった。

ジャーニュ一行到着の際のプロトコルの大仰さについて、今の時点で理解するのは困難だし、それを想像するのさえ簡単ではない。いわば西アフリカ連邦総督府挙げての大歓迎式がおこなわれたのである。それが、フランス人（白人）が王侯貴族のように振る舞う植民地で、一人の黒人の到着を歓迎するためになされたのであった。その黒人は部下である白人たちを後ろに従え、圧倒的な威容を誇っていた。しかし、この異様なほどのプロトコルを苦々しい思いで見ていたフランス人もいた。じつのところ臨時代理連邦総督のジュール・カルド自身、心中ではブレーズ・ジャーニュの傲慢なほどの態度を快く思ってはいなかったのである。

西アフリカ特派共和国高等弁務官ジャーニュの一行はこれ以降六か月を西アフリカで過ごした。徴兵が目的である。まず大々的な広報、宣伝活動がなされ、それに引き続いてジャーニュ一行が現地に姿を現す。一九一八年当時、ダカールでこそ自動車は一般の人の目にも割と頻繁に入っていたであろう。しかし、地方部に住む人々にとって自動車そのものが珍しい時代である。その自動車に黒人が乗って、白人を従えてやってくる。そのことが村の人々に与えた印象の強烈さを今の時点で想像するのは、これまた困難というべきであろう。白人が圧倒的な強さを誇っていた時代にあって、これは文字通り想像を絶するほどの驚きを与えた。昨日の敗者が今日の勝者として行動する。ジャーニュ一行に同行していたある行政官の妻（フランス白人）は、ある時、ジャーニュの靴のほこりをぬぐうため、ジャーニュの足元に身をかがめて靴の汚れを取ったというのである(3)。ジャーニュ一行がギニア植民地を訪れたとき、そこで出迎えたモーリス・ド・コッペ行政官（のちに西アフリカ連邦総督になった）に対し、ジャーニュは相手の肩書は無視し、ただ単に「コッペさん」とのみ呼ぶ一方、そのコッペ行政官には自分を「高等弁務官殿」と呼ぶよう強制したという。

また、ギニア植民地の主要都市コナクリの商工会議所長（フランス人）が挨拶に来なかったことをもって、彼をそのポストから外させた。さらには、セネガル植民地内の小さな町ホンボルに一行が滞在したとき、出迎えに来なかったフランス人たちはジャーニュの指示でのちに軍に入れられたというのである(4)。西アフリカにおいて、人はかつて黒人がこのように白人を扱う場面を一度でも見たことがあっただろうか。その衝撃の大きさは想像に余りある。

どこでも、ジャーニュ一行が来るという報が入ると、人々は熱狂した。どこでも人々はパラーブル（演説、議論）に熱中し、タム・タム（太鼓）が打ち鳴らされ、人々は踊り、笑い、熱狂した。どこでも土地の名士たち、高名な宗教指導者たち（マラブー）が出迎えの先頭に立ち、われ先にジャーニュに一番に挨拶しようとした。ジャーニュの前にわれ先に姿を見せたがったのは老人たちばかりではなかった。若者たちも何とかしてジャーニュにみずからの存在を印象づけようとした。

ジャーニュ一人で回りきれない場所には、フランス人行政官、あるいはフランスからジャーニュ一行に同行してきたセネガル歩兵たちが、ジャーニュの代わりとして訪れ、彼らに対してもジャーニュに対しての歓迎と変わらぬ歓迎がなされた。それほどまでに人々は熱狂したのだ。セネガル歩兵として、祖国フランスでの戦争に参加することの意義が説かれた。当時、西アフリカの人々が目にしたことがないのはもちろん、そういったものがあることさえ知らなかった映画が上映された。もちろん、セネガル歩兵の勇敢さ、そのセネガル歩兵をフランス人が称讃していることを宣伝するための映画である。ドイツ兵たちの残虐さが強調され、憎むべき敵の姿が見せられた。「ボッシュども」（ドイツ人）をやっつけろという言葉が繰り返された。「家が燃えているとき、そこに住む者は皆が協力して火を消さなければならない。家とはフランスであり、そこには白人と黒人が共に暮らしているのだ」。

広報、宣伝、そして熱狂だけではなかった。もちろんのことだが、セネガル歩兵として戦争に行けば特典があることも強調された。そのことはジャーニュを特派する旨の決定がなされた際に同時に発布された政令の中でも述べられていた。「血の税」を支払うものの家族には現地での税が免除されること、その上に徴兵に応ずる者の家族には月一五フランの徴兵手当が支給されること、兵士自身には二〇〇フランの特別手当と同時に給与が支払われ、戦争が終わった暁《あかつき》には年金が支給されること、さらに一定の条件を満たせばフランス市民権が与えられることが説明された。それまでに与えられていた特典との差別化のために、兵士への二〇〇フランの特別手当の半分は即座に支給されること、そして徴兵される兵士自身が徴兵手当の受取人を決めることができるようになっていた（徴兵手当が奴隷所有者の手に渡らないようにするためである）。こういった諸特典は村に暮らす人々にとって確かにそれなりの魅力はあったであろう。

約束はそれだけではなかった。徴兵される兵士とその家族に与えられる特典だけではなく、西アフリカ（といっても、そのうちの特にセネガルなのだが）の将来の繁栄のための約束があった。農業学校、獣医学校を設立する。また高等医学校を設立する。さらにサナトリウム（結核療養所）を作る。これらすべてはダカールに設立するが、西アフリカ全体の人々の益になるようにするというものであった。

ミッシェルとランが記すところによると(5)、ジャーニュには八〇万フランという特別予算が与えられており、これは各地の伝統的首長に一種の「心づけ」として渡すためのものであった。つまり、地域の名士である首長の家族の者にセネガル歩兵として応召するよう促すための予算である。首長の子息、あるいは近しい親族の者がセネガル歩兵になれば、そのことが他の人々に与える影響は大きい。しかも、首長など名士の子息が兵士になれば、士官への道が開かれていることも説かれた。帰還後は首長としての地位は確固たるものになるであろうと言われた。こうして、それまでは奴隷民など社会の底辺部からの出身者が多かったセネガル歩兵部隊に首長の子息が応召するケースが少なからず現れた。ミッシェルが記すところによれば、その数は四七〇人に上っている。

この数の多さには、旧来の首長たちがある一つの危険に気づき始めていたことが関わっている。つまり、奴隷出身者たちが数多くセネガル歩兵として兵士になり、フランスで兵士としての数年を過ごしたのち、無事に帰国した場合、彼らは「フランス帰り」として人々に一目置かれることになる。その上、「母国フランス」の危機を救うために戦ったという栄誉を身に着けて帰国となれば、一目置かれるどころではなく、旧来の権威、権力の座を脅かしかねない存在になりうる。かつての奴隷たちが、かつての貴族たる自分たちの座を脅かすことになる。首長たちはそのことに気づき、その余波を恐れたのである。その危機を回避するためには、みずからの子息を進んで兵士として送り出すことが解決策と思われた。その観点からして、ジャーニュに首長たちに渡すべき特別予算として八〇万フランが特別に与えられていたというのは慧眼《けいがん》であったという他はない。

先に、セネガル歩兵になれば、ある一定の条件のもとでフランス市民権が与えられると約束されたことを記した。一定の条件とは、戦場での戦いにより軍の勲功章を授与されたものという意味である。つまり、誰でもがフランス市民権を付与されるというわけではなかった。

バカリ・カミアンが記すところによると、ジャーニュ一行は一九一八年三月一二日にはフランス領スーダン（現マリ）のカイ（Kayes）に到着、翌一三日に村々の首長たち五〇〇人の前でパラーブル（演説会）をおこなった。一五日にはバマコ（現マリの首都である大きな町）に一〇〇〇人もの首長たちを集めた会場でパラーブルをおこなった。こうしたパラーブルは二〇日、二一日にもおこなわれた。それらのパラーブルにおいて、ジャーニュが演説した内容は次のとおりである。

- 徴兵はきちんとした法律にのっとってなされるものである。
- 白人（フランス人）たちはわれら黒人の土地にすでに定着しているのであり、黒人と一家をなしている。
- 白人と黒人は同じ家に暮らしているのだ。その家が今、火事になっている。その火事を白人、黒人が共に、一緒になって消すのは当然のことである。
- フランス本国の白人たちは一八歳から五〇歳のものまでが兵士になっている。黒人には一八歳から三五歳までのものが兵士になればよいとされている。黒人は優遇されているのだ。
- 兵士になるのは名誉である。フランスで兵士にならないものは社会の恥さらしである。われらが黒人の土地では、

「セネガル歩兵」になるのは常に名誉とされてきた。
• フランスはいつでも黒人を愛してきた。奴隷制を廃止したのはフランスである。旧来の圧政者たちをやっつけてくれたのもフランスである。フランスのおかげで、われらの土地は繁栄を見るようになったのだ。
• であるからして、今こそ、われわれはフランスの子として、肌色は黒いが、われわれがフランスに対して抱いている祖国愛、献身の精神をはっきりと見せるときが来たのだ。
• フランスがこの戦争に勝利することはわれわれの利益になることだ。ドイツはわれわれをして未来永劫、奴隷にしようと思っているのだ。
• 軍隊において、黒人兵は白人兵と同等の扱いを受けている。与えられる勲章に違いはない。傷病兵は白人兵も黒人兵も同じ病院で、同じ医師、看護師の治療を受けられる。
• 退役兵、傷痍《しょうい》軍人には年金が支給される。決して見捨てられなどしないのだ(6)。

ここに記したことを述べているカミアンはその出典を記していない。しかし、もしこのようなことが西アフリカ各地のパラーブルで言われたとするなら、それは確かにデマゴギーであった。
結果として、ジャーニュ特使派遣団が成し得たことは「偉大」なものであった。ミッシェルの表現によると、

一九一八年、ジャーニュ派遣団が成したことはそれまでの植民地の歴史においてかつて例を見ない規模に及んだ。それは住民への心理的宣伝効果の大きさからして、またデマゴギーの大きさからしてもそう言えるものであった(7)。

ジャーニュ特使派遣団は三五〇人もの人で構成されていたことを先に記した。この中には、フランスで戦っていたセネガル歩兵も多く含まれていた。フランス人行政官やフランス人医師も多かったのである。医師は徴兵の現場で役

目を果たした。特派団は六か月もの間、西アフリカにとどまった。この滞在期間の長さは、アフリカの自然環境はもとより、人々との接触にも慣れていなかったフランス人たちにとっては相当に過酷なものであっただろう。また、セネガル歩兵たちが村々でのパラーブルで演説する際の言語は、当然、現地の人々の言語である。フランス人白人たちには演説の詳しい内容までは分からない。セネガル歩兵たちすべてが、フランス側に立って、ジャーニュ特派団の意図するところだけを演説したかどうか、分からない部分はある。

しかし、ジャーニュ特派団の「成果」は実に驚くべきものであった。ジャーニュが共和国高等弁務官に任命されたとき、徴兵目標人数として四万七〇〇〇人が指示されていた。ジャーニュ一行はセネガル、モーリタニア、上セネガル・ニジェール、ダオメ、コートディヴォワール、そしてニジェールで徴兵活動をしたのだが、その活動が終わった時、西アフリカ植民地連邦から計六万三〇〇〇人の兵士を集めたのである(8)。さらに、ジャーニュ一行は西アフリカのあと、赤道アフリカ植民地にも足を延ばしているが、そこでも一万四〇〇〇人の兵士を集めた。赤道アフリカからヨーロッパでの戦いに兵士が徴発されたのはこの時が初めてであった(9)。かくも多くの若者たちを兵士として一旦、セネガル内の軍施設に集め、軍服や武器を支給し、訓練を施すことがいかに困難であったか、どれほどの混乱があったことか想像するほかはないが、施設内の衛生状況の悪さ（特に便所）などが原因での罹患率、死亡率は非常に高かったという(10)。アフリカ内陸部の村落で、それまでフランス人を見たことさえなかった多くの若者たちが、そこで初めてフランス人兵士たちと身近に接し、白人たちがどのように行動するのか具体的に学ぶことになった。

しかし、最も重要なのはなんといっても数を集めることである。西アフリカ、および赤道アフリカへのジャーニュ高等弁務官の派遣は大成功であった。クレマンソーの思惑は見事なまでにあたったのである。クレマンソーはジャーニュが帰国するとすぐに彼をして単なる代議士ではなく、「黒人部隊最高指揮官」（Commissaire aux Troupes Noires）に任ずることをもってその功に報いた。

徴兵成功の主因

西アフリカ全域で、そして赤道アフリカにおいて精力的な徴兵活動に邁進したブレーズ・ジャーニュの心中にはどのような思いがあったのか。第四章で詳述した通り、ジャーニュという人には平等に対する峻烈《しゅんれつ》な欲求があった。具体的には、フランス本国とその植民地の人間は対等に、平等に扱われねばならぬという強い思いがあった。フランスが植民地の人間を「同化」するのなら、植民地の人間にはフランス本国人と同じ権限が与えられねばならぬ。逆に、植民地の人間にはフランス本国（の文化、法制度）を「同化」する義務が課せられている。ジャーニュにとっての「同化」はこの意味で双方向的なものであった。植民地側の人間がフランス本国を「同化」するためには、植民地の人間にもフランス本国人と同じ兵役義務があるのである。同じ「祖国」を守るために戦う義務がある。ジャーニュは一九一四年の選挙でフランス国会議員に選ばれて以降、この原則の実現のために戦ってきた。

この点を思い起こすと、西アフリカに特派されたジャーニュの心中にはみずからに課せられた使命について疑問をさしはさむことなど全くなかったのだろうと思われる。自分がしていることは、フランス本国のために重要なだけではなく、アフリカの人間にとっても重要なのだという確信があった。彼はこう述べている。

　フランスは今や一〇〇〇万人を擁する一つの国であります。そこではすべてのフランス人が、その人の肌の色がいかようであれ、祖国を守るために戦い、死ぬことが何を意味するのか、存分に知りつくしているのです(11)。

それにしても、ジャーニュ一行の西アフリカ、赤道アフリカでの徴兵活動はなぜこれほどまでの大成功を収めたのだろうか(12)。

彼が派遣される前の西アフリカにおいては、徴兵反対の暴動が各地で起こっていた。それは時には数か月から年を超すほどの長きにわたって続き、非常に多くの住民を犠牲にしていたのである。暴動の鎮圧のためにセネガル歩兵が使われ、機関銃や大砲まで持ち出されていたのだ。西アフリカの広い地域で、人々はフランスでの戦争に駆り（＝狩り）出されることに命を懸けて抵抗していた。ヴォレノーヴェンは住民間に広がった反フランスの意識を察知し、これ以上の徴兵は無理であることを繰り返し報告していたのだ。そのような状況の中で、なぜ、ジャーニュの活動に対して、人々はまさに「手のひらを返す」ように賛同し、受け入れ、快く応じたのか。

一つの理由としては、住民に示されたさまざまの特典、徴兵手当や兵士への給与、そして一定の条件でのフランス市民権の付与といった特典の約束が功を奏したことが挙げられる。それら特典の多くはミッシェルがいみじくも明言しているように「デマゴギー」であったとしても、人々はそれを信じたのだ。

しかし、何と言っても最大の理由はクレマンソーの読みが当たったことにあるだろう。つまり、黒人であるブレーズ・ジャーニュが何人ものフランス人高官を従え、大派遣団の筆頭として西アフリカの地に戻ってきたこと、このことが人々に与えた「驚愕の念」は時をおかずして「驚喜」に替り、やがてそれは「称讃と賛同」の嵐になったのだ。黒人は常に白人の言うことを聞かねばならない存在ではない(13)。黒人は白人同様に、いや白人よりもっと偉くなれるのだ。白人の一団を引き連れて、それを指揮し、白人を従わせるほどのものになれるのだ。目の前にそれをしている人間がいる。ジャーニュがそれだ。

ジャーニュの心中には、みずからの功績に酔うような思いがあったであろう。そして、ヴォレノーヴェンの「判断の誤り」に対して勝ち誇るような思いもあったであろう。

ジャーニュが西アフリカ、赤道アフリカでの任務遂行に邁進している間、ヴォレノーヴェンは西部戦線の前線で戦い、ジャーニュがその任務を終えてフランスに帰国したとき、ヴォレノーヴェンはすでにこの世にはいなかった。

第十一章　ヴォレノーヴェンとジャーニュ

ヴォレノーヴェンは誰と衝突したのか

本章の記述に入る前に、一つの疑問を記しておこう。

わたしたちは先の第一部、第六章において、ヴォレノーヴェンが唐突と思われるほど突然に西アフリカ植民地連邦総督の職を辞し、戦場に向かったことを見た。彼にとって、ブレーズ・ジャーニュが自分と同等の権限を帯び、徴兵を目的に西アフリカに特派されることは受け入れられることではなかった。ヴォレノーヴェンは「何」を受け入れられなかったのか。この点について、白人であるヴォレノーヴェンは、セネガル植民地出身の黒人であるブレーズ・ジャーニュが徴兵のために特派されることが受け入れられなかったとする見方がある。国会議員であるとはいえ、自分の統治下にある西アフリカ植民地出身の黒人が自分に代わって徴兵を目的に現地に行く？　到底受け入れられるものではない、という観点である。この見方は、敢えて言えばヴォレノーヴェンの内にある人種差別的な観点を表にだしたものと言える。しかし、ヴォレノーヴェンはそれほどまでに「偏狭」な人だったのだろうか？

もう一度、落ち着いて考えてみよう。

ブレーズ・ジャーニュが特使として、共和国高等弁務官の資格で西アフリカに派遣される旨の決定が公表されたとき、ヴォレノーヴェンはパリにいた。しかし、これは全くの偶然であって、ジャーニュ特派の件を知り、それに憤慨して急ぎパリに向かったのではない。ヴォレノーヴェンはこの件については何も知らないまま、西アフリカでのこれ以上の徴兵には無理があることをより詳細に説明する目的でパリに向かい、そこで唐突にジャーニュ特派の件を知らされたのである。

そのとき、ヴォレノーヴェンの心中が激しく波立ったのは間違いない。しかし、その波立ちはジャーニュに対して向けられたのだろうか。ヴォレノーヴェンはジャーニュと衝突したのだろうか。しかし、ヴォレノーヴェンとジャーニュの二人は顔を合わせてはいない。

ヴォレノーヴェンが辞表を提出したのは、当然ながら彼の直接の上司である植民地大臣宛である。では、ヴォレノーヴェンは植民地大臣と衝突したと言えるであろうか。そうではあるまい。ジャーニュを特使として、高等弁務官の資格で西アフリカに派遣する旨の決定をしたのは首相であり、陸軍大臣の職を兼ねてもいたクレマンソーである。ヴォレノーヴェンはクレマンソーとの会見において、初めてジャーニュ高等弁務官特派の件を知らされたのであった。するとヴォレノーヴェンが衝突したのは首相兼陸軍大臣であったクレマンソーとである、と言い切れるだろうか。わたしとしてはここになお疑問が残るのである。

ヴォレノーヴェンはクレマンソーから知らされたことに驚愕し、憤激し、動揺した末に、決断し、辞表を書いたはずである。しかし、憤激した相手がクレマンソーであったとは思えない。ジャーニュ特派という決定を知らされたとき、彼の頭の中にクレマンソー、そしてジャーニュという人が何度も現れ、それらと交錯したであろうことは間違いない。しかし、彼が直接に衝突したのは具体的な一人、あるいは複数の人間ではないように思う。彼が衝突したのは、定められた原理・原則への背反という、目には見えないが確かにそこにあるものとであったのではないか。彼が信奉する植民地統治の原理、それとのズレを受け入れられなかったために起こった衝突であると思える。目に見える形ではない何かと彼は衝突したのだ。

それにしてもなぜ

「それにしても」という思いが、わたしの心に残る。

ヴォレノーヴェンは植民地学校卒の人間として、稀に見ると言ってよいようなスピードで昇進を重ねた。フランス帝国のいわば外縁であるフランス領西アフリカ植民地連邦における最高ポストである連邦総督の任に就いたとき、彼は未だ四〇歳になっていなかった。

その彼が、本国国会代議士ブレーズ・ジャーニュが共和国高等弁務官として西アフリカ（および赤道アフリカ）に特使として派遣されるという報に接したとき、なぜ彼は辞任という重大決心をするに至ったのか。

ここでわたしたちが思い起こさねばならないのは、ヴォレノーヴェンが連邦総督に就任して以降、何度も発している各植民地総督宛の廻状の中で述べている言葉である。連邦総督に就任して約一か月半後の一九一七年七月二八日付けで発された廻状に次のように記されている。「明確にしておくが、文書の交信について、大臣と文書を交わすのはわたし一人である」。連邦総督たるヴォレノーヴェンただ一人が所轄大臣と交信するのであり、その上で彼の側に不首備があるのであればその責任は自分ただ一人がとると述べている。同様に、自分の部下である各植民地総督はわたしの前で責任をとれ、部下に責めを負わせてはならない、というのである。

また、ヴォレノーヴェンがダカール到着直後におこなった連邦総督就任挨拶演説においても、彼は「将として、最終責任をとることを約束する」と述べている。

ヴォレノーヴェンにとっては、「責任のとり方」こそが命を懸けるに値するものであったように思える。自分は連邦総督就任以来、そのことを自覚し、就任演説でも、廻状においても、はっきりと述べてきた。所轄大臣と交信しうる唯一の人間は自分（連邦総督）だと政令にはっきり記されている。その原則から逸れることは許されない。その原則が自分からではなく、上司（＝大臣）の側からゆるがせられた場合、自分はその任にとどまることはできない。ヴォレノーヴェンの思いはこれだけであった。

ヴォレノーヴェンは「黒人であるブレーズ・ジャーニュ」が共和国高等弁務官として自分と同じ権限をもつと決定されたことを受け入れられなかったのだという見方をしている論者として、たとえば現セネガルの歴史学者イバ・デル・チャームがいる。

イバ・デル・チャームは次のように記している。一九一五年一〇月一九日付けの法律、および一九一六年九月二九日付けの法律（ジャーニュによって提出された法律案、セネガルの四つのコミューン出身者をフランス市民として位置づけ、したがって兵役義務があると規定したもの）の成立を、なすすべもなく遠くから眺めていたヴォレノーヴェンは、「植民地行政官たる者なら皆がそうであるように、現地住民を白人と同等と主張する法律など馬鹿げているのみならず違法であると思った」(1)というのである。まるで、その場に居合わせて、ヴォレノーヴェンが憤る様子を目にしたかのような記述である。これは事実認識からして誤りである。読者は記憶しておられるだろうが、ジャーニュが上程した法案二つが可決された時期、つまり一九一五年から一六年にかけて、ヴォレノーヴェンは西部戦線の激戦地で戦っていたのである。ヴォレノーヴェンはその時期、植民地行政官ではなく一兵士の身分であった。

チャームは同じ頁で、ヴォレノーヴェンはアルジェリアというフランス領土においてオランダ人入植者の一家に育ち、「白人優越という人種的偏見に満ちた環境」で教育を受け、それゆえ「現地住民に対して自分たち白人は優越しているのだと心から信じ込み、そこから権威主義的で、傲慢、思い上がった感情というものを身につけたのだ」とも記している。わたしには、むしろチャームの方に入植者についてのステレオ・タイプのイメージに固執する姿勢がうかがえる思いがするのだが。チャームはさらにヴォレノーヴェンへの攻撃の手を緩めることなく、これ以上ないほどに恣意的で、またもっとも嫌悪すべき、したがって絶対に受け入れることはできない植民者像そのものであるヴォレノーヴェン(2)

とまで述べるのである。

死者に鞭打つ形、しかも大戦の前線での戦いの中で死んだ人に対する批判は決して簡単なことではない。ある種の勇気を必要とする。その勇気をもって激しい批判を展開するチャームには別の観点から勇気があると言わねばならない。

イバ・デル・チャームという人は一九三七年生まれのセネガル人歴史家で、一九七四年にダカール大学に職を得て以降、共産党色の強い政治活動に携わり、レオポル・セダール・サンゴール大統領政権下のセネガルにおいて投獄されたこともある左翼活動の闘士である。一九八三年から八八年にかけてアブドゥ・ジュフ大統領の下で教育大臣を務め、二〇〇一年から一二年まで国会副議長という要職を務めている。もともとダカール大学での教職から経歴をスタートさせたこともあり、セネガルでは「プロフェッサー・チャーム」と呼ばれることが多い。

チャームのヴォレノーヴェンに対する激しい批判は、ある観点からすると左翼の闘士としての彼自身の自覚がそうさせていると言えるのかもしれない。ただし、そのチャームもヴォレノーヴェンの「潔さ《いさぎよ》」そのものには敬意を表している。連邦総督という栄光ある席を蹴って、そのうえで歩兵連隊の指揮官として前線に立ち、そこで戦死したことは紛《まぎ》れもない潔さと勇敢さの証明であるという。そのことは、

いかに多くのフランス人、あるいは植民地現地人があらゆる手立て、あらゆる手法を用いて兵役逃れをしようとしていたか(3)、

そのことを考えてみただけでよく分かる、という(4)。

チャームがヴォレノーヴェンに対して激しい批判をするのには、もちろんのことながら根拠とされるものがある。それはヴォレノーヴェンが一九一七年一一月一七日付けでセネガル植民地総督宛に送った手紙に記される五項目であり、それらは次のとおりである。

（1）一九一四年から一七年にかけて西アフリカ植民地連邦においてなされた徴兵活動は過度（＝過激）のものであった。それは方法についても、結果についても言えることである。

（2）西アフリカ植民地連邦の状況を完全に掌握し、最近おこなわれたような過激な鎮圧活動などはもうなされないという十分な信頼を現地住民がわれわれに対してもつようにならない限り、当地における新規の徴兵は一切不可能である。

（3）再び徴兵が可能な社会状況ができたとしても、ごく小規模な徴兵しかできないであろう。というのも現地人員が極端に減少しているからである。

（4）西アフリカのこの地が生み出す諸産物は豊かなものであるが、人員については豊かであるとは言えない。この地が、われら本国の戦争の間、また戦後においても物資供給の地であり続けるために、人員には手をつけないでいただきたい。

（5）あとわずか数千人の兵員を取り立てようとするだけで、この地は砲火と血に満ちることになろう。それは破滅である(5)。

読者には思い出していただけるであろうが、これらの五項目はヴォレノーヴェンが一九一七年九月に植民地大臣宛に送っていた書簡で述べていること（第六章を参照）と同じである。彼は「新規徴兵についてはなにとぞご放念くださいますようお願い申し上げます」と懇願している。

この五項目について、チャームは「これらは西アフリカ現地の商人組合の言っていたことと全く同じであって、そこにはアフリカ、そしてアフリカ人への気遣いなど一切ないのだ」(6)と断言している。ヴォレノーヴェン、および商人組合の人々の頭にあったのは、せいぜいのところ西アフリカの人的資源を活用（搾取）するためにはどうすればいいのかということでしかない。アフリカの人々のためになるように人的資源を保護しようというのではない。すべては植民者の利益のためであった、というのがチャームの批判である。

チャームのこの批判について、わたしは完全に同調するものではない。ヴォレノーヴェンの頭にあるのが、「結局は植民者（＝フランス）の利益のため」であるということについては理解できる。ヴォレノーヴェンはフランス植民地の連邦総督であり、その立場で考え、行動していることは間違いない。彼が、フランスのためになること、端的に言えばフランスの利益になること、それを度外視して考え、行動していたとすれば、それこそが規律違反であり、人間の生き方として「道徳的」ではない。人間には各々、生きる場がある。その場にあって、そこで「原理・原則」とされるものを見出し、それになるべく忠実であろうとすること、それが「道徳的」な生き方なのではないだろうか。そのことは軍人であれ、民間人であれ同じことだと思う。各々の人間が、それぞれの立場から、原理・原則に基づく考え、行動をぶつけ合い、それを調整するところに社会が形成されるのではないだろうか。つまり、妥協を重ねる中での合意点の形成、それが政治であろう。

と、記しはしたが、わたしはここに大きな問題が潜んでいることを自覚している。自分が属する大きな組織、それ自体が人間としての根本的な倫理という観点からして誤った動きをしているのではないかと判断される場合における一個の人間の行動はいかにあるべきか。これは、わたしがここに述べた「道徳的」な生き方という問題にさらに深く、重大な問題を突きつける(7)。

そのことを認識したうえで、なおかつわたしが言いたいのはチャームがヴォレノーヴェンの考え、行動が「フランスのため」であることを問題視して激しい批判をするのは的外れであるように思うということである。植民地連邦総督としてのヴォレノーヴェンには彼にとっての原理・原則があるのだ。それに忠実であることをもって、ヴォレノーヴェンの人間性におよぶ資質を批判するのは的を外している。

ヴォレノーヴェンが西アフリカ植民地連邦総督に就任する際、彼に与えられた使命は主に二つであった。西アフリカにおける兵員徴発、そして西アフリカにおける諸物資の増産である。ヴォレノーヴェンは自分に与えられたこの二つの使命を十分に理解したうえで、それらに加えて彼自身の方針として、西アフリカ社会の将来を見据えた施策、言い換えると西アフリカ社会が将来的に発展するための施策を実行することとしていた。そのことは就任挨拶演説の中でも、また廻状の中でも繰り返し述べられている。ヴォレノーヴェンは、彼の立場をわきまえたうえで、独自の施策実行の可能性についていつも考えていたのだ。それは「妥協を重ねたうえでの、合意点形成」のための模索であり、模索しつつそれを実行するのが政治なのだという考えがヴォレノーヴェンにはあった、とわたしは思う。しかし、彼はそれを実行する過程で「板挟み」になった。徴兵強化と物資増産とは、簡単に両立する命題ではない。相対立する命題である。その板挟みは彼を真に苦しめた。西アフリカ植民地連邦総督として、西アフリカの将来的な発展のために仕事をするという思いと、本国政府に奉仕すべき軍人として今、目の前にある使命の実行との間で彼は苦しんだ。

チャームの批判は、わたしが言うところの「板挟み」になること自体がヴォレノーヴェンの狡《ずる》さであり、もっとも嫌悪すべきものだと言っているように思える。ヴォレノーヴェンはアフリカ社会のため、アフリカ人のためになることを何もしていないという批判は酷すぎるのではないだろうか。そこまで言うのなら、チャームはなぜ西アフリカ植民地の若者たちが「あらゆる手立てを使って徴兵逃れ」をしたことに批判的な態度をとれるのか。チャームの心の中にも、「祖国フランス」が危機にあるのなら、戦場に赴いて戦うことこそが正しいのだという思いがあるからこそ、「徴兵逃れ」を否定するのではないか。「アフリカのため」を強調するのであれば、ここは徴兵逃れを積極的に評価することの方に義があるのではないか。この点は、先にも述べたが植民地人に根本的に付きまとう両義性に関わることであり、「正しい答」というものはないのかもしれない。これを見ても分かるが、アフリカのためになることを何もしていないと批判するのは根本的に困難なことなのだ。

ただ、ヴォレノーヴェンを批判するチャームはまさにかつてフランス植民地であった地の出身者である。わたしのような部外者に何が分かるのかという反論がチャームにはあるだろう。彼のジャーニュについての見方を見ると、その点がうかがえる。

チャームは言う。ブレーズ・ジャーニュが西アフリカ特派の共和国高等弁務官という任務を受諾した時、彼自身、その任務は彼の個人的な能力ゆえのことというより、彼がまさに西アフリカ出身の代議士であるということ、その出自ゆえにこの任務が任されたのだということをジャーニュは十分に理解していた。それは分かっていた。ただ、アフリカの植民地出身者（たとえコミューン出身とはいえ）である自分（ジャーニュ）が、フランスの大臣と変わらないほどの、これ以上はない栄光と威信を身に帯び、卑小なくせに威張りくさった白人ども、いつも自分を邪魔者であるかのように扱ってきたこれらのつまらぬ白人どもの前で、文字通り威風堂々としていられること、これほど光栄あふれることが他にあるだろうか。これほどの栄光を味わったアフリカ人がかつてあっただろうか。ジャーニュにとって、この任務を受け入れること、それは単なる名誉などという簡単な話ではなかったのだ。それ以上に、黒人という全人種の逆襲なのであり、ジャーニュがそのために彼の全人生をかけて戦ってきた理念、つまり平等のための戦いの勝利なのだという思いがあったのだ。

だからこそ、ジャーニュは彼を乗せた船がダカール港に着いた時、西アフリカ植民地連邦総督（臨時代理であるが）みずからが船のタラップまで出迎えに来ることを厳に要求したのだ。連邦総督自身が出迎えに来ない限り、陸地に降りることを拒否すると言ったのだ。そして、下船後は自分が連邦総督の前を歩くのであり、連邦総督は自分の後に従う「かばん持ち」であるかのように歩くことを要求したのだ。そのことをカルド臨時代理連邦総督は受け入れたがゆえに、ジャーニュは下船して、ダカールの地に降り立ったのだ。そして、そこに居並んだ白人行政官たちには見下すような一瞥《いちべつ》をくれてやるだけで、まずは列席の黒人たちと握手をしたのだ。その間、居並ぶ白人行政官たちは帽子をとって、敬礼しつつ、自分たちへの握手がなされるまで待ったのである。

チャームはジャーニュ下船時の様子をこれまた見てきたかのようにこと細かに記している。それは「つまらぬことのように見えるかもしれないが、自尊心に関わる」重大なことであり、ジャーニュのこの一連の行動は空を切り裂く稲妻と大地を揺るがす雷鳴のごとくに人々の脳裏に刻みこまれたのだというのである。そもそも、ジャーニュに共和国高等弁務官として、所轄の大臣と直接の文書交信権をもつという権限は、それが与えられない限り、その任務は受け入れられないとジャーニュ自身が要求したがゆえに彼に与えられたのだという(8)。

チャームが記している「つまらぬことのように見えるかもしれないが、自尊心に関わる重大事」という一文そのものに、植民地化された側の人の思いが読み取れる。まさにその通りなのだ。チャームが言うように、ジャーニュの行動は「全黒人の逆襲」の表現であったのだ。その場に居合わせた黒人のすべてが、言い表しがたい感動と幸福感をもってジャーニュの行動を見守ったはずなのである。この行動があったからこそ、ジャーニュは特使として西アフリカ滞在中に当初の計画を大きく上回る数の兵員徴発という大成果を挙げたのである(9)。

チャームがこの文章を記すとき、やはり彼自身のうちに「勝利」の思いが込み上げていたと想像できる。チャームはしかし手を緩めることなく、さらに次のように述べている。西アフリカでのさらなる徴兵にあたって、兵士自身に給与を支給し、兵士を提供する家族には徴兵手当を支給すること、またその家族には税を免除すること、兵士が復員後には職を保証すること、復員兵士には一定の条件下でフランス市民権を与えること、さらに農学校、獣医学校を建設し、結核患者のためにサナトリウムを建設すること、こういった諸約束を大臣から取り付けたこと、これはすなわちジャーニュがその任務を引き受ける際の「取引」なのだというのである。

黒人であるジャーニュがこの「取引」をフランス政府を相手にするということ、それはすなわちそれまで一方的に植民者としてのフランス側から押し付けられたり、提示されたりする施策を受け入れるだけでしかなかった被植民者側（アフリカ人側）が、白人と同等の立場で取引をすることになる。だからこそ、ジャーニュはこの任務を受諾したのだ。クレマンソー首相がこの取引に応じたということ、それはすなわちフランス人の、というか白人の絶対的優越性という大原則の足元を切り崩したことになるのだ。

このことをヴォレノーヴェンは完全に理解したからこそ、その屈辱に耐えられず、彼は即座に辞任したのだ、とチャームは述べるのである(10)。チャームのこれらの言葉は、彼が先にヴォレノーヴェンに対して激しい言葉をもって攻撃していたことに対応している。ヴォレノーヴェンはフランス植民地主義がもつ最も嫌悪すべき性格を代表する人物なのだというのである。

しかし、ジャーニュ特派団の大成功によって徴兵された多数の兵士たちがその後どうなったかについてチャームの口は重い(11)。そして、チャームは、たとえジャーニュがその任を受諾しなかったとしても、フランスとしてはとにかく兵員が欲しかったのだから、どんな手段を用いてでも西アフリカでの徴兵活動を強力に進めたはずであるとだけ述べている。ジャーニュがその任を受諾しなかったら、その結果はもっと悪いものになっていたはずだと言うのである。このように記すチャームの心も揺れているのが分かる。

ヴォレノーヴェンとジャーニュという二人の人物はその生涯において、直接に顔を合わせることはなかった。しかし、アーマディ・ジェンが記すところによると、ジャーニュはヴォレノーヴェンに対して強い反感をもっていたようである。ジャーニュはヴォレノーヴェンを「オランダ人連邦総督」(12)と呼んでいたという。ここにはジャーニュの心の中にあった「母国フランス」への強い憧れが裏返しの形で表現されているのがうかがえる。みずからを「完全なフランス人」として見なし、その上で「オランダ人の息子」が何を言うか、と言わんばかりの口調で話していたというのである。

他方、ヴォレノーヴェンがジャーニュに対してどのような感情を抱いていたか、それを記す文書はない。もちろんヴォレノーヴェンがジャーニュを知らなかったはずはないし、その活動の華々しさについても聞き知っていたはずである。ただ、ヴォレノーヴェンはジャーニュのことをことさらに頭に上らせることはなかっただろうと、わたしは思う。ヴォレノーヴェンには常に現場で指揮すべき他のことがいつもあったのだ。

第十二章　ブレーズ・ジャーニュ、その後

ブレーズ・ジャーニュは一九一四年五月一〇日、植民地セネガルでの選挙でフランス国会議員として選出されたのち、一九三四年五月一一日に死去するまでの全期間、つまり二〇年と一日という長い間、現職のフランス国会議員であり続けた。

第一次大戦が終わる一九一八年一一月に至るまでの間のジャーニュの行動には一貫性があり、理解しやすい。フランス本国とその植民地セネガルは「同等」であり、その各々を構成する住民はともにフランス市民として「同じ権利と義務」をもつものであらねばならない、というのがジャーニュの信念であり、彼はこの信念に基づいて国会議員としての活動を展開した。彼の提案により法律として成立した一九一五年一〇月一九日の法律、および一九一六年九月二九日の法律はともにセネガル人（それはコミューン住民に限られたのだが）をフランス人と「同等」の権利・義務をもつものとして認定するためのものであった。これはジャーニュにとっては勝利であり、彼の目にはセネガル人はフランス人と同じ「市民」になったと映ったのである。

一九一八年の初め、クレマンソー首相の命を受け、徴兵担当共和国高等弁務官として西アフリカ各地を回り、当初の計画をはるかに上回る多くの兵士を集めたのも、ジャーニュが強く意識していた同等の権利・義務という認識を根本原理にしている点において、彼の行動の一貫性を担保している。彼の目からすれば、こうして西アフリカ各地の多くの若者がフランスが戦う戦争に参加することは、西アフリカの人々が「母国」フランスの一員として行動し、したがって自分たちの国フランスに貢献することなのであるから、そこには何の論理矛盾もない。植民地セネガル出身の黒人であるブレーズ・ジャーニュにとってフランス国会で議員として活動すること、それは植民地人といえどもフランス本国人と同等の権利義務を有するものとして、その限りにおいてフランス本国人と同等にフランスに貢献しうるものであることを不断に示す必要がある場であり、時であったのだ。白人がほとんどの、それら議員が居並ぶ国会議場でアフリカ黒人であるジャーニュの存在は、彼が国会議員としてそこに議席を占めるようになった当初から人目を引いたはずである。当時、すでに名を知られる政治風刺漫画家であったジュアン・セネップの漫画の一つには、フランス国会議場内で裸の黒人男（ブレーズ・ジャーニュ）が隣席の男を食おうとしている図のものがあるという[1]。セネップは一九二〇年から極右排外主義団体アクシオン・フランセーズの機関紙に漫画を描いているから、問題の漫画はこ

図8　ジュアン・セネップによるブレーズ・ジャーニュの図
（Vingtième Siècle. Revue d'Histoire の2009年1月号，No.101，Dominique Chathuant による記事 "L'émergence d'une élite politique noire dans la France du premier 20e siècle?" 中に載せられたもの）
この図はもと*Cartel et Cie.* Paris, Brossard, 1928に掲載された。ルシオが説明している図と同一か否か不明な部分が残るが，いずれにせよセネップの手になるブレーズ・ジャーニュを表す図であることは間違いない
www.cairn.info/zen.php? ID_ARTICLE_=VING_101_0133 より（柳沢史明氏のご教示による）

の機関紙に掲載されたものと推定される。いかにも植民地人、しかも黒人を意図的に貶《おとし》める目的で掲載されたものであることを割り引いても、こういった図柄が多くのフランス人の心のうちに潜む「人喰い」としてのアフリカ人のイメージを否応なく強めたのは間違いないし、そのことは当然ながらジャーニュの心を深く悲しませると同時に、彼のうちにそういったフランスの社会状況を打破するための活動にさらに一層専心させる動機にもなったはずである。

そうすると、次のような事実はジャーニュという人物を理解するときの「一つの支え」になるのだろうか、逆にその人物像の理解を難しくする不可思議さになるのか、よく分からなくなるのである。

第一次大戦が終わったからといって、西アフリカにおける徴兵が終わったわけではない。その点については、第三章においてエチェンバーグが作成した棒グラフを引用して示したとおりである（七六頁図3を参照）。一九一八年に突出して多くのセネガル歩兵が徴集されたのち、その後やや数は減少するものの、それでも年間五万人ほどもがコンスタントに徴集され続け、それは一九二〇年代、三〇年代と続き、四〇年代に入って第二次大戦が始まるとまたもや増員されている。

実際、第一次大戦後、フランスではマンジャン将軍は相変わらず、アフリカからの黒人兵増強を唱え、彼はアフリカ兵一〇〇万人構想までもっていた。また、国会ではセネガル歩兵を増やせば、フランス兵は減員できるといった演説をする議員もいた。フランス社会にあったこのような考えは具体的な事実として現れる。現実に、第一次大戦終了後、フランス人の兵役は一八か月に減らされたが、セネガル歩兵の兵役期間は三年とされたのである。

かくも多くの若者たちを、かくも長い期間、フランスでの兵役に就かせるということ、それはアフリカ現地の開発に支障を来たすことではないのか。それこそがヴォレノーヴェンが連邦総督の任にあったとき、最も恐れていたことではなかったのか。西アフリカ現地から若者を兵としてだすことが西アフリカの将来的発展のために寄与するものではなく、ひいてはフランス本国のためになることではないという確信が彼にはあった。その意味で、ヴォレノーヴェンの植民地連邦総督としての自覚と苦悩はわたしたちにも理解可能なものである。

ブレーズ・ジャーニュは西アフリカ特派徴兵担当共和国高等弁務官の任を解かれたのち、一九一八年一〇月一一日（大戦の休戦協定が締結されるちょうど一か月前）、クレマンソーにより黒人部隊最高指揮官に任ぜられている。国会において、より一層重要な任務を帯びた。西アフリカで見事なまでに大役を果したジャーニュは、これ以降クレマンソーの「親友」になり、寵を得たのである。

ジャーニュ旋風

ジャーニュは一九一四年の選挙においてセネガル植民地代表として選出された。その次の選挙がおこなわれたのが大戦終了後の一九一九年である。この選挙には前回選挙でジャーニュに敗れた混血者フランソワ・カルポも立候補した。もちろん、ジャーニュは二期目を目指して立候補した。カルポ、およびその支持者たちは前回選挙におけるジャーニュの当選は時の利を得た「偶然」のことに過ぎず、今回選挙では楽に当選できると考えていたらしい。セネガルで商業を営む多くのフランス人、混血者たちの支持が得られるはずだからである。

しかし、時の利はまたしてもブレーズ・ジャーニュの方にあった。前年、西アフリカの広い地域で多数の兵士を集め、フランスに凱旋帰国したジャーニュはクレマンソー首相に近しい「親友」としてみずからを位置づけていたのみならず、時の植民地大臣アンリ・シモンからも強い支持を受け、親友としての扱いを受けていた。それゆえに、パリではその当時の植民地行政のあり方について「シモノ・ジャーニスム」（シモンとジャーニュを合わせた合成語）とさえ言われていたという。

一方で、パリ政界にはブレーズ・ジャーニュをしてアフリカ諸国の独立を画策する危険人物とする中傷などもあったが、ジャーニュの優勢は変わらなかった。

さらに驚くこともある。ブレーズ・ジャーニュが選挙運動のためにダカールに戻った時、そこには大戦から生還し、セネガルに戻っていた大勢のセネガル歩兵たちが待ち受けていて、彼をして自分たちの「守護神」であるとして大喝采の歓迎をしたというのである(2)。そして選挙運動期間、カルポが催す集会には数十人の人しか集まらないような状況であったのに対し、ジャーニュが催す集会には数千人もの人が集まったという。その間、ジャーニュはフランス語圏アフリカでは初となる真の政党、セネガル共和社会主義政党（ＰＲＳ）設立の準備もしていた。

一九一九年一一月三〇日におこなわれた選挙はジャーニュ圧勝の結果に終わった（ジャーニュ七四四四票に対し、カルポは二二五二票）。この選挙の後、同年一二月におこなわれた四つのコミューン市会議員選挙でもジャーニュが設立した政党、共和社会主義政党からの立候補者全員が当選という結果であった。一九一四年の選挙後、現地在住フランス人商業者たちが恐れていた状況が起こったのである(3)。それまで各コミューンで圧倒的な力をもっていたフランス人、混血者たちはその力を失った。

こうしてブレーズ・ジャーニュは「向かうところ敵なし」の状況になった。パリではこれほどの力をもったジャーニュについて「ジャーニスム」（ジャーニュ旋風、ジャーニュ主義）という言葉までささやかれたという。しかし、現地の黒人たちにとって、このジャーニスムの中身は何なのか、しかとは分かってはいなかった。要するにブレーズ・ジャーニュという人のカリスマ性、それだけがジャーニスムの意味するところだった。現地黒人たちの中にはジャーニュに超自然的力を認める人も多かったようである(4)。セネガルではブレーズ・ジャーニュの肖像を絵にしたカレンダー、小さな像、さらには「ブレーズ・ジャーニュ」という商標名の香水まで売り出されたという。

フランス本国ではセネガルにおけるジャーニュのこれほどの成功について恐れを抱く人が多かった。ジャーニュはいずれは本国からの分離を狙い、過激ナショナリズムに走るのではないか、そう考えられた(5)。前年、ジャーニュが共和国高等弁務官の肩書をもって徴兵目的に西アフリカの広い地域を巡回した時、彼はフランス人白人たちと西アフリカ植民地の黒人たちの平等性ということを強調していた。ジャーニュにとって「平等」はまさに彼がよって立つ論拠そのものである。それは、人々をしていずれはフランス本国に立ち向かわせるためではなかったのか。

ジャーニュの考えには平等主義に基づくと思われるものが確かにある。彼は西アフリカの各植民地から一人、あるいは隣接する複数の植民地合同で一人の代表を、同様に赤道アフリカ（ＡＥＦ）からも一人の代表、マダガスカルからも一人の代表をフランス本国国会に議席をもたせるのがよいと広言していた(6)。

議員二期目のジャーニュ

フランス国会議員二期目に入ったジャーニュは一九二〇年六月二九日、国会において次のような演説をしている。

国家防衛への貢献 ― 義務ではなく ― ということに関しましては、われわれ植民地の人間としてはそれがわれわれ自身の自由の保証となること、われわれ自身の自由の代償であることに特別の意味をもたせております。（拍手あり）アフリカ現地人の軍事的貢献はこの観点から意味づけられねばなりません。具体的に申しますと、アフリカの現地において衛生状態をよりよくし、人々の健康状態をさらに良いものにし、それによって人々の体格がより良いものになる、こうすることによって初めてアフリカ現地人がフランス本国の人間と同様の貢献ができるようになるのであります。（その通り！　の声）

みなさんは植民地においてさらなる物資増産をせよと言われる。であるならば、植民地からより多くの兵士を要求しないでいただきたい。問題の本質はここにあります。戦争が起こると、植民地からの兵士の運命はヨーロッパで決せられます。したがって、彼らの運命がよりよいものであるようわれわれは働かねばなりません。それは最も合理的な手段をもってなされねばなりません。経済の活動が混乱するようであってはなりませんが、同時に植民地がフランス本国の防衛に貢献しているということ、これが忘れられるようなことがあってはなりません(7)。

この演説中で言われている「さらなる物資増産をせよと言われる。であるならば、植民地からより多くの兵士を要求しないでいただきたい」という言葉、これはヴォレノーヴェンが言っていたことではないのか。それに反して、ブレーズ・ジャーニュは西アフリカ徴兵担当共和国高等弁務官として西アフリカ植民地連邦総督と同等の権限をもつという強い自覚と誇りを背景に、予想をはるかに超える数の若者たちを徴兵したのではなかったのか。

ジャーニュの言動にはある種の分かりにくさがあるというのは、このあたりから始まっている。

同じ日の演説においてなされた次の発言にも分かりにくさがある。

植民地からはより多くの木綿、木材、落花生、ゴムがもたらされねばならない、と皆さんは言われる。何をもってそれらを生産するというのですか？　現地の人々に生産増強に向けてより一層の努力をせよというのであれば、現地の人々をさらに教育し、育てる、それが必要ではないのですか？（拍手あり）物資の増産をせよという議論がなされる時、実際に現場で仕事にあたっている人々への保証ということが忘れられがちであります。教育の保証がなされねばなりません。厚生・医療の保証がなされねばなりません。これらがきちんと整備されて初めて、皆さんは現地の人間資源を活用する権利をもてるのです。

植民地事業をフランス独自のものにしようではありませんか。フランス独自の植民地化、つまり自由で、寛大な植民地事業の実現を。植民地開発に必要な人手にはそれに見合った正義、言い換えると保護が与えられる形で。人々の健康が保証され、人間として当然手にすべき富が正当にその人に与えられる形で（その通り！　の声）」(8)。

ジャーニュはこの発言で植民地出身の代議士として、植民地に暮らす人々の教育環境、生活環境をよりよくせよと言っているのは間違いない。植民地はより多くの物資を生産すべきだというのなら、それを保証するような教育、生活環境を整えよというのである。そのとき、ジャーニュの発言にはフランスによる植民地事業を「自由で、寛大なもの」とする考えが刷り込まれている。ジャーニュはこのとき完全にフランス人になりきっている。このことは彼が植民地人はフランス本国人と同じだと口を極めて言い続けてきたことと符合しているのかもしれない。彼は自分がフランス人になること、自分がフランス人であることを誰もが認めること、それを求め続けてきたのである。であるから、彼の中ではフランスによる植民地事業を全面的に認めることがフランス人としての自分にふさわしいことだという認識があったのだろう。しかし、彼の言動はわたしの心には何か割り切れないものを残すのである。

両大戦間のセネガル

セネガル植民地での選挙において、ブレーズ・ジャーニュが再び大勝したことは、フランス本国の政界にある種の危機感をもたらした。協同主義を理論化したとも言える植民地大臣アルベール・サローも、セネガルでのジャーニュの大勝ぶりを前にしてフランスが植民地支配を続けられるか否かを危惧していた。アフリカ植民地における現地人の政治的な目覚めが感知されていた。その動きは西アフリカだけにとどまるものではなく、アフリカの広い地域に広がっていくのではないか。その火付け役をしたのがブレーズ・ジャーニュではないのか。ここで、そのような動きを阻止すべく手を打つ必要があるのではないか、と考えられた。

一九二三年、ブレーズ・ジャーニュはセネガルにおけるフランス人商業従事者、特にボルドー出身者たちとある〝協定〟を結んだ。商業組合の代表をコミューン議会、およびジャーニュが創設したばかりの共和社会主義政党に入れること、その代わりに商業組合は以降の選挙においてジャーニュ支持を表明するというものであった(9)。ジャーニュとセネガルにおけるフランス人商業組合との間のこの協定はフランス本国植民地省（アルベール・サローが大臣）はもとより、セネガル在の連邦総督らに強い安心感を与えた。この協定こそ、植民地における商業従事者とブレーズ・ジャーニュの「協同」を裏付けるものであった。言い換えると、ジャーニュはセネガルで強い影響力をもつフランス人商業従事者たちと手を結んだのである（本国の植民地省の目にはジャーニュはフランスに「手なずけられた」と解釈された）。

当然、この〝協定〟はセネガル現地の黒人たち、それまでジャーニュの協力者であった人々、ならびにパリでジャーニュを手本に政治に目覚め始めていた黒人たちを強く失望させた(10)。失望させただけではない。ジャーニュには強い批判も浴びせられるようになったのである。彼らはジャーニュを批判し、「ジャーニスム」と呼ばれた運動に別れを告げた。これらジャーニュを批判する人の一人、トヴァル・ケヌムはパリに暮らしていたのだが一九二八年のセネガルでの選挙に際してブレーズ・ジャーニュ再選を阻止するためにダカールにまで行ったというのである(11)。こういった動きは当然ながら、当時、留学生としてパリに集まりつつあったアフリカのさまざまな地域からの学生に影響を与えずにはいなかった。

もう一人、ラミン・サンゴールという元セネガル歩兵は大戦後、フランスに残り共産党員になり、反植民地主義を標榜する運動をしたことで知られる。彼は一九二六年、「黒人防衛同盟」（Ligue pour la Défense de la Race Nègre）を結成し、運動を展開したがメンバー同士の不和、警察の侵入などで悲劇的な結末を迎えた(12)。

考えてみると、一九二〇年代から四〇年代にかけてのアフリカ、それは確かにアフリカ諸国がその後の二〇年ほどで一気に植民地状況から脱するきっかけになる諸運動を生み出す時期であった。大戦から帰還した元兵士たちは、フランスで白人兵士たちと行動を共にし、白人といえどもすべてが自分たちより「優秀」で、何事についても誤ることなく自分たちに命令を下せるような人々ではないこと、自分たち同様に上の人から指示、命令されて動くだけの人が多いということを目にし、またその一方で上から指示、命令されることに対して不満がある場合は皆が集まって命令を拒否し、ストという行動に出ることができるといったことも目にしている。不満がある場合、公の場でそれを口にすることができるということを目にしたのである。こういった元兵士たちの多くは奴隷身分の人なのであり、彼らは自分の国に戻ってもかつての奴隷主、あるいは首長の言うがままに動く人ではなくなっていた。皆で集まれば首長に対抗しうること、それのみならず自分たち自身がそれまでの権威者にとって代わることとさえできることに気づいたのである。元兵士たちが自分の国に戻って以降、起こした暴動事件、不服従事件はいくつも報告されている(13)。これらはまずアフリカ諸社会内において、それまでの権威、従属の関係を壊すことになり、それはさらに大きな動きにつながり、ついには国としての「独立」への運動の起源になっていく。

他方で、当然ながらインテリ層の人々の間でも新しい運動が起こった。マルチニック出身のエメ・セゼール、セネガルからの留学生レオポル・セダール・サンゴール、ギニアからのレオン・ゴントラン・ダマがパリで出会ったのが一九二〇年代の終わりであった。その出会いからネグリチュード運動へと発展したのだ。

ジャーニュはしかし一九二四年の選挙でも、二八年の選挙でも、そして三二年の選挙においても当選し続けた。が、それまでのジャーニュの支援者と手を切ることもあった。たとえば、ブレーズ・ジャーニュのあと、セネガル植民地出身黒人として二人目となったフランス国会議員ガランドゥ・ジュフはその一人である。見方によっては、この時期におけるジャーニュの「曖昧さ」、それを一因とするセネガルでの政治の「混乱」、それに加えてパリでの若い黒人たちの動き、こういった一連のものがアフリカの多くの人々に政治的意識を強める働きをしたのかもしれない。その時期、パリにいたインテリ黒人たちの間でもっとも不評を買っていたのがジャーニュだったのである(14)。

パン・アフリカン会議とジャーニュ

全世界の黒人の解放と連帯を標榜するパン・アフリカン運動の創始者デュボイスは第一次大戦の休戦が決められた時、パリにいた。彼にはドイツ領植民地であった地域（それにポルトガル領植民地地域とベルギー領地をも加えて）を全世界に散らばるアフリカ黒人たちの理想郷として建設する夢があった。これはもちろんユートピアではあるが、デュボイスはこの計画実現のために休戦協定の場にあつまるヨーロッパ諸国首脳たちに訴えたかった。そのためのパン・アフリカン会議（第一回目）会合をパリで開くべく、フランス国会議員であるブレーズ・ジャーニュに助力を求めた。

この時、ジャーニュはデュボイスに協力的であった。彼は「親しい」友人クレマンソーに話をもちかけた。クレマンソーは「やっていい。ただし宣伝はするな」と答えたという(15)。

この辺の事情は奇妙なもので、会議にはすでにアメリカ合衆国、西インド諸島、それにアフリカからも数は少ないながら代表が集まり、会議は開催された。しかし、フランス政府はそのような会議がパリで開催されたことを公式には認めなかった。つまり、フランス政府としては「われ関せず」の風を装ったのである。ジャーニュはフランス政府関係者なのだから、この時点ですでにジャーニュの立場は微妙なものである。

パン・アフリカン第二回目会議は一九二一年八月から九月にかけてロンドン、ブリュッセル、パリの三か所で開催された。デュボイスはこの第二回目会議について「もっと正統的な」(more authentic)(16)という表現を使っている。第一回目が公式には「開かれてはいない」というような状況を打破したかったのであろう。アメリカ、西インド諸島、アフリカなどから一一三人の代表が集まった。人数が多いという観点からすれば成功であった。しかし、ヨーロッパ諸国は大戦での損失をできるだけ早く回復することが先決とし、黒人運動には冷淡であった。他方で、同時期に西インド諸島でマーカス・ガーヴィを中心に起こされた運動はデュボイスらの運動に対抗する形になり、パン・アフリカン運動を弱めた。その時のジャーニュについてデュボイスはごく簡単に次のように記している。会議はベルギーの植民地主義について強く批判する決議を採択することになっていたのだが、それに対しベルギーは当然激しく反発した。すると、議長役を務めていたジャーニュは大多数の人が反対する中で「調査して善処する」という毒にも薬にもならぬような議決を採択してしまったというのである(17)。デュボイスは書いていないが、その会議でジャーニュはまたフランスの植民地体制を批判するような決議にも反対する姿勢を見せた(18)。ジャーニュはすべての植民地勢力の中でフランスだけがアフリカ人に憲法上の平等を保証しているという一項を最終決議の中に滑り込ませたというのである。デュボイスがジャーニュを評して言っていた言葉、「この男のフランスに対する愛国心たるやフランス人一般が及びもつかない」(19)という言葉が現実味を帯びて思い出される。

ジャーニュにとってもっとも大事なことは自分が完全にフランス文化・文明に「同化」されることだったのだろうか。彼が「ジャーニュ法」（一九一六年九月二九日）を成立させたとき、その趣旨はアフリカの黒人がフランス市民と同等の権利・義務を手にすること、そのことだったのではないのか。ジャーニュの姿勢には曖昧さがより強くうかがわれるようになる。

植民地の独立に反対

ジャーニュにはアフリカの発展は白人と黒人の協同によってのみ可能という固い信念があった。彼は「黒人を白人から切り離し、独自の道を歩ませるなどというのはたわごとに過ぎない」(20)と言っていた。言われていることは明白である。植民地の独立などあり得ないというのである。フランス植民地下のアフリカは母国フランスから切り離されるような独立など一切望まない。フランスはアフリカを完全にみずからの懐に取り込んでいる。アフリカはフランスの懐に取り込まれていることによってのみ進歩への歩みを実質的なものにできる。ジャーニュはそう公言していた。

フランス国会における一九二七年七月一一日のジャーニュの演説を見てみよう。

> アフリカ出身のわたし、わたしはフランスの植民地化の終焉がわれわれアフリカ人がわれわれ自身の主人になることを意味するなどということを決して受け入れません。それが誰のためになるかお分かりですか？　フランスに替わってやってくる人のためですよ。われわれは自分たちを守る手だてなどもっていないからです。われわれアフリカの諸民族は、今現在、みずからの未来を制御する能力をもっているなどと思われますか？　率直に言いましょう。もってなどいないのです。
>
> わたしははっきりと申しましょう。独立には反対です。それがあなた方の利益のためになるからというのではなく、われわれが自由に発展するためにならないからこそ反対なのです(21)。

一九三〇年一月三〇日の国会にてジャーニュは次のようにも言っている。コーチシナ（ベトナム）に関してである。

わたしたちは一つの祖国をもっているのです。それはヨーロッパ大陸にあるフランスだけではなく、海外のフランスをも含む偉大にして広大なるフランスです。

かつてインドシナ植民地連邦総督であり、今は国会議員となっている人がインドシナの人に向かって祖国フランスとは別の国を建設する可能性について言及するなどというのはまことにもって理解しがたいことではないでしょうか。（…）

安南の学生たちが共産主義者の煽動にのって騒いでいるようですが、これらの学生諸君にはっきりと、勇気をもって言おうではありませんか。この学生諸君とわれわれフランスとの間に決別が起こるなど、決してありえないのです。それこそがこの若者たちの利益になるのです(22)。

一九二七年一一月二二日の国会において共産党員であるアンドレ・ベルトン議員がフランス植民地主義の誤りに関して激しい攻撃をしたのに答えて、ジャーニュは次のように言っている。

植民地主義の過ちを攻撃すること、それは植民地化する側からしても、植民地化される側からしても同じほどの国家的利益に関わることであります。しかし、ベルトン氏のやり方は的を外しており、そのような言い方をわたしたちは認めるわけにはいきません。

ベルトン氏は何に貢献しようとしているのか。フランス国家の利益のためですか？　彼はそんなことは完全に無視しています。彼にとって唯一大事なこと、それは共産党という党に貢献すること、それのみです。植民地化された住民たちがベルトン氏の言葉の中に偉大なものがあるなどと信じると思いますか？　住民をバカにするにもほどがある。

植民地経営には確かに過ちもあるかもしれない。しかし、それを告発するにあたって何らかの政党の利益になるようなやり方でやるなどというのはもってのほかです。共産党は植民地化をもって政府を攻撃するうってつけの材料を見つけたかのように思っている。共産党の皆さんに申しあげよう。皆さんは植民地において惨憺たる結果に導かれるでしょう。みずからは害が及ばないところに身を隠して、法をもって弱者を叩こうとするのが共産党のやり口ではないですか(23)。

強制労働について

国際労働機関（英語でＩＬＯ、フランス語ではＢＩＴ）では「強制労働」（travail forcé）という言葉が用いられていたが、フランス政府はこの言葉は使わず、「義務的労働」（travail obligatoire）と言っていた。フランスがこの表現で意味していたのは、植民地において原住民に対して課される労働供与、または労働徴用のことであり、公共の利益のため、あるいは純粋に原住民の利益のためになされるものであり、自発的に参加する労働者に対してと同じ給与が与えられるものと規定されていた(24)。ここにはすでに虚偽がある。自由参加労働者と同額の給与が支払われるのであれば強制、ないし義務的労働ではない。いずれにせよ、フランス政府が重視していたのは「公共の利益のため」という部分で、奴隷労働（私的利益のために課される）と区別したいからである。鉄道、道路、橋の建設などが主であった。これらは内陸部開発に必要なものであるから、「公共のため」とはいえ、フランスの利益のためであったのも当然である。港などについては、軍が徴用する兵士の一部が建設作業に関わることが多かった。

第一次大戦後の国際労働機関においては、植民地における強制労働についての議論が盛んになされていた。一九三〇年六月一〇日から二八日までジュネーヴにおいて開催された第一四回総会での主議題はまさに「強制労働」

であった。特に植民地を有する国々につき、その植民地における強制労働が主題であった。この会議には五〇か国が参加した。フランスからの代表団は五人で構成されていた。ブレーズ・ジャーニュはフランス政府を代表し、代表団団長として参加しており、他方でフランス労働総同盟（CGT）の事務局長が労働側代表として団員に加わっていた。

総会開催前のフランス代表団としての立場は次のようなものであった。

フランスはその植民地に六〇〇〇万人の住民を抱えており、それらは地域により、また環境により民族的、社会的にさまざまな違いを見せている。諸民族間で社会的な進歩の度合いも大きく異なる。この点を踏まえて、フランス政府としては国際労働機関が参加各国に強制労働を廃止する協約を決議、採択することを目標にしていることに反対するものではない。フランスの法においては、強制労働はそれが私的目的のために強制されるものである場合、一切禁じられている。しかし、公共の目的になされるものである場合、フランス政府は一切の強制労働廃止案には賛成できず、フランス領有地内の多種の民族ごとに異なる進歩の程度に応じた一定期間の猶予ののちにそれはなされるべきものと考える、というものであった。原則論賛成、各論反対という姿勢が読み取れる。フランス国会での具体的な議論としては、「植民地の現地住民たちを無知と貧困の中にほおっておくのがいいのか、それともわれわれは大きな子どもに対して残忍なやり方ではなく、しかし厳しく、かつ賢明なやり方をもって彼らを導く権利をもっていると考えるべきなのか」(25)といった議論がなされていた。ヨーロッパの先進諸国もかつては義務的労働が必要な時代を経てきているのである。植民地においては今が義務的労働を必要としている時代なのであるから、この状況にすぐさま手を付けるというのではなくしばしの猶予期間を置くべきであるというのが基本的考えであった。また、フランス政府代表団の団長を黒人であるブレーズ・ジャーニュに任せたということは、植民地出身の人間でさえもが強制労働を必要と考えているのだということを暗黙の裡に「理解」させるための演出であったと言えよう。

総会においては具体的にさまざまなケースにおける強制労働について議論されたが(26)、ひとまず五年の猶予期間をおき、その後、国際労働機関中央委員会において再度、議論し、その上で強制労働の全面禁止をするか否か検討すると決定された。

それに対し、ポルトガルは「強制労働禁止の協約を批准するか否かについては、その回答を留保する完全な自由を有するものとする」と述べている。ちなみに、この総会において日本代表、およびギリシャ代表は強制労働廃止に賛成している。

さて、ブレーズ・ジャーニュはこの総会で演説しているのだが、その内容を理解するのは容易ではない。回りくどく、理解困難を狙ってなされているとしか考えられないものである。しかし、言わんとするところは次の一文に要約できるだろう。

フランスは強制労働の禁止に賛成ではあるが、遅れた人々の社会でそのような禁止を押し付けても意味がない。その現実を踏まえてわれわれは強制労働禁止については意見表明を留保したいというのである。正面切って「反対」とは言っていないが、その心は反対なのである。

その上で、総会での議決採択にあたって、フランス労働総同盟代表は強制労働の禁止に賛成の意向を表明したのに対し、フランス政府代表であるブレーズ・ジャーニュは棄権している。彼は総会での演説中に「自分は奴隷制を押し付けられた人種（民族）に属すること」、そして「強制労働は奴隷制と同じ」と認めてはいる。しかし、フランス植民地における強制労働の禁止には棄権したのである(27)。ベルギーとポルトガルも棄権であった。

国際労働機関総会におけるジャーニュの言動について、フランス政界の多くが大いに称讃した。ジャーニュは理性をもってフランスの利益を守り、それはアフリカ人の利益にもなることだと称讃された。のちに、『労働と植民地化　奴隷制と義務的労働』という一書を公刊したファィエも「われらが軍の構想の自由性に不当にも介入しようとするかのごときに激しく反駁し、わが政府の良識と理性に基づく考えを強力に守ったわれらが代表はわれらが誇り」とジャーニュのことを褒め称えている。「外国人たちの前でフランスを貶《おとし》めようとするフランス自身の子」（労働総同盟代表が強制労働禁止に賛成したことを批判している）に負けず、ジャーニュはその知力と弁舌の巧みさを駆使して祖国フランスを守ったというのである(28)。この著書にはジャーニュ自身が序言を寄せており、「植民地化におけるもっとも重大な問題の一つ」について「正統」なる答えを述べている書物だとして称讃の辞を記している。

総会におけるジャーニュの演説にはしばしば「わが国」や「われわれフランス人」という言葉が現れている。そのこと自体は、彼はフランス市民になったのであるから当然というべきかもしれない。しかし、みずからについて奴隷制を押し付けられた人種に属すると言い、強制労働は奴隷制と同じとまで広言しながら、その一方で「わが国」「われわれフランス人」を称揚する彼の言動には曖昧さというより、日和見のうまさが感じられる(29)。「われわれフランス人はアフリカにおける奴隷制を廃した」と言いたいのだろう。

ジャーニュの「分かりにくさ」

ジャーニュがクレマンソーの命を受け共和国高等弁務官として多くの若者たちを兵士として集めたのち、彼はその功への報償として黒人部隊最高指揮官という高い地位を与えられたことを先に記した。一九一八年、大戦がいまだ休戦に至っていない間、ジャーニュはフランス内のいくつかの地に設置されていたセネガル歩兵専用の駐屯基地（休息や治療などのため）を巡回し、基地内のセネガル歩兵たちに適切な処遇がなされているか監察したという。兵士たちから直接に、食事内容をはじめ基地内のフランス人兵士や看護婦たちから正当な扱いを受けているかなど聞いた。不当と思われる扱いがあると、その責任者には即座に厳しい懲罰がなされるべく対応した。ジャーニュはフランス人兵士を叱りつけ、その階級章をはぎとり、テーブルの上にたたきつけるように置いたという。そのことはまたセネガル歩兵たちに「電撃的なショックを与え」、ジャーニュの「偉大さ」を見せつけるものであった(30)。ジャーニュはその時点では確かに西アフリカ人たちの希望の星であったのだ。そのことと、のちのジャーニュの姿勢とはどうつながるのだろうか。

先に記したが、ジャーニュはアフリカの植民地が独立することに強い反対の意思を表明していた。彼は常日頃からフランスの植民地政策について称讃の言葉を述べる一方で、イギリスの植民地政策については激しい批判をしている。そして、ベルギーの〝植民地〟政策については寛大な見方をしていたのである。

フランスは黒人を完全に目覚めさせる政策の前衛にいる。アフリカは数世紀にわたって奴隷制と内部抗争に明け暮れ、それが中世的、したがって封建的な体制をのさばらせ、ゆえにアフリカ諸社会を停滞に陥らせていた。フランスはそのアフリカをよみがえらせるための多大の努力をしてきた。ベルギーは遅れてきたとはいえ、コンゴという栄光をもっている。イギリスはアフリカにおいて古くからの植民勢力であるが、黒人についての相も変らぬ偏見と暴力を行使し続けている。南アフリカを見るがよい。そこでは黒人たちは土地を奪われ居留地に押し込められているのだ。アメリカ合衆国における一二〇〇万の黒人は、文明の度合いからすれば黒人と大して変わりもせぬわずか数百万の白人たちから差別され、虐待されている(31)。

ウェズレイ・ジョンソンはジャーニュについて次のように言う。「ある世代のアフリカ人にとってはインスピレーションの泉であり、別の世代のアフリカ人には絶望の種であった」(32)。

セネガル独立（一九六〇年）後の初代大統領になるレオポル・セダール・サンゴールは若き日、成績優秀によりフランスへの留学生として抜擢され、パリの有名高校に在籍した。その折、サンゴールの庇護者はブレーズ・ジャーニュであった。週末ごとにジャーニュ一家のもとに遊びに行くのが常だったようだ。サンゴールは慣れないパリでの日常生活のあれこれについてジャーニュの世話を受けたのである。そのサンゴールはしかし時代の流れを確実に感じ取っていた。一九二〇年代末からネグリチュード運動に関わり、植民地独立運動に加わった。ジャーニュに対してどのような感慨を抱いていたのだろうか。

ともあれ、セネガル植民地出身者であるフランス国会議員ブレーズ・ジャーニュが成立させた二つの法律、特に通称ジャーニュ法といわれる一九一六年九月二九日の法律は法学的には批判される点を含みつつも、セネガル植民地の四つの完全施政コミューン住民を「市民」として認定・位置づけたのであり、「市民の平等という共和国の普遍主義が植民地において実現された例として、時代を超えて今日まで、またフランス以外の帝国史に関心を寄せる者たちを含めて、なかば伝説化されつつ記憶されてきた」(33)と強調する著者もいるほど画期的なことであった。

ヴォレノーヴェンとジャーニュ。二人はともにもともとのフランス人ではなかったが、二人ともがフランス人になった。一方のジャーニュは「もともとのフランス人以上にフランス人」と評されるほどに完璧な同化を見せた。「フランス人と同等でありたい」という思いは、やがて「どうしてもフランス人になりたい」になり、黒人に対する裏切り(34)とまで言われながら、ジャーニュはフランス人になりきった。ジャーニュの願望は実現された。他方のヴォレノーヴェンとてもフランスに完璧に「同化」したという点ではジャーニュに劣るわけではない。ただ、同化の仕方が異なっていただけだ。祖国＝フランス国家への身の捧げ方、そのことについてヴォレノーヴェンとジャーニュはともに完璧としか言いようのない仕方で貢献した。わたしにはジャーニュの貢献の仕方を批判する考えはない。ヴォレノーヴェンの死は戦場での敵機銃弾によるとはいえ、単なる殺戮の犠牲者ではない。彼には何かに自己を捧げるという固い意志があった。その望みがかなえられたのである(35)。

ジャーニュとヴォレノーヴェンを中心に据えて書いてきたが、ここでわたしはアンティゴネーの悲劇を思い出す。オイディプース王の娘であるアンティゴネーは、祖国に刃を向ける形で討ち死にした兄のポリュネイケースの遺骸が、王クレオーンの命により、嘆かれず、葬られず、禽獣の餌食として放置されるのに耐えられず、象徴的ながら埋葬の儀を執り行い、それゆえに捕えられるが、彼女は「国の掟」よりも「神の掟」に従っただけのこととその信念を披瀝

【上】写真６　ダカールにあるブレーズ・ジャーニュの墓　ダカール市内，スンベジュンという小さな入り江（漁港になっている）横にあるイスラーム教徒の墓地入口向かい付近に作られている。ジャーニュはイスラーム教徒ではなかったために，ムスリム墓地内には作られなかった
【下】写真７　ゴレ島船着き場近くにあるブレーズ・ジャーニュ胸像　ゴレ島はブレーズ・ジャーニュの生誕地である
（写真６・７撮影：飯島みどり）

し、彼女自身も死に追いやられる。王クレオーンはアンティゴネーの叔父でもある。彼は王として「国の掟」に従っている。国の掟に従えば、姪であるアンティゴネーを処刑せざるを得なかった。その意味ではクレオーンも自分自身の論理に従っている。アンティゴネーが自分の信念に従って死を受け入れるのと同じように。

写真８　ダカールに創設されたセネガル歩兵記念碑「デュポンとデンバ」像　フランス人の苗字とセネガル人の名前として代表的ともいえる名を冠したこの像はもともとダカールのフランス軍基地に作られていた。1960年のセネガル独立にともない撤去されていたが，2004年8月23日，当時のアブドゥライ・ワド大統領がセネガル国鉄ダカール駅前広場に移築し，以降，8月23日は「セネガル歩兵記念日」とされ，駅前広場も「セネガル歩兵広場」と称されるようになった（撮影：飯島みどり）

第四部　補遺

補遺1　セネガル歩兵と「女性」

本書冒頭の第一章、第一次大戦に至る前の時期のフランスの社会状況を検討した際、わたしは迂遠に思われるかもしれないことを恐れつつ、当時の文学に見られるフランス人にとっての外国イメージについて検討しておいた。一般のフランス人が手にすることのできない心身両面にわたる「冒険」が文学中に描かれることが多かったからである。そこには当時のフランス人一般の心性の一端をうかがわせるものがあると考えたからだ。

海軍軍人としてさまざまな土地を踏み、各地でその地の女性との交情を描いて、当時のベストセラー作家であったピエール・ロチについて触れ、その小説の一つ『アフリカ騎兵』を紹介しておいた。そこで、わたしたちは一九世紀後半の時期にセネガルに派遣されていたフランスの若い兵士たちが酒浸りの日々の中で現地女性、特に現地人と白人との混血女性との交情に日々の憂さと退屈を晴らすものが多かった様子を見た。兵士たちの「現地妻」になる女性も多かったのである。このような小説を見ても想像されることだが、フランスからアフリカに送られた兵士や商人たちはそのほとんどが独身者、ないしは既婚者であっても妻同伴ではなかった当時において、その男性たちの現地での

「性」に関わる問題は、いかにして病気（性病）の蔓延を防ぐかということに重点が置かれていたのであり、その男性たちの性欲に関わることではなかった。現地派遣男性たちの周りには常に女性たちがおり、その点についての「不足」問題はなかったようなのである。

さて、本書これまでの記述において、セネガル歩兵、あるいはセネガル歩兵として正式にフランス軍隊の一部をなすものとして制度化される以前にフランス軍の補助要員として雇用されていた現地人兵士たちと「女性」との関わりについてわたしはどれほど記してきただろうか。ちょっと想起してみてもその量は決して多くはなかった。時代的に早い順から、ここで列挙してみると次のようである。

奴隷貿易が盛んになされていた時期（一七〜一九世紀前半）、セネガル川を遡行する奴隷買い取り船上には、補助要員としての現地人男性（主に奴隷身分の人々）と同時に、料理・洗濯などを主とする女性がいたこと（二〇二頁参照）。

正規のセネガル歩兵として制度化される以前のフランス軍の補助兵士たちの場合、あるいはセネガル歩兵になって以降も、内陸部などへの討伐、平定活動がなされたとき、征服地の女性が「戦利品」として現地人兵たちに与えられたこと（六三頁、八〇頁参照）。

一九〇八年に初めてセネガル歩兵部隊がモロッコに派遣されたとき、彼らには妻、家族を帯同することが認められていたこと（六三頁参照）。

第一次大戦が始まってすぐにセネガル歩兵部隊はフランスに送られているが、ウェズレイ・ジョンソンは彼らの戦場での食事のための炊事を主目的に現地人女性がフランスに連れて来られたと述べているが、それは疑わしいこと（第四章の注21参照）。

そして、忘れてはならないのだが、シャルル・マンジャンが大戦前の一九一〇年に発表した著書において、ドイツとの戦いに備えて西アフリカ植民地の若者たちを兵士としてフランス本国に連れてくる必要を強調していたのに対し、それへの反論、批判の一つとして、セネガル歩兵とフランス人一般女性との性的接触について危惧が表明されていたという事実がある。それはやや婉曲にフランス人の「血の純潔性」をどう維持するかという形で疑問が呈されていたのである（三七頁参照）。その危惧に対するマンジャンの反論は反論として体をなしていないことをわたしたちは見た。つまり、マンジャン自身、一旦セネガル歩兵たちが大量にフランス本土に来た場合、彼等はすぐさま戦場に送られるものであることは当然であるとしても、彼らがフランスにいる全期間中の彼らの行動、特に性に関わる行動を規制することなど不可能であることを理解していたからこそであろうと思われる。マンジャンも血の純潔性という問題には目をつぶるほかはなかったのであろう。

これまでの記述においてセネガル歩兵と女性との関わりについて述べたのはこれだけであった。

ここでいろいろと具体的な疑問が出てくる。

奴隷貿易が主であった時代において、交易船での下働き要員として雇われた現地人男性ラプトたちは、現地でシニャールと呼ばれていたヨーロッパ人と現地人との間に生まれた混血女性たちの所有になる人たち（奴隷身分）であった。したがって彼らはサン・ルイで、所有者であるシニャールの庇護のもとで各自が家、家庭をもって暮らしていたと思われる。その人たちについては特に問題はない。

次の時代、つまりフランスが現地人奴隷所有者から買い取る形で旧奴隷をみずからの軍の要員に仕立てた時、この人たちはサン・ルイのフランス軍基地内に収容されていたわけではない。基地は彼らを収容できるほど大きなものではなかったし、彼らの食事など世話できるものではなかった。すると、彼等は基地周辺で彼ら独自の家をもって暮らしていたことになる。それとも、彼らを収容する特別の建物などがあったのか。そのとき、彼らが妻、家族をもっていた場合、どうしたのか。

フェデルブ総督によってセネガル歩兵部隊が創設されて（一八五七年）以降についても同様の疑問がある。セネガル歩兵たちは志願によるものとされたが、内実は旧来と変わるところはなく、奴隷所有者から買い取っていたのである。そのことは一九世紀末に同地域を旅行した人の記録や、植民地行政にあたっていた人たちの記録にも記されているとおりである。これらセネガル歩兵たちについてもサン・ルイ基地内に収容されていたのではない。周辺に家をもって暮らしていたはずである。その実情はどのようであったのだろうか。

そして、モロッコにセネガル歩兵が派遣されたとき（一九〇八年）、彼等には妻、家族の帯同が認められていたというが、セネガルからモロッコへの移動について家族は兵士と同じ方法で移動させられていたのだろうか。フランスはその経費をすべて負担していたのだろうか。独身者について、モロッコ現地での女性問題はどうであったのだろうか？

第一次大戦が始まると、セネガル歩兵たちには家族を帯同させることは認められていなかった。フランス国内においてセネガル歩兵たちとフランス人一般女性たちとの接触はどのようであったのか。

と、こうして具体的に考えてみると、次々に多くの疑問が出てくるのである。

セネガル歩兵として制度化される以前の補助要員兵士たち、つまり、奴隷所有者から買い取られ、フランス軍の補助という形で組み入れられた人たちには一四年の軍勤務が義務づけられていた[1]。旧奴隷たち自身がフランス軍に組み入れられることを希望していたわけではない。彼等は主人側の意向でフランス軍に「売り払われた」のである。彼らの多くは、軍に入れられたのち、しばしば逃亡を企て、実行した。軍の規律、慣れない行進をはじめとする諸訓練を嫌がった。彼らはたとえ基地内にいた場合でも、フランス風の食事を嫌い、現地で食べなれている雑穀の料理（クスクスと呼ばれる）を好んだが、その場合、雑穀を臼と杵で搗《つ》く必要がある。この杵つきの作業は女性がするものとされており、彼等は男性である自分たちが杵つきをすることを決して受け入れようとはしなかったのである。さらに、兵士がイスラーム教徒である場合、彼等は一日五回の祈りをする規則になっている。基地内での一日五回の祈りはフランス軍、現地人兵士双方にとって不都合なことであった。そして、兵士たちは休みの日には基地を離れ、売春婦のもとに行く人が多く、性病にかかるものも多かった。こういった売春目的の女性たちが基地周辺に集まることもフランス軍首脳部にとっては不都合なことであった。

フランス側としては、不従順な兵士たちをなんとかフランス軍の役に立つものにするため彼らを懐柔し、士気を高める必要があった。それが彼らに家庭をもたせ、軍基地近くに住まわせることであった。もっとも、フランス軍がこのような理解を示すのには長い時間がかかったようである。当初、フランス軍は新しく兵士に仕立てられた人たちと女性との日常的な接触は規律上、好ましくないとし、兵士を女性から遠ざける方向であった。しかし、逃亡兵の増加など問題が多く発生したことにより、一八六〇年頃から次第に兵士の結婚を認めるようになった。そのことはフランス軍が現地の村人たちとの「交流」を深めるのに役立ったし、第一、兵士の食事をはじめとして現地人女性の手に任せる方が楽であったからである。その場合、兵士たち（奴隷出身）の妻になる女性は奴隷身分の女性がほとんどであった。兵士たちには少ないながら給与が与えられていた。それは兵士一人が生きていくのにやっとという程度のものであったが、それでも一定の給与を規則正しく手にする男性の妻になることは女性にとっても大きな魅力であったのだ。

ただし、フランス軍にとってこれで問題解決というわけではなかった。現地人兵士たちは基地近くで家庭をもったのだが、家庭をもてばそこで自分の畑をもちたいと思うものが出てくる。これは軍の仕事を軽視させる結果につながる。さまざまな家庭の事情で、軍の仕事に即座に対応できないという場合も多く発生する。兵士は家にいるときは、軍服も着ずに家族と一緒にくつろいでいるわけで、そのようなときに突発的な召集がかけられてもすぐさま基地に駆けつけるということは困難という場合も多発したのである。

とはいえ、こうして兵士たちに家庭をもたせることは、兵士たちの宿泊、日常的な生活、性、また家庭にあるということが兵士たちの士気を高めるという点からも意義あることだったのだ。軍からの逃亡は減少した。さらに、長い目で見た場合、家庭をもった兵士から生まれる子が将来セネガル歩兵になることも予想された。フランスから白人兵士を送ることは多額の経費を必要とするのみならず、白人兵士が病気になることも多かったことを考えると現地人を兵士として仕立てることは必須のことであった。サン・ルイ、あるいはセネガル川を遡った内陸部の各地につくられた軍の駐屯地はフランス人兵士を収容するのがやっとの大きさであり、そこに現地人兵士を収容したりすれば、それはただちに便所の不潔さという問題を生んだのである。基地、駐屯地の近くに現地人兵士用の区画を設け、そこに兵士とその家族を住まわせることには大きな利点があった。

マルコム・トンプソンがセネガル公文書館所蔵の海軍史料にもとづいて記すところによると、一八六三年（つまり、フェデルブがセネガル歩兵部隊を創設してから六年後）、セネガル歩兵部隊は七九五名の兵士を数え、さらにそれから三三年後の一八九六年には三八三二名になっていたという(2)。これだけ多くの兵士を擁するということは、彼等は当然、基地（あるいは内陸部の駐屯地）の外に区画を設けてそこに（家族と共に）住まわせられていたということである。兵士たちは妻と共に暮らすわけだが、「妻」といっても恒常的な妻というわけではなく、売春婦が一時的に妻となっていることも多かったようだ。女性たちにとって、食を保証してくれる兵士の存在はやはり貴重であったのだろう。

本書の六三頁、八〇頁において、フランス軍（とセネガル歩兵部隊）が内陸部各地への討伐・平定行動に出た場合、討伐地で捕獲した「戦利品」としての女性がセネガル歩兵たちに与えられたことを簡略に述べた。こういったことは、フェデルブ総督がセネガル歩兵部隊を作ってからずっと後の一八八〇年代、九〇年代においても盛んにおこなわれていたらしい。ある村を襲った場合、逃げる余力のある男は自分の所有になる女奴隷をおいて逃げることが多かった。置き去りにされた女が新しくその地に討伐隊としてきたフランス人兵士、現地人兵士を頼りにするのはむしろ自然なことであった。ましてや、兵士と新しく家庭を築くことになるのであれば、それは女性にとって願ってもないことであったのだ。

一八九八年から九九年にかけておこなわれたヴゥレ・シャノワヌ踏査隊はセネガルから遠く離れたチャドに向かって進軍したが、その際、六〇〇人以上の女性を捕獲した。この踏査隊にはフランスに執拗に抵抗したサモリ・トゥーレの旧兵士たちも含まれていた。これらの兵士たちに捕獲した女性を与えることは彼らを懐柔するのに大いに役立ったという(3)。フランス軍に従順で、よく仕事をする現地人兵士に優先的に与えられた。すると、与えられなかった兵士たちは自分たちも女を得ようと大いに働いたというのである。

次のケースを見られたい。一八九八年五月一日にオーデゥ中佐隊がシカソ（現マリ内）を襲った際の記録である。

約四〇〇〇人の捕虜が広場に集められた。フランス人一人ひとりが自分の好みの女を手にした。しかし、M大尉は女を手にしようとはせず、自分の取り分である女をムサ・トラオレという従順なセネガル歩兵に与えた。セネガル歩兵たちは各自が少なくとも三人の女を手にした。メンドイというセネガル兵士は九人の女を手にしたのである(4)。

ただし、セネガル歩兵たちはこれら複数の女のうち、一人、二人を自分の「妻」としてもち、他の女は売り払ったのである。一挙に九人もの女を所有することなど現実にできることではない。どうやってその女たちに食べさせるのか。子どもを捕えた場合、兵士たちは自分の召使いのように使った。隊はその後、一日四〇キロのペースで行軍を続けたが、疲れて倒れる女や子どもはその場で殴り殺されたという。何という時代であったことか。フランスがその植民地において奴隷制を廃止する旨の宣言をだしたのが一八四八年、それから五〇年もたった時点でこのようなことが起こっていたのだ。

本書第七章、フランス植民地統治原理としての同化と協同について記した章において、協同主義者として名を挙げたガリエニの記録にも同様のことが書かれている（当時、ガリエニは中佐）。一八八六年、ガンビア川上流部のカニベという村を襲った際のことである。その時、村のマラブー（イスラームの導師）はいち早く逃亡し、その妻（信者たちから与えられた奴隷女）一七人が捕えられた。

図9　ガリエニ隊がカニベという地で捕えた女たちを兵士たちに与えるために選ばせている場面の図　当時のセネガル歩兵の服装，帽子，靴などが分かる（ガリエニ隊に同行していたド・リウという画家がその場面を描いた図〈Gallieni 1891: 121〉をもとに描画）

捕えられた女たちは勇敢なセネガル歩兵のものになることを喜んで受け入れた。わたしは女たちを一列に並ばせ、もっとも優れた一七人の兵士たちに順番に好きな女を選ばせた。兵士たちは順に女を指名し、こうして一七人すべての兵士が女を手にした(5)。

ガリエニは、最後に一人、醜い老女が残ったこと。そして、一人の若い兵士が仕方なくその女をもらい、その場にいた皆が大いに笑ったことまで記している。

同時期、内陸部への討伐、踏査行動は長距離の行軍がしばしばであった。フランス軍人は馬かロバに乗って移動する。しかし、セネガル歩兵たちは徒歩である。武器をはじめとして重い装備品がある。それらを運ばせるためにも女性の存在が有効だった。女たちは重い荷物を頭に乗せて運んだ。セネガル歩兵たちは銃と弾薬のみを携行すればよかった。宿営地に着くと、女たちは料理をし、夫たる兵士の世話までしたのである。これはフランス人軍人たちをうらやましがらせたという。彼らは自分たちの食べ物を自分たちで作るほかなかったからである（現地人女性は簡単なものとはいえフランス風の料理を知らない）。次の記録を見られたい。先に引用したガリエニが記録しているものである。

スーダン（現マリ地域）踏査隊の大変面白い点なのだが、わが隊には常時、女の一団がついているのである。（…）毎朝、隊が移動するとき、隊列前部は女とその子どもたちで構成されている。これはセネガル歩兵たちの妻や子どもたちである。わが隊の黒人兵たちは、われわれ白人とは違って、自分たちの食事の準備を大変嫌がる。炊事は女の仕事だというのである。女たちは軍が与える日ごとの食糧をもとに兵士たちの食事を作っている。それがクスクスというやつである。その女たちは行軍にあたっては夫の装備品を運ぶことまでするのである。かくして、セネガル歩兵たちは自分の銃と弾薬さえ身に着けておけばいいということになる。身軽になり、素早く任務を遂行できるという次第である。わたしとしても、これらの女たちが軍規に従う以上、文句はない。女たちの間でときにけんかも起こるが、それは深刻なものではない(6)。

現場からの当時の記録が証明しているが、軍にとって現地女性の存在はじつに有効、貴重なことであったのだ。しかし、フランス軍（フランス行政）はセネガル歩兵に従属する現地人女性への給与支給などはしなかった。というのも、セネガル歩兵と現地人女性との夫婦関係はフランス民法に則った正式の「結婚」とは認められなかったからである。したがって、兵士が死ぬと、その「妻」には何の保障もされず、見捨てられることになった。軍と共に長距離の行軍中に「夫」が死ぬと、その「妻」は身よりもなく、近くの村で乞食になるほかないというケースもあった。「夫」がフランス軍の兵士として生きている間だけ、女性（とその子ども）たちの生活は「夫」の好意を頼りに生きていけたのだ。

一九〇八年、フランスはセネガル歩兵をモロッコ、カサブランカに派遣した。マンジャンの考えに基づくことである。ドイツとの開戦間近と考えられていた時期、セネガル歩兵をまずモロッコに送り、そこで軍事訓練を施すというのが主目的であった。こうしてモロッコに送られたセネガル歩兵部隊には兵士たちの妻が同行することが認められていた。この婦人たちについて「夫人部隊」（Mesdames Tirailleurs）と呼ばれていたという(7)。ここにすでに、フランス行政府がもっていた現地人兵士の「妻」についての曖昧な態度が読み取れる。ガリエニの時代、現地人兵士たちに妻が同行することは認められていたが、その妻はフランス民法に基づく正式の夫婦関係にあるものとは認められていなかった。しかし、モロッコに派遣された兵士たちの時代になると、彼らの妻には正式な夫婦関係が認められていたようである。でなければ、セネガルを離れて、大型船での移動が必要なモロッコまでの帯同が認められるはずがない。ただし、ここで「ようである」と記したように、妻の地位は曖昧なままであった。そのことは一九一四年八月に大戦が始まるとすぐに明確になった。モロッコ駐在中の兵士たちは急遽《きゅうきょ》フランスに移送されることになったのだが、その時、兵士たちの「妻」については正式な夫婦関係にあるものとは認められず、帯同は許可されなかったのである。第一次大戦時、フランスに送られたセネガル歩兵には女性は帯同されていなかった。

では、モロッコにいた女性たちはその「夫」である兵士がフランスに移送された後、フランス軍によってセネガルに送り返されたのだろうか？　あるいは、モロッコに放置されたのか。その点がはっきりしない。ジンマーマンが記すところによっても、モロッコ在であった「夫人部隊」についてフランス行政府の手になる史料はないようである(8)。はっきりしているのは、セネガル歩兵たちがモロッコにいる間、彼ら専用の基地が設置され、それは「アフリカ人村」ないし「黒人村」と呼ばれていた。こうして、セネガル歩兵たちを一つの基地内に集住させたことにはいくつかの理由がある。セネガル歩兵といわれる西アフリカの兵士たちの出身地は西アフリカ各地に広がることを本文中で記した。彼らは民族的にも異なり、したがって言語、風習、食べ物についても異なる場合が多い。そういった多種の文化を背景にする兵士たちを一か所に集めて、共に生活させることで彼らの間の交流を強め、一つの軍の兵士としての士気をより強いものにする。それが第一の目的である。

もう一つの理由は、セネガル歩兵を「アフリカ人村」という基地に集めることで彼らをモロッコ人大衆、特に女性から「隔離」することであった。モロッコ人はアラブ系の人々であり、彼等には伝統的に黒人に対する優越感、あるいは侮蔑感が根強くある。セネガル歩兵たちが多数モロッコに滞在すること自体が問題含みであった。彼らに自分たちの「妻」の同行を認めないとすると、モロッコ人女性との間での性的接触が想定される。これはフランス軍にとっても好ましいこととは思われなかった。モロッコ人大衆からの強い反撥が危惧されるからである。その反撥が暴動などの事態に発展しないとも限らない。

「アフリカ人村」での女性たちは彼女らがすべきと思われた仕事をしていた。村内の「住居」は白地布のテントであった。洗濯、身体洗いは付近の川でなされるのが普通だった。

本書第四章、最後の部分の注21に記したが、モロッコに派遣されていた一人のセネガル歩兵の回想録中に、独身のセネガル歩兵にとっても同僚兵士の妻が作ってくれる食事が楽しみであったことが述べられていた。じつのところ、ここでの「妻」も奴隷身分出身のものであり、必ずしも特定の兵士の「妻」ではなく、かなり自由に行動できる女性がいたらしいことがうかがわれる。実際のところ、女性の数はモロッコ在のセネガル歩兵数の四分の一以内にすると軍は決めていたという。セネガル歩兵部隊に同行して、ダカール港まで来たものの、モロッコ行きの船に乗せてもらえず途方に暮れる女性もいた。自分の出身村まで帰るお金など支給されることはなかったからである。

「アフリカ人村」に隔離されていたとはいえ、もちろんのことその隔離は完全なものではない。第一、女性たちは日々の食事準備のためには市場での買い物が必要である。女性たちの中には才のある人も多く、市場で仕入れたものをより高く売るなどしてそれなりの収入を手にする人もいた。酒を入手し、イスラーム教徒ではない兵士たちに売ることなど、いい収入になったようである。

基地内の女性たち、および子どもたちの病気は軍の手におえないような問題だった。軍に婦人病の専門医はいなかったからである。アフリカの村では出産の時、高齢女性が産婆役を務めることが多いが、モロッコに来ているのは若い女性ばかりである。出産時の手当などは重大な問題だったはずである。生まれた後の新生児についても、村にいれば周囲の女性たちすべてが面倒を見るが、基地内ではそうはいかない。幼児死亡率は高かったであろう。

第一次大戦中、フランスの前線で戦っているとき、休息期間中におけるセネガル歩兵たちと女性という問題について、筆者は今の時点で詳しい情報は何も手にしていない。ごくわずかに、兵士たちの多くが現地フランスの売春婦と接触し、稀なケースとして現地の一般女性との結婚があったという記述を目にするのみである。しかし、兵士とフランス人女性との接触は必ずしも肉体的、性的なもののみとは限らない。むしろ戦場での苦しみを和らげるためには精神的なつながりを感じさせてくれる女性の存在こそが重要であったはずである。すでに言及したことのあるセネガル歩兵自身の手になる回想録であるバカリ・ジャッロの記録にも、セネガルに残してきた家族、親族の女性に強い愛着を感じるのはもちろんだが、それよりも「神のおぼしめしで」偶然に知り合うことになったフランスで新しく得た知り合い女性やその家族への思いがいかに強いものであったかが記されている(9)。戦場に出る直前の思いとしてごく自然なものであろう。フランスではセネガル歩兵と精神的なつながりをもつフランス人女性のことをマレヌ(marraine)と言っていた。マレヌとはカトリック信者が洗礼を受ける際の代母のことであり、生涯にわたって精神的な支えとなる人のことである。セネガル歩兵たちは休暇時にこのようなマレヌに会うことを無上の喜びとしたであろうし、マレヌから届く手紙を生涯大切にしたという(10)。

補遺2　第一次大戦後のセネガル歩兵

セネガル歩兵がフランス人一般に与えた影響

本書では第一次大戦時におけるセネガル歩兵をめぐる植民地行政官ヴォレノーヴェンと政治家ジャーニュの動きを主な検討対象にしてきた。その検討の中で「セネガル歩兵」そのものについても当然ながら相当量の記述をしてきた。「セネガル歩兵」がどのような経緯を経て創設されるに至ったかを検討したのも、本書記述の流れの中で必要なことだったからである。しかし、第一次大戦が終わった後のセネガル歩兵については全く検討しないままであった。わずかに、セネガル歩兵は一九五〇年代後半に至るまで、つまりセネガルが共和国として独立に至る時期まで存在し続けたことについてごく簡単に触れておいただけである（第八章、二一〇頁）。この補遺2において、第一次大戦後のセネガル歩兵についてもう少し記しておこう。

第一次大戦直後にフランスで発行された一著がある。『わが家にやってきた見知らぬ男たち』というもので、著者はフランス南部、今はリゾート地として名高いコートダジュール、ニースやカンヌにもほど近いフレジュスに夫とともに住んでいたリュシー・クチュリエという女性画家である。自身、ポール・シニャックの弟子であり、またジョルジュ・スーラなどとも親交があり、新印象派の画家としてそれなりに名を成していた。

一九一六年春、居宅のすぐ近くに「アフリカからの兵隊たち」のために営舎が作られることになる。西アフリカという「暑い」地域からフランスに送られて来、ドイツ国境の西部戦線で厳寒の冬を過ごし、風邪、肺炎、そして凍傷を経験、それらが原因で死にゆくものが多く、フランスは急遽、それら兵士の療養・休養と治療のためフランス南部のフレジュスに兵営を設置した（これもブレーズ・ジャーニュの功績の一つである）。フランス北部の厳寒はセネガル歩兵たちが全く知らないものであった。特に一九一六年から一七年にかけての冬、二月にはセーヌ川は完全に氷結、パリでも凍死者が出るほどの寒さだった(1)。

クチュリエ一家はそれまでアフリカ人とは何の縁もない人々だった。見知らぬアフリカ人たちが突然すぐ近くに住むことになった。周囲の人々はアフリカ人を「猿」と呼ぶのが普通だったし、これらの「猿」たちが付近に来れば泥棒、さらには強姦事件が起こると話し合っていたのである。クチュリエ自身、アフリカ人については「肩の上に黒い塊があって、そこに白い琺瑯《ほうろう》の点々が、つまり歯と眼の白い部分ですが、その白い点がいくつかあるおかげでやっとその黒い塊が顔なのだと分かる」(2)といったありさまだった。アフリカ人などそれまでは話に聞いたことはあっても、見たことなどなかったのだ(3)。

そのクチュリエ家の庭にある日突然、一人のアフリカ人兵士が現れ、それから彼らとの交流が始まる。兵士は次々と別の兵士たちを連れ来、多くの兵士たちとの交流が始まった。兵士たちにしてみれば、西アフリカの故郷から異国に連れてこられ、いきなり激しい戦いの前線に送られ、戦闘の上にすさまじい寒さを経験し、周りには自分と同じ言葉を話す人などほとんどいないという状況の中、多分、初めて経験した「家族」のように遇してくれる人々に会い、クチュリエの家にたびたび現れるようになったのである。

写真９　バナニアのブリキ缶の意匠
セネガル歩兵に特徴的なシェシアと呼ばれた赤い帽子をかぶり，満面の笑みを浮かべた黒人が右手に持ったスプーンでバナニアを味わっている。Y'a bon. という言葉が印刷されており，これはきちんとしたフランス語を話せないセネガル歩兵に独特のものとされ，「プチ・ネーグル」と蔑称された特殊なフランス語表現である。「おいしいあるよ」といった意味合いになろうか。この意匠でのバナニアの缶の最初の登場は1915年である。このデザインはその後長く使われ1967年まで存続した。わたし自身，1970年代にフランスでこの缶を目にしたことがある。さらに，2005年，このデザインが再びバナニアの缶に登場し（フランス版ウィキペディアから http://fr.wikipedia.org/wiki/L%27ami_Y%27a_bon），多くの批判を浴びたという

フランス語を話すことのできないセネガル歩兵たちにクチュリエは初歩からの手ほどきをする。想像するだけで理解されようが、これは大変な忍耐と根気のいる仕事である。その努力は実を結ぶ。驚くべきことだが、兵士たちが休養や治療を終えて、再び前線に帰っていくと、その前線からたどたどしいフランス語で書かれた手紙がクチュリエのもとに届くようになるのである。

補遺2を始めるにあたって、わたしがクチュリエの著を冒頭にもってきたのは、一般のフランス人が黒人に対する嫌悪なり、好感なりを具体的に身をもって意識するようになったのがまさに第一次大戦時からであることを述べたかったからである(4)。第一次大戦以前まではただ単に「猿」と言われるような遠い存在でしかなかった黒人たちが、大戦が始まると現実に自分たちのすぐそばに存在するものとなり、今度は強姦や物盗りを恐れなければならぬものになった黒人たちであったが、戦争が終わってみると、彼らがフランスのために戦ったという現実を認識するようになった。大戦後、ラ・デペシュ・コロニアル・イリュストレ紙をはじめとするいくつもの大衆紙においてセネガル歩

兵称讃の絵入り記事がどれほど多く書かれたことか。それは特にセネガル歩兵ラインラント進駐（すぐ後に述べる）時に顕著なことだった。大戦前、そして大戦中も、黒人兵たちの兵としての「身体的」能力の高さ、恐れも知らず、あれこれ考えることなくただ戦う能力の高さ（それはとりもなおさず彼らの「知能」の低さを強調するものであった）ばかりを称揚していたマンジャン（第二章を参照）までもが、今や黒人兵たちの知的能力の高さを称揚する記事を書いていたのだ(5)。

フランスの大衆はこうして大戦直後の時期、黒人兵たちに感謝の意識をもち、褒《ほ》め称えた。上に述べたリュシー・クチュリエの著も一般フランス社会におけるこのような黒人兵称揚ムードの中に登場した「お涙頂戴《ちょうだい》もの」の一つとして位置づけられるのかもしれない。ただし、大衆の次元において黒人兵称揚の意識は長続きするものではなく、バナニアというココアに似た飲み物の宣伝・広告としてあまりにも有名になったポスター（およびブリキ缶）に示されるようにむしろ差別的な視線として人々の記憶に残ることになったのだが（前頁の写真9参照）。

第一次大戦での戦死兵士数

話を西アフリカに戻そう。

四年超に及んだ第一次大戦において、フランスの人的損失はどれほどであったのだろうか。いささか驚くようなことだが、正確な数は分からないというのが実情であるようだ。戦場で死んだ兵士、行方が分からなくなった兵士、捕虜になったのち行方不明になったもの、戦場ではないが戦争に関わる諸業務遂行中に死亡したものなどさまざまな要因があり、「戦死者」として正確な数字は出しにくいらしい。

セネガル歩兵についても事情は同様である。著者によって数字が異なるという事実もある。セネガル歩兵について最初にと言っていい包括的、かつ詳細な研究をしたM・ミシェル（フランス人。わたしは二〇〇三年に出版された彼の著を参照しているが、この著はもともと一九八二年刊のものを基にしている。さらに彼は一九七〇年代初めからいくつもの論文を発表している）はさまざまな資料を検討のうえ、第一次大戦中に徴兵された西アフリカ人の数は約一七万人、そのうちヨーロッパに呼び寄せられたセネガル兵士の数は一三万四〇〇〇人としたうえで、死者数を三万人強とし、それに完全施政コミューン出身の兵士（つまりフランス市民権をもったセネガル人兵士）の死者数七〇〇人から八〇〇人が加わるとする。計約三万一〇〇〇人となる。ミシェルによれば、フランス人兵士の死者率とセネガル兵士の死者率は同程度であり、西アフリカの貧しい階層出身の兵士も、フランス農民階層出身の兵士も同程度の率で死んだのだとしている(6)。

本書中でわたしも何度も言及してきたエチェンバーグ（アメリカ人）もその一九九一年刊の著においてミシェルの得た結果に依存する形で西アフリカからの徴兵数を一七万八九一人としたうえで、約三万人の死者数であり、それは千人中一八五人ほどの死者ということになる。フランス軍全体についてみると、千人中の死者数は二六〇人ほどになるのでセネガル兵の死者数が特に多いことにはならないと記している(7)。

こういった見方に対して、違った見地から異論を唱えているのはラン（Lunn 1999b）である。アメリカ人であるランの研究はセネガル歩兵の生き残り兵士八五人から証言を得、それらと史・資料とを突き合わせる形でなされており、ミシェルやエチェンバーグによるほぼすべてフランス側の書かれた史・資料のみを基盤にした研究からさらに一歩前進している。ランの記すところによると、大戦の全期間について言えば、フランスで動員された全ての人の一六・五パーセントが戦死しているのに対し、セネガル兵士については一五・五パーセントであり、その観点からはフランス人兵士の死者率のほうが高いことをまず認めている。しかし、大戦全期間中の死者数というとらえ方には多くの問題が含まれている。

まず、戦闘員だけについてみると、セネガル兵士の死亡率はフランス人兵士のそれよりも二〇パーセントも高いという事実があること。フランス兵の中には歩兵だけではなく、砲兵、騎馬兵、工兵、航空兵もあるが、セネガル兵士の場合はほぼ全員が歩兵である（歩兵のほうが死亡する率が高い）。

また、大戦が始まったのは一九一四年八月初めからだが、一九一六年七月に至るまでセネガル歩兵についてはさ

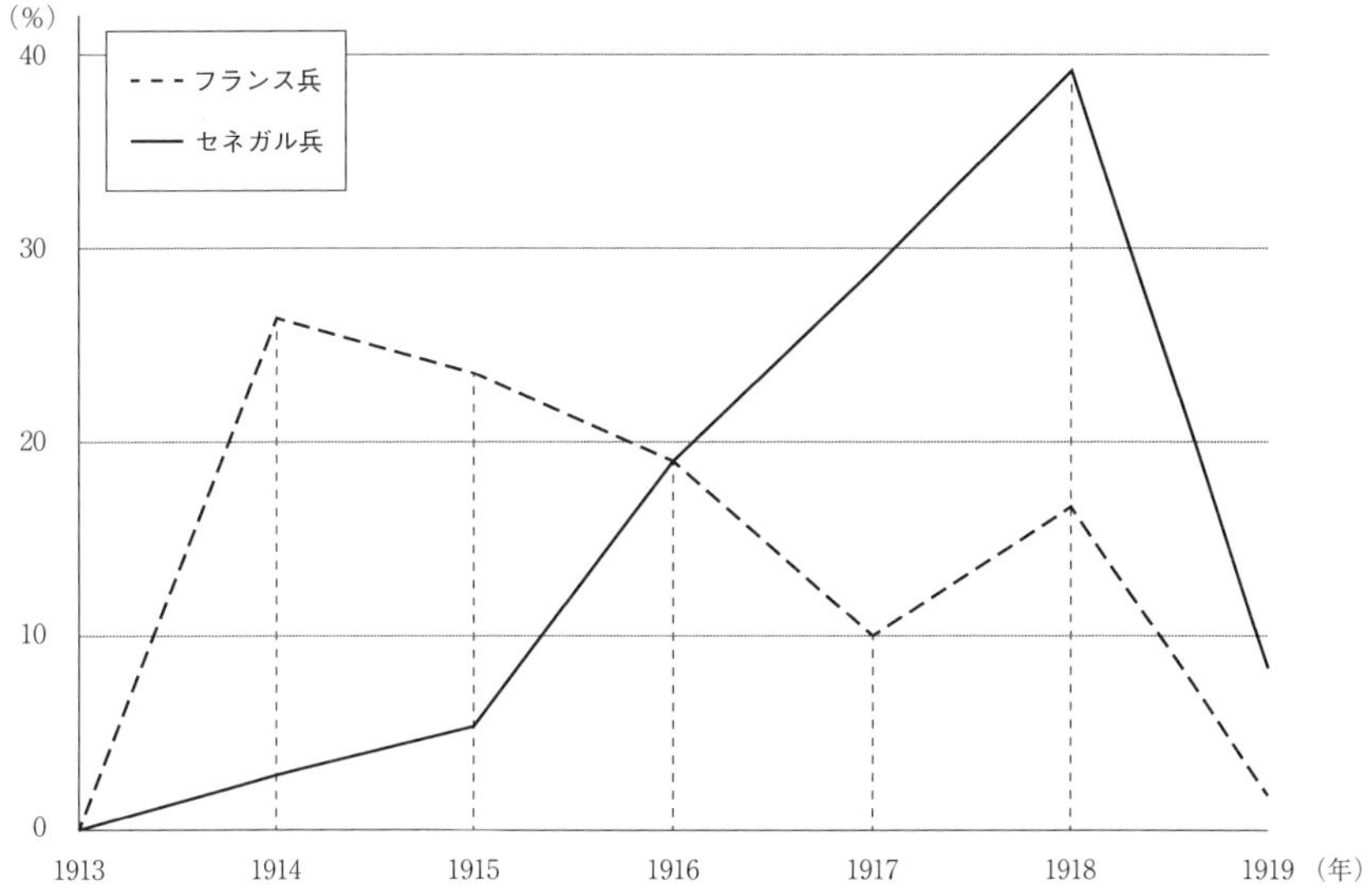

図10　当該年ごとのフランス兵，セネガル兵総数中の死者数の割合（Lunn 1999b: 144 による）

ほど多くの数はヨーロッパに投入されていなかった。したがって、その期間についての死者の多くはフランス人であること。実際、フランス兵の死者はその六〇パーセントが大戦が始まってから一九一六年七月までの二二か月の間に死んでいるのである。その点を考慮すると分かるが、大戦が終わるまでの後半の二年半の間にセネガル兵士はフランス人兵士のほぼ二倍の率で死んでいる。特に一九一八年のセネガル兵士の死者率は異常なほどに高く、約四〇パーセントに上っている。逆にフランス人兵士の死者率は同期間について明確に減少している。

もう一つ考えなければならないことがある。それはセネガル兵士たちは毎年十一月から三月の厳冬期の間、戦線を離れていたことである。彼ら専用にフランス南部に設営された営舎で休養とけがや病気の治療を受けていたからである。

これらの点を考慮した場合、セネガル兵士たちは戦闘の場において、フランス兵たちより二倍半の割合でより多く戦死していた(8)。それがランの言うところである。

これに関連して、さらに深刻な問題がある。セネガル歩兵たちは前線においてフランス人兵士を守る「盾」にされていたのではないかという問題である。「盾」という言葉はわたしのものであるが、フランス語では chair à canon（砲弾の餌食）と言われた。要するに、フランス人兵士の損失をできるだけ少なくするために、戦場ではまずセネガル歩兵たちに突撃させ、フランス人兵士たちはそれに続く形で後から前進したということである。先に挙げたミシェルはこの点を認めつつ、微妙な言い回しをしている。「フランス軍の指揮官にとってフランス人兵士の血はできるだけ〝倹約〟しなければならなかったのは明らかだが、砲弾の餌食作戦が実際の軍略として実施されたという確かな証拠はない(9)」という。

これに対して、ランはミシェルの記述を強く意識した上でと思われるが、「一九一六年以降、多くのフランス人指揮官はフランス人兵士の損失を少なくするためアフリカ人兵士を積極的に犠牲にする方法をとったという否が応でも認めざるを得ない証拠（compelling evidence）がある」(10)と明言し、何人ものフランス軍指揮官（将軍クラス）の言として残されている資料を引用している。いずれもが「フランス人兵士の血をより少なく流させるようにセネガル兵士を活用する」という趣旨のものである。中でもプティドマンジュ大佐の言葉は衝撃的で次のようである。

セネガル人（西アフリカ人）たちはフランス人兵士の代わりとして砲弾の餌食になるために徴兵されたのであり、彼らはフランス人兵士の血を無駄にしないように使われなければならない。したがって、セネガル兵たちは状況に応じて、少数ではなく大量に投入されねばならない(11)。

ランがとどめを刺すかのように記しているのだが、クレマンソー首相も一九一八年二月一八日、上院において「わたしは黒人兵たちに深甚の敬意を表するものではあるが、フランス人一人を失うよりも黒人一〇人が殺されるほうがはるかにいいと思う」と述べたという(12)。

戦闘員の使用法について人種差別的なものはなかったとは言い切れないというのが事実であろう。

第一次大戦休戦後のラインラント進駐問題

休戦の翌年一九一九年六月二八日に調印されたヴェルサイユ条約によりラインラントは非武装地帯と定められた。ラインラントとはドイツ西部ライン川左岸流域、その北側はオランダ、西側はベルギー、フランスのロレーヌ地方に接する一帯であるが、フランスとドイツの間でしばしば紛争の舞台になっていた地域であり、ナポレオン戦争の間の一時期フランス占領下におかれたこともある。フランスとしては一八七〇年戦争でアルザス・ロレーヌをドイツに占領されたことへの意趣返しの意味があったであろう。

フランスはこのラインラントにフランス兵と同時に植民地兵を進駐させたのである。このことはドイツ国民を憤激させ、ヒトラーをして激しく怒らせる原因の一つになった。ネルソンの論文とミシェルの著(13)によって、この問題について概観しておこう。

ラインラント進駐軍として駐在した植民地兵はセネガル歩兵だけではない。アルジェリア兵、モロッコ兵、チュニジア兵、マダガスカル兵などフランスの多数の植民地からの兵士が送られている。一九一九年四月（ヴェルサイユ条約調印以前！）にはまずマダガスカル兵が進駐し、その一か月後にはセネガル兵約一万人が送られた。進駐軍の総数は一九一九年に二〇万人、一九二〇年一月にはその数は八万五〇〇〇人に減らされたが、そのうち約四万二〇〇〇人が黒人兵であった。セネガル兵たちは冬にはフランス南部の営舎に避寒のため送られたが、一九二一年春には再び四万五〇〇〇人がラインラントに送られた。ラインラント進駐は三年の間続いたのである。

大戦中もドイツではフランスが西アフリカからの兵士を前線で起用することに対して強い批判があったのだが、休戦後にフランスがドイツ領内に黒人兵を進駐させることについては激しい批判、非難、と同時に恐れがあった。しかし、フランスが敢えてこの方針を推し進めたことには、ドイツに対して屈辱的な敗北感を味わわせるためという目的があったようだ（このようなやり方はのちに激しい形でフランスに帰ってくることになるのだが）。

ドイツは黒人兵の自国領土内への進駐について、それはヨーロッパ白人を辱めるのみならず、文明世界に対する挑

写真10　セネガル歩兵の記念碑　南仏コートダジュール，海辺の保養地として名高いカンヌにほど近い町フレジュスにある。第一次大戦時，当時は小さな漁村であったこのフレジュスに，西部戦線の激戦を戦うセネガル歩兵たちのための休養施設が作られた。冬の厳寒を避け，傷病の治療，休養と保養を目的とした。この記念碑は大戦終了から76年後の1994年に創設，同年9月1日に式典がおこなわれた。記念碑は浜辺のすぐ近くの遊歩道上にあり，近くにはヴァカンスを楽しむ観光客のためのホテル，レストランが数多く立ち並ぶ。セネガル歩兵の記念碑に目を向ける人は少ないようだ。記念碑の土台部（左上の写真）にはレオポル・セダール・サンゴールの言葉，「過ぎ行く人よ，あなたがフランス人であり続けるために，彼らは友愛のうちに斃れた」という言葉が記されている（筆者撮影）

戦であるとしてフランスを激しく非難した。その非難、批判はドイツだけから湧き上ったのではなくイギリス、アメリカにおいても同じであった。イギリスのロイド・ジョージ首相はフランスを批判した。そして、アメリカのウッドロウ・ウィルソン大統領とフランス、クレマンソー首相の間では「貴国はラインラントにセネガル兵を進駐させようとしているということを耳にしたが、本当か」というウィルソンの問いに対し、クレマンソーは「じつは、すでにラインに進駐している。しかし、おっしゃるように黒人兵を進駐させるのは重大な過ちだと思うので撤退させようと思っている」という問答があったという(14)。

これは空《から》約束だった。

フランスは、敵対国ドイツのみならず戦勝側の同盟国である英米などの反対を押し切って、なぜセネガル兵たちを進駐させたのか。それにはいくつかの理由がある。

繰り返すまでもないことだが、セネガル歩兵たちは大戦期間中において前線で激しい戦闘に従事した生き残りの兵士たちである。その兵士たちに激戦後の「ご褒美」としての意味合いがある。ただし、その意味合いは進駐の初期について言えることであろう。

次に、休戦したとはいえ、いつまた再び戦闘が再開されないとも限らない。そのためフランス国内ではフランス兵をそれに備えて訓練しておく必要があった。

また、戦後のフランス国内復興のためにはセネガル兵に頼るよりもフランス人自身があたるほうがはるかに効率が良いというのも事実であろう。

同時に、フランスとしては戦後のフランス国内にセネガル兵を多くとどまらせることにはさまざまな観点から危惧があった。敢えて言えば、「厄介払い」という意味合いがある。

そして、大戦中にドイツがあれほど嫌った「野蛮な」黒人兵をドイツ領内に進駐させることで、ドイツが戦闘再開を試みたりすれば、これら「野蛮な兵士たち」がいつでも即座に対応するぞということを見せつけるため。

フランスのやり方は確かに称讃に値するものとは言えないものであっただろう。ここでもマンジャン将軍の考えが背景にあったようだ。マンジャンはその著においてフランスは地中海の内側にとどまるものではなく、サハラのはるか向こう、中央アフリカにまで広がるのだと述べている（本書第二章の「比類のないショック部隊」の項を参照）。その考えに従えば、敗戦国ドイツ領内にフランスのさまざまな植民地兵（＝マンジャンに言わせれば純粋なフランス人ということになる）を進駐させることには何の問題もなかったのだ。

ドイツでは黒人兵をはじめとするフランス植民地兵士たちが進駐してくることについて、特に性的観点から恐れられた。黒人の血が白人のそれに混じることが恐れられたのである。そのことについては本書第十一章の注11でも触れた。アフリカのことをよく知り、ベルギーのレオポルド二世によるコンゴ自由国での横暴ぶりを激しく糾弾したイギリスの知識人エドマンド・モレルでさえもが「黒人たちは自然の法に支配された人々で、すさまじい性本能に左右されている。そのような黒人たちが文明世界であるヨーロッパの中心に来る」(15)と言ったという。

ドイツはこの事態を反フランス・キャンペーンの材料として展開した。ドイツの各新聞、女性団体などがキャンペーンの先頭に立った。「ラインの恐怖」として世界的に喧伝されたのである。フランスのやり方は「眼には眼を」をはるかに超えており、紙面では具体的に書くわけにはいかないようなさまざまな事件を起こさせ、ドイツ国民を侮辱しているといった記事が書かれた。暴行、強姦などの事実が本当に起こっているかどうかには敢えて触れずに、「紙面では具体的に書くわけにはいかない」と記すことで人々の想像に訴えて恐怖感、嫌悪感をあおる戦法と言えよう。この種の記事は英語、フランス語、イタリア語、ポルトガル語、スペイン語などを通してヨーロッパ世界の広い地域の人々に読まれるべく流布された。

このような反フランス・キャンペーンにフランス側は当然反論した。ドイツこそが公然と人種差別をしているではないかという論法である。フランスでは「黒人兵士支援委員会」（Comité d'Assistance aux Troupes Noires）という組織が中心になり、ドイツが発行する文書に対抗する文書を次々に発行した。それらの文書では、ラインラントで黒人兵たちと親しく交流している現地人の好意的な声も載せられた。しかし、反フランスの声は高まり、特にアメリカで高かったという事実に注目しておきたい。たとえば一九二一年二月二八日、ニューヨーク、マディスン・スクゥエア・ガーデンにおいて一万二〇〇〇人もの人を集めた反フランス集会がなされたという(16)。

さて、ここまでネルソンの論文とミシェルの著に依拠して記してきた。ネルソンもミシェルも述べておらず、またわたしが目にした限りでは他の誰も述べてはいないのだが、ブレーズ・ジャーニュの「分かりにくさ」とセネガル歩兵のラインラント進駐との間には関連があると考えられる点について記しておきたい。

本書第十二章で記したが、ブレーズ・ジャーニュはフランス国会議員としての活動において、セネガル植民地住民とフランス本国人との間にある諸種の不平等を是正するために力を尽くした。西アフリカの人々を大戦に参加させたのも同じ「市民」としての権利を主張するためには、同等の義務を果たさねばならないという考えからであった。一九二〇年に至る頃までのジャーニュは確かにアフリカ黒人にとっての「希望の星」だった。しかし、大戦終了後のジャーニュの議員としての活動にはいくつもの不可解さがある。そのことについては第十二章で詳述したとおりだが、フランスの国内外に及ぶ施策を称揚するあまり、西アフリカにとってむしろマイナスではないかと思われる発言、行動を繰り返したのである。彼はフランスの植民地政策をイギリス、ベルギーのものと比較し、イギリスのそれは人種差別的であるとして激しく批判する一方、ベルギー(フランス語を話す人が多い)のそれに対しては寛大な見方をしていた。「コンゴ自由国」を私的に所有したレオポルド二世の「暴虐」ともいうべき苛烈な「統治」で国際的に激しい非難を浴びる状況にあったベルギーに対しては「寛大」であった。

ジャーニュのこの不可解さの根本には、彼の「フランス人」としての強い思いがあった。ジャーニュはその意味で完全に「同化」しきっており、フランスをわがものとして内面化しきっていた。しかし、他方で彼はみずからの「黒人」としての在り方、存在そのものからは当然ながら解放されることはなかった。あくまでも黒人としての自分がいたのである。ジャーニュは一九一八年、クレマンソーの命を受けて西アフリカで大量の兵士徴募に成功したのち、帰国後、フランス国会の一代議士という以上の栄誉ある「黒人部隊最高指揮官」という地位に任ぜられている。

さて、大戦終了後、この項で述べてきたとおりフランスが進めたラインラントへの黒人兵進駐に対して、当のドイツからだけではなく、フランスの同盟国側であるはずのイギリス、アメリカなどから激しい批判、非難がなされた。「黒人の進駐は文明世界への侮辱」とまで言われたのである。特に黒人の性的側面が恐怖された。黒人がドイツ白人女性を犯せば、その結果として生まれる子どもの背中にはシマウマのような白黒の縞が入っているとまで言われたのである。黒人兵進駐に対する批判、非難はヨーロッパの幾多の言語で欧米諸国に流布された。

これが「黒人部隊最高指揮官」の地位にあり、したがって黒人部隊を指揮すると同時に、その部隊員すべてを擁護する立場にある者としての自分、そしてみずからも黒人であるブレーズ・ジャーニュの心中に何らの動揺ももたらさなかったと言えるであろうか。ジャーニュから見れば、ドイツやイギリス、アメリカからの批判、非難こそが黒人に対する侮辱とは思えなかったであろうか（実際、現在の時点で見れば、誰の目にとっても侮辱そのものである）。周囲のフランス白人代議士たちにみずからの心の内を率直には伝えられないまま、彼の中に耐えがたい屈辱感が湧き上がっていたはずである。その一つの証拠として一九二一年五月二日付けのラ・デペシュ・コロニアル・エ・マリティム紙に載せられた記事があるが、そこでジャーニュは「黒人兵に対する誹謗中傷」に対して激しく反論している。そして、その反論中でジャーニュは「このような中傷に対してはさらなる黒人兵進駐をもって応えねばならない」(17)と言っている。

ブレーズ・ジャーニュはここにおいてフランスの立場を強く支持し、その施策を強力に推し進めることに執着する理由があった。彼からすれば、意固地になってでもフランスの方針を押し通す必要があった。黒人と白人の平等を実現する。それこそがブレーズ・ジャーニュの生涯を貫いた考えである。白人がする戦争に同胞である黒人を参加させたのと同様、敗戦国ドイツの白人が住む土地に同胞である黒人を進駐させることに何の問題があるのか。それが「ヨーロッパ文明世界に対する侮辱」などとよくも言えたものだ。イギリス、アメリカまでがそれに同調しているのである。そこには白人至上主義の思想が明確すぎるほどに表れているではないか。であるならば、黒人兵を進駐させること、そうすることこそが「平等」の実現への道ではないのか。ジャーニュにはフランスの方針を絶対的に推進する必要があった。ジャーニュにはみずからの内奥から突きあがってくるような「怒り」の念があった。その怒りを抑えるためには、なんとしてもフランスの施策を推し進める必要があったのだ。ここでジャーニュは「同化したフランス人」ではなく、その精神において純粋なる、絶対的なフランス人になりきった。彼にとってフランスのすることすべてが「善」になってしまったのである。一旦、その道を選んでしまった以上、もうそこから脇に逸れることなどできなくなってしまったのだ(18)。

本書第十二章「議員二期目のジャーニュ」の項で、わたしは「ジャーニュの言動にある種の分かりにくさがあるのは、このあたりから」(二七八頁)始まったと記した。「このあたり」とは、まさに一九二〇年半ばの時期、ラインラント進駐さなかの時期であった。その時期以降のジャーニュはまさにフランス一辺倒になっていく。アフリカ植民地においてフランスが実施していた強制労働を支持し、フランスの統治から離れてアフリカ諸国が独立することに激しく反対した。それはセネガルをはじめとする西アフリカ諸地域出身者の多くに文字通りの絶望の種となるものであった。

西アフリカに帰還後のセネガル歩兵

大戦後、セネガル歩兵たちは順次、西アフリカに送還されていった。家族、親族、地域の人々との再会の喜びは想像に余りある。長い間にわたって全く音信のなかった若者が帰ってきたのだ。腕や足を失ったものも多かったが、とにかくもとの場所に戻ってきた。

しかし、ダカール港に戻ってきたセネガル歩兵たち全員が出身村に戻ったわけではない。セネガル歩兵の多くは奴隷階層出身者であった。つまり、出身地に戻ることは、再び「主人」の庇護下、支配下に戻ることになる。それを嫌ったからである。

帰還兵たちの多くは村でのもともとの生活に戻ったが、当時のフランス植民地行政下の下級役人になる人もいた。彼らはさまざまな意味で村人たちからある種の「畏敬」の対象になった。わずかながらであれフランス語を話すということ自体が人々を驚かせた。その上にフランス人風の生活の仕方とでもいうものを見せつけられた。村人たちは帰還兵の言うことには特別の意味があるかのように聞いたという証言がある(19)。そして何より重要なことは、各地で帰還兵の団体が作られたことである。まず、一九一九年には完全施政コミューンにおいて「元兵士」団体が作られ、それに続くように地方部において「元セネガル歩兵」団体が作られていった。元兵士、元セネガル歩兵としての権利擁護を主目的に、仲間同士の相互扶助をし、七月一四日（フランス革命記念日）、一一月一一日（大戦休戦記念日）には皆でパレードをするためでもあった。

これらの旧兵士団体の運動の中から、西アフリカにおいて初めてとなった「労働組合」が形成されていったのである(20)。旧兵士たちはフランス滞在中にフランス人兵士たちが下級兵といえども不満がある場合、結束してその不満解決のために立ち上がることを目にしている。一九一七年春、前線でのあまりの過酷さにフランス人兵士たちが命令を無視するという事態が多数起こっている。結束すれば上位者に対してもものが言えるのだということを学んでいた。

一般社会の人々の「思想」に影響を与えるこのような動きは即座に社会を変えるというわけではないにしても、集団としての人々の考え方に影響を与える。一人の女性について言及しておこう。

アワ・ケイタは一九一二年、当時のフランス領スーダン（現マリ共和国）のバマコ生まれ。父は彼女が生まれたのちフランス軍への徴兵を受けセネガル歩兵として第一次大戦に参加した人である。父は無事に帰還し、その後はバマコでフランス行政府の下級役人になっている。アワは初等教育を受けたのち、一九三一年、二〇歳時にダカールの助産婦養成学校に入学した。この助産婦養成学校はブレーズ・ジャーニュがフランス共和国高等弁務官として徴兵を目的に西アフリカに特派された折、その任務受諾条件の一つとして出したダカールでの医学校創設により、その医学校の一部門として一九一八年に創設されたものであった。

アワ・ケイタはそこでの教育終了後、助産婦として働き、生涯に九〇〇〇人の赤ん坊の誕生を手助けした。当時、西アフリカの女性にとって、西洋式教育を受けた助産婦は女性が昇り得る社会的地位としては最高のものであった。それだけではない。彼女は助産婦として働き始めるとすぐに「医師・獣医師・薬剤師・助産婦ユニオン」という労働組合に加入、スーダン独立のための運動としてのストライキなどをおこなった。一時期、彼女は反フランス運動ゆえにバマコから遠く離れたセネガルのカザマンスに左遷されたこともある（ブレーズ・ジャーニュの経歴を思わせる）。その活動を通して、アワはフランス植民地統治に反対する党として結成された「アフリカ民主連合」（Rassemblement Démocratique Africain/RDA）の中心人物の一人になっていった。ついに彼女は「アフリカ民主連合」党中央委員会メンバーになる。そして、スーダンがマリ共和国として一九六〇年に独立後は国会議員に選ばれ、女性の地位向上に大きく貢献したのである(21)。

アワ・ケイタの一生はわたしたちにいろいろなことを考えさせる。ブレーズ・ジャーニュが西アフリカでの徴兵任務の引き換えとしてダカールに医学校の創設を要求したことが、のちに西アフリカ女性の地位向上に大きく貢献したという事実がまず第一。この点でもジャーニュは「慧眼」であった。フランスがジャーニュの要求を受け入れ、医学校（それに薬剤師養成校、助産婦養成校も含まれる）を創設したのは、そこでの教育を通して西洋医学を現地アフリカ人に教えることで西洋文明の優秀性を叩き込む目的があったはずである。そのことによって、西アフリカを「フランス化」する。フランスの力を西アフリカに広げるための医学校創設であった。第一、アフリカには医学など存在しないと考えられていたのだ。ところが、そこで教育を受けたアワは教育結果をみずからの仕事に生かしつつ、アフリカ人としての自分、アフリカ人の文化を深く認識するに至り、それはやがて反植民地統治、反フランス、マリ独立の運動へと発展していった。フランスの当初のもくろみとは逆の方向にことは進行したと言えよう。さらに、アワの父親はセネガル歩兵として大戦に参加した人であることも、アワのその後の道を思うとき、感慨深いものがある。

大戦から帰還した兵士たち（の一部）が植民地状況下にあるアフリカ各地において反宗主国の運動に関わり、やがてそれが独立運動へと連なっていくという図式は好ましいものではある。ただ、そのような動きが運動として存在するようになるのはむしろ第二次大戦後のことである。ではあるが、第一次大戦後にも元セネガル歩兵たちは諸種の団体を形成していた。それらは相互扶助、そして記念日にパレードするのが主活動であったことを鑑みると、むしろフランスを称揚し、自分たちの経験を懐かしみ、美化する形でなされていたと言うべきかもしれない。そんな中で西アフリカ初の労働組合も彼らを中心に結成されていることは見逃すべきではないだろう。

第二次大戦とそれ以降のセネガル歩兵

西アフリカにおけるセネガル歩兵としての徴兵は第一次大戦休戦をもって終了したわけではない。それはむしろ強化されたといってもよい。一九一九年七月三〇日付け政令により西アフリカ（ＡＯＦ）、および赤道アフリカ（ＡＥＦ）両植民地連邦でのさらなる徴兵が決定され、一九二〇年にセネガル歩兵数を五万五〇〇〇人に、一九二五年にはその数を一一万人にまで増やすことが目指された(22)。西アフリカにおけるこのような兵士増員が決められた背景には当然のようにシャルル・マンジャンがいた。フランスは第一次大戦で数多くの若者を戦場で失い、帰還兵の中にも無傷のものより負傷者のほうが多いぐらいである。生殖年齢にある若者の数は減少していた。ということは戦後の急激な人口回復は望めないのであり、そこからマンジャンらしい解決法として西アフリカでの徴兵増強が計画された。ドイツに対して勝利し、アルザス・ロレーヌを奪還、巨額の賠償金を得ることになったが、そのことがドイツを憤激させ、再度の戦争可能性が危惧されていたからこそであろう。

西アフリカの広い範囲でなされた徴兵を結論的に述べると、まず徴兵対象者は二つのグループに分けられ、第一陣は兵役に従事すること、第二陣は三年間の強制労働（鉄道や道路、橋などの建設作業）に従事することとされた。一旦、戦争が起これば第二陣も兵士として徴発される。また、主たる徴兵対象者は地方部の貧しい農民、特に健康に問題のない二男、三男の青年であり、「カースト」階層と言われることもある職能民の人たち、たとえば鉄鍛冶や木工、機織り、語りといった世襲的に継承される専門職に携わる人々から徴兵されることは少なかった。民族的に言えば、バンバラ民族（特に現マリ在）、モシ民族（現ブルキナファソ在）出身者たちは特に「闘争的」な人々と見られており、数も多かった。「闘争的」と見られたのは両民族とも数が多く、したがって人々の間での競争が多いことと関連しているようだ。逆に、地方部在住者とはいえ遊牧に携わるトゥアレグ人やフルベ人が徴兵されることは少なかった。

村内での嫌われ者、さまざまな問題を起こしがちな人なども徴兵対象者として村人側から提供されがちだった。また、注意すべきことであるが、この時期に徴兵された人の中には少数ではあるが首長階級の子息が含まれていたことである。たとえば、首長の長男と次男以下との間がしっくりいっていないといった場合、長男は将来の首長の地位をみずからに「保証」するために、気に入らず、しかも自分の競争相手である二男を徴兵対象者として差し出すケースがあった。但し、この場合、徴兵された次男や三男がフランスで三年間の兵役を終えて村に戻ってくると、フランス語を覚え、フランス風の物腰、考え方を身につけたものとしてエリート視され、村に残っていた長男よりも首長にふさわしいと見なされることになりがちだったのである（実際、第一次大戦後の時期であり、無事に帰還する人は多かった）。その点を見越して、みずから徴兵に応じ、帰還後の村でのみずからの地位を有利にしようとするケースも生じた。全体的に言えば当時の徴兵者たちの大半は地方部出身の貧農の青年たちであるが、その中に少数ながら首長階層の子息がいる、といった状況だった(23)。第一次大戦に至るまでの徴兵者の大半が奴隷階層出身者であったことを想起すれば、事情は少し変わっていたことが分かる。

他方、やはりマンジャンの考えに基づくことであるが、西アフリカ現地黒人を士官（将校）としてセネガル歩兵部隊に置くための諸措置がなされた。それまでのセネガル歩兵部隊の指揮はフランス人将校によってなされていたのを、現地人自身に任せようという動きが出てきたのである。フランス白人向けの士官学校での教育を受けさせるといった方法が考えられたが、特色ある事実がある。かつて、フェデルブ総督がサン・ルイに創設した「人質学校」から「首長子息、通訳学校」へと変わっていった現地人教育学校の流れを汲むものとして「軍子息学校」（Ecole des Enfants de Troupe/EET）というものが、セネガルのサン・ルイ、コートディヴォワールのバンジェーヴィル、マリのカティに作られ、各学校で一〇〇人内外の主に元セネガル歩兵の子息に軍事教育を施したという(24)。

エチェンバーグが当時の行政報告書を仔細《しさい》に検討した結果を記しているが、それによると大戦中もそうであったように、第一次大戦後の徴兵においても若者たちの逃散、抵抗は少なくなかった。いろいろな地域間での住民の移動が多く観察されたという事実は、じつのところ徴兵逃れのために村人の多くが別地域に逃げて行ったからである。しかし、他方では一九二九年以降の長い間にわたって世界に深い傷を負わせた経済恐慌は西アフリカにも及んだのであり、そのような中で現金を手にし得るのは兵役（強制労働を含む）しかないという事情もあった。さらに、一九一九年の徴兵に関わる法は徴兵逃れを厳しく罰するようになってもいた(25)。

村で徴兵された兵士たちがセルクルの兵営まで行くのに半日歩けばいい場合もあるが、逆に遠い地域の村からは七日も八日も歩いて行かなければならないこともある。途中の食事、泊るところは各自がどうにかするのである。こういったことが西アフリカの広い範囲での人々の交流、文化の混合を少しずつ進めもした。

エチェンバーグは興味深い事実を記している。彼によると、第一次大戦後の時期において徴兵された西アフリカ人が兵役を務めたのち帰還した人の割合に関するフランス側の統計はない。そこで彼は一九二〇年から三八年の期間について、セネガル歩兵として徴兵された兵士の人数、実際にセネガル歩兵部隊員として記録されている人数、兵営に向かう間の逃亡者、および死者の数、そしてフランスでの死亡者数に関する記録を丹念に調べた上で次のような結果を得ている。上記期間中の毎年の徴兵数一万人に対し、四四〇〇人は兵役期間中に死亡、一一〇〇人は三年の兵役後に再び兵士として登録（つまり第二回目の兵役に就き、その後は職業軍人になる）、残りの八四〇〇人が西アフリカに帰還した。しかし、帰還兵のすべてが自分の村に帰らなかったのは第一次大戦後と同様であった。正確な数は不明だが相当数の旧兵士は出身村ではなく、どこかの都市に住むようになった。フランスで「欧風」の生活様式を身につけ、西アフリカの出身村の生活に戻るのを嫌がった。言うまでもないが、当時といえども西アフリカの都市部には村落部とは比ぶべくもないほどの欧風生活を可能とする諸施設が整い始めていたからである(26)。先に記した、西アフリカの広い地域内での諸民族・文化間の交流・混合と並んで、「農村離脱」現象もこのころから始まっている。戦争、それにともなう軍組織といったものが、それまで知られていなかった新しい病気の導入まで含めて、社会を変えていく様子がうかがえる。

さて、第二次大戦において召集、軍役につかされた西アフリカ兵士数はフランス軍兵士数に比べて、率では第一次大戦時よりはるかに多かったのである。一九三九年、フランス軍総数は八〇個師団、そのうち七個師団はアフリカ人兵士、三個師団はその他のフランス領植民地兵で構成されていたのだ。一九四〇年時、フランス軍を構成する兵士総数の約九パーセントがアフリカ人兵士だった(27)。第二次大戦期間中、西アフリカから動員された兵士総数は約一〇万人であった。死亡率は非常に高く、一二パーセントに上った。

第一次大戦時と比べて、なんといっても最大の違いは第二次大戦においては一九一九年に施行された徴兵法により西アフリカでも成人男性すべてが徴兵対象になったという点にある。この補遺においてあまり深入りはできないが、第二次大戦時の西アフリカ人兵士たちは第一次大戦時よりも一層強く「祖国フランスのために」戦うという意識をもつようにさまざまな宣伝・広報がなされたこと（たとえば漫画などを通して）、またフランス本国の一般フランス人も西アフリカ兵士を迎えるにあたって、より一層の親しみと謝意を示すようになっていたことを記しておく。

また、第二次大戦においてはドイツ軍の攻勢により捕虜として捕えられた西アフリカ人兵士も数多かった。捕虜としてナチス・ドイツに捕らわれた兵士の一人として、本書中でも何度かその名を記したがのちに独立後セネガル共和国の初代大統領になったレオポル・セダール・サンゴールがいる。サンゴールは一九三八年にパリ郊外の高校教師に任命され働いていたが、一九三九年、第二次大戦開戦、サンゴールも兵士になった。ただし、彼はすでにフランス国籍に帰化していたのでセネガル歩兵としてではなく、フランス軍の兵士としてである。翌一九四〇年六月二〇日（サンゴール三三歳時）、ドイツ軍に捕らわれアミアン（フランス内）の捕虜収容所に入れられた。彼は一九四二年、病気のためパリに送られたのだが、そこで脱走という形で捕虜生活から逃れた。アミアンの収容所でサンゴールはのちに彼の文人としての名を高からしめることになる多くの詩を書いている(28)。

第二次大戦後もセネガル歩兵部隊はフランスがおこなったいくつもの戦争、あるいは国際間の紛争に際して参加させられている。順を追って記すと、マダガスカルの独立闘争（一九四七年）においてセネガル歩兵部隊はフランス軍とともに現地人が起こした武力闘争を激しく「鎮圧」する側に回り、マダガスカルの人々の記憶に長く残ることになった(29)。

そしてアルジェリア独立戦争（一九五六年以降）でもセネガル歩兵がフランス側兵士として参加していた。一九五〇年以降のインドシナ独立戦争においても多数が参加しており、一九五四年のインドシナ戦争終了時、フランス軍の一六パーセントはアフリカ人兵士であった。さらに一九五六年、エジプトがスエズ運河国有化のためにイギリス、フランス、イスラエルに対して武力闘争を挑んだ際にもフランス軍の一部としてセネガル歩兵は参加している。要するに、第二次大戦後のセネガル歩兵部隊は民族闘争を鎮圧、抑圧する側の力として戦ったのだが、ここでそれらを詳述することはできない。

第二次大戦時においてもフランスが言うところの建前としての「血の税」論は第一次大戦時同様に流布した。フランスが施した文明化のための植民地化に際して流されたフランス人の血に報いるためにアフリカ人はフランスがする戦争に参加する義務があるという論理である。そうして、第二次大戦においても多数の西アフリカ人は死んだ。「血の税」を支払ったのである。

第二次大戦後の平和な時代の中、多数のアフリカ人がフランスに移り住むようになった。時はたち、一九九六年八月二三日の朝、パリ第一八区のサン・ベルナール教会で大事件が発生した。一五〇〇人の機動隊員が斧で教会のドアを打ち壊し、中に侵入、教会を「不法占拠」していた西アフリカ人（多くがマリ人、セネガル人であった）を排除したのである。西アフリカ人たちはすべてフランスへの移民労働者とその家族であった。滞在許可証、労働許可証を持たないものが多かったため、正規の居住ができず、教会側の理解と協力を得て避難していたのである。フランス政府は力で排除したことになる。

この事件に際して、西アフリカ側からフランスは「血の負債」を忘れたのかという議論が巻き起こった。つまり、第一次大戦、第二次大戦において西アフリカ人の多くがフランスのために戦い、血を流したのではなかったか。フランスは西アフリカ人に「負債」を追っているはずである。その負債を返す方法がこのような理不尽な暴力なのかという怒りであった。つまり、それまでの「血の税」はここにきて逆転した。負債を払うべきはフランスになったのである[30]。

この事件に象徴されるように、フランスは第二次大戦後も長きにわたって、またいくつもの戦争、国際紛争に際してセネガル歩兵を活用したのだが、アフリカ諸国が独立を達成（多くは一九六〇年前後）して以降の彼らへの処遇、特に年金支払いのあり方について曖昧な態度、施策をとり続けた。

二〇一〇年七月一二日付け、フランスの日刊紙ル・フィガロに次のような記事がある。「一九五九年以降、〝凍結〟されていたセネガル歩兵への年金について、フランス政府はついに旧植民地兵の年金をフランス人退役軍人の年金額と同額にするとの決定を発表した」というものである。第一次大戦終戦から九二年後、第二次大戦終戦からでも六五年後のことであった。ほとんどの元セネガル歩兵はすでに死去した後である。わずかに遺族がその恩恵をこうむった。

あとがき

「はじめに」に記したとおり、本書はわたしの先著『ジャーニュとヴァンヴォ　第一次大戦時、西アフリカ植民地兵起用をめぐる二人のフランス人』を基盤に、それを改訂、全体的に見直し、構成を変えた上で、補遺を二つ書き加えて出来上がっている。改訂版発行についてご許可いただいた東京外国語大学アジア・アフリカ言語文化研究所に御礼申し上げる。

先著に記した「あとがき」を見ると、先著（および、その延長上にある本書）の作成過程が分かるのだが、ここでごく簡略に再記しておく。

先著は東京外国語大学でおこなわれた二つの研究会でわたしが発表した報告を基にして出来上がった。一つは科学研究費助成事業共同研究「兵士・労働者・女性の植民地間移動にかんする研究」（代表者　永原陽子）二〇一一年度第二回研究会（二〇一二年一月二一日、於東京外国語大学アジア・アフリカ言語文化研究所）であり、もう一つは東京外国語大学アジア・アフリカ言語文化研究所基幹研究「アフリカ文化研究に基づく多元的世界像の探求」（代表　深澤秀夫）二〇一三年度第三回公開セミナー（二〇一三年七月二一日、於東京外国語大学アジア・アフリカ言語文化研究所）である。わたしに発表の機会を与えてくださった永原陽子氏（京都大学大学院文学研究科教授）、深澤秀夫氏（東京外国語大学アジア・アフリカ言語文化研究所教授）には改めて篤く御礼申し上げる。また、各々の研究会に参加され、討議の場において多くのご教示を与えてくださった参加者の皆様に御礼申し上げたい。

先著は、わたしが本書の主人公の一人であるジョースト・ヴァン・ヴォレノーヴェンという人の生き方に強く惹かれるものを感じ、その人についてもっと知りたいという思いで書き続けられた。勉強の過程でもう一方の主人公であるブレーズ・ジャーニュについても不可思議な魅力を覚えざるを得なかった。ともかく、二人を通しての勉強がわたしの以前からのセネガル研究にもう一つ別の角度から新しい光を与えることができたとすれば幸いである。

二人の主人公の名前の表記について少しだけ記しておきたい。

ジョースト・ヴァン・ヴォレノーヴェンについて、先著ではジョースト・ヴァン・ヴォレンオーヴェンと表記した。しかし、一般のフランス人が彼の名前の綴りを目にした時にごく普通に口に出る音を日本語表記した場合、「ヴォレノーヴェン」とする方がより原音に近いことは間違いない。その点を踏まえ、本書においてはヴォレノーヴェンと記すことにした。

他方、ブレーズ・ジャーニュの名前であるが、このジャーニュの部分の読み方について、その綴り Diagne をフランス語風に発音すれば「ディアニュ」となるが、セネガルでの発音の仕方に従えば「ジャーニュ」となることを第四章、第一節で記した。ジャーニュも、ヴォレノーヴェン同様、フランス人になったのであることを考えればここはフランス風の読み方に従って「ディアニュ」とした方がいいのではという考え方は当然あろう。しかし、現在のフランスにはセネガル出身者が相当に多く暮らしていることと関連しているのか、Diagne という綴りでも「ジャーニュ」とセネガル風に発音するフランス人が相当数あるようである。ちなみに、偶然にインターネットで見つけたのだが、ルールマラン（Lourmarin）という村の村長は現在、本書の主役であるブレーズ・ジャーニュの孫にあたる人が務めており、彼も祖父と全く同じ姓名をもっている。そのブレーズ・ジャーニュ村長へのインタビューがなされている模様を二〇一三年五月二九日、フランス・ブルー放送から放送されているのを聴くことができるのだが（http://www.francebleu.fr/patrimoine/bonsoir-monsieur-le-maire/bonsoir-mr-le-maire-39）、その放送においてインタビュアーは「ディアニュ」ではなく、はっきりと「ジャーニュ」という音で呼びかけている。ジャーニュという発音は意外なほどに行き渡っているようだ。こういった点を鑑み、本書でも「ディアニュ」とはせずに「ジャーニュ」のままにした。

先著の発行後、親しくしている友人諸氏から先著にあった誤記や不適切ないし不十分な表現等についてご教示を賜った。お名前を記すことができないが皆様に御礼申し上げたい。先著は東京外国語大学から公刊されたが非売品であったため、これを商業出版物として公刊すべきであるとわたしに強く勧めてくださったのは平野千果子氏（武蔵大学人文学部教授）である。平野氏に心から御礼申し上げたい。

先著において、セネガルに行かなければ撮れない写真について飯島みどり氏が提供してくださり、本書への転載についてもご快諾いただいた。また、丁寧な仕事ぶりに驚く口絵と挿画のすべて、および表紙カバーの絵は小野田風子氏（大阪大学大学院言語文化研究科在籍）の手になるものである。表紙カバーについて、小野田さんの絵を活用してほしいというわたしの願いを聞き入れ、本書の内容をこれ以上はないほど的確に表現するものに仕上げられたのはデザイナーの的井圭氏である。

最後になったがいつもながら大阪大学外国学図書館には資料について多大のお世話になった。皆様に心から御礼申し上げる。

出版については刀水書房の中村文江社長のご高配を賜った。完璧主義者の中村社長の指揮下、同書房編集部の皆様にはじつに細かな点にまで目配りの利いたお世話をいただいたことを記し、篤く御礼申し上げたい。

二〇一五年新緑の候　大津にて

著者記す

索　引

＊当該項目名の章がある時は、ノンブルに代えて、末尾に章番号のみ提示した

I．人名索引

ア　行

カ　行

サ　行

タ行・ナ行

ハ 行

マ行〜ワ行

Ⅱ. 地名・事項索引

ア 行

カ 行

サ 行

タ行・ナ行

ハ　行

マ行〜ラ行

年　表

1833年	4月24日　法律により，植民地住民（自由人）にフランス本国人と同等の私権，公権が与えられた。ただし，実際の判例によりセネガル原住民身分法の存続が認められ，原住民はフランス市民にあらずとされ，臣民として規定された
1848年	4月27日　政令により，フランス領植民地における奴隷所有が禁じられる。これにもとづきこの年11月4日発布の第二共和政憲法において「フランスのいずれの地域においても奴隷の存在を認めることを得ない」と宣言された。実際的には奴隷の売買を禁止するものであり，家内奴隷（＝小屋奴隷，売買により奴隷身分になった人の子孫）については「裁判所はこれを制裁し得ないのが事実」であり，1905年11月24日西アフリカ控訴院の判決に，「雇用人（家内奴隷）に対しなんらの所有権をも認めるを得ず」とある。換言すると，現実的には家内奴隷所有は続いていたのであり，消滅の時が来るのを待つ状態だった
	10月30日　選挙でサン・ルイ市長に選ばれたバルテレミー＝デュラン・ヴァランタンは同時にフランス国会に議席をもつことができるようになった。セネガル代表初代フランス国会議員である。実際に議席を占めたのは1849年1月16日。ヴァランタンの後，もう１人の代表が国会に議席をもったが，その後，第二帝政はセネガルからの代表選出を停止，その状態は1872年まで続いた
1854年	フェデルブがセネガル植民地総督に就任。これ以降，セネガル内陸部各地の平定活動が本格化すると同時に，セネガル近代化のための諸事業が活発化
1856年	フェデルブ，「人質学校」を創設。各地の首長子弟にフランス語，算数などの基礎を教育し，各地のフランス行政下級役人養成を目指した。この学校は２年後に「首長子弟，および通訳学校」と名を替え，1871年まで存続した
1857年	7月21日　セネガル総督フェデルブの進言を受けたナポレオン３世の勅令によりセネガル歩兵部隊が正式に発足した。フェデルブは同年，サン・ルイにおいて現地在住民でイスラーム教徒のためのイスラーム法廷を作った。結婚，相続などについてイスラーム法の適用が認められた
	フェデルブ総督はセネガンビアで平定された地域を７つのアロンディスマンに区画割りした。このアロンディスマンはのちに廃止され，セルクルができたが，AOFの行政区画割りはこの時に始まった
1866年	7月6日　シャルル・マンジャン誕生
1870年	9月4日　ナポレオン３世がプロシャ軍の捕虜にされたことをもって，ガンベッタ，第三共和政を宣言（1940年7月22日，フランスはドイツ占領下におかれたことにより第三共和政終焉）

1872年	8月10日　政令により，セネガルのサン・ルイ，およびゴレにフランス本国のコミューンと同等の資格が与えられた。完全施政コミューン（Commune de plein exercice）と呼ばれた。これにより，セネガルのこれら2つのコミューンから1人の代表をフランス国会に議員として送ることができるようになった。これらの2つのコミューンは両者をまとめて1つの議会（コンセイユ・ジェネラル）を構成できるようになり，この議会はフランス本国の地方議会と同等の資格，権限をもった。しばらくの間，混乱があったが，1879年，最初の代表としてアルフレッド・ガスコニ（父はフランス人，母は混血者）が選出され，フランス国会に議席を占めた
	10月13日　**ブレーズ・ジャーニュ，セネガルにできたばかりのコミューンの1つであるゴレ島で生まれる**
1877年	7月21日　**ジョースト・ヴァン・ヴォレノーヴェン，オランダ，クレリンヘンで出生**
1880年	リュフィスクがサン・ルイ，ゴレに続いて，完全施政コミューンになる
1884年	この年の秋から翌年2月にかけて「ベルリン会議」開催。この後，ヨーロッパ諸国による植民地分割競争激しくなる
1885年	7月6日　サン・ルイとダカールの間を結ぶ鉄道が完成
	この年，パリに「ミッシオン・カンボジエンヌ」が創設される。カンボジアからの青年を行政官に養成するためであった。**この学校は1888年に「植民地学校」と名を替え，**フランス領植民地における高級官僚養成のエリート校になる。ヴォレノーヴェンはここで教育を受けた
1886年	10月27日　**セネガル，カヨール王国のラット・ジョール王，フランス軍に殺害される。**これをもってセネガルの伝統王国は実質的に崩壊した
	この年，セネガルに独自といえるイスラーム教団ムリッドが創設された
1887年	ダカールがゴレから分離され，1つの完全施政コミューンになる
1893年	3月10日　政令によりフランス領コートディヴォワールとして1個の植民地になる。バンジェーが初代総督
1894年	3月20日　海軍省（時には商務省，または大蔵省）の中に含まれていた植民地局が植民地省として独立。植民地省は植民地業務すべてを管掌するものではなく，陸軍に関しては陸軍省，海軍は海軍省，航空に関しては航空省に各々管轄される。早くから植民地を有しながら，独立した機関としての植民地省というものが存在しなかったことには，植民地はフランス本国と同一とする同化主義思想が根本にあったゆえのことである

1895年	6月16日　政令によりフランス領西アフリカ植民地連邦（Afrique Occidentale Française，AOF）が成立。当初はセネガル植民地，フランス領スーダン（マリ）植民地，フランス領ギニア植民地，コートディヴォワール植民地の４つのみで構成された。連邦全体を統括するものとして連邦総督（Gouverneur Général）。初代連邦総督としてセネガル植民地総督がこれにあたることになり，ジャン=バティスト・ショーディエが就任。各植民地総督は副総督（Lieutenant Gouverneur）と呼ばれることもあるが，これは連邦総督の副であることを意味している
1896年	フランスは1883年以来，マダガスカルに対して明確な領土獲得意思をもって介入していた。1884年，マダガスカルはフランス保護領下におかれた。1895年，メリナ王国での反フランス暴動制圧の名目で軍事占領。翌1896年8月6日，フランスはマダガスカルを植民地として宣言した。セネガル歩兵は1827年という早い時期からフランス軍補助部隊としてマダガスカルに送られていた
1898年～99年	1898年秋，マンジャン大尉率いる防衛部隊がファショダ（現南スーダン内）においてイギリス軍と衝突しそうになった。マンジャンはセネガル歩兵150人を同道していた。この時の経験をもってマンジャンはセネガル歩兵を重視するようになった
	マンジャンに同行したセネガル歩兵たちは翌1899年7月14日，フランス大革命を記念する大行進（パリ，ロンシャン競馬場）に招かれた。セネガル歩兵がフランスの地を踏んだ最初とされる
1900年	セネガル歩兵部隊は当初セネガル植民地の，1895年以降はAOFの管轄下にあった。予算的には植民地行政府の会計下にあった。この年，セネガル歩兵部隊はフランス本国陸軍省直属の軍になった。この時期，セネガル歩兵部隊は6000人以上の兵を擁していた
1902年	10月1日　1895年のAOF創設以来，連邦総督自身がセネガル植民地総督をも兼任していたが，この日の政令によりセネガル植民地独自の総督が復活した。またこの年，連邦総督府はサン・ルイからダカールに移された
1903年	エルネスト・ルーム連邦総督は連邦内の学校制度，および現地人法廷（イスラーム法による）を統一，整備した。この当時，AOF内の小学校教育適齢児童数は約120万人と推定されているが，そのうち5010人のみを受け入れられる状態だった
1904年	10月18日　政令により，AOFにおいては連邦総督のみが本国管轄大臣と交信する権限をもつこと，また各植民地宛の指令を出しうることなどが決定された
1905年	AOFが創設されたのちもフランス軍の平定活動は続けられていたが，この頃までにはほとんどの地域がフランス植民地として安定した領土になっていた。セネガル歩兵は広い範囲で活動し，その威力を見せつけていた

1905年	3月31日　ドイツのヴィルヘルム二世が突然，モロッコ，タンジールに上陸。モロッコの独立と領土保全を主張。これを機にフランスとドイツの関係は一気に悪化。フランスではドイツとの開戦やむなしの機運強まる
	12月12日　AOFに適用される政令として「第三者の自由の束縛」を禁止した。これによりAOFでの奴隷保有は，それを明言してはいないが禁止されたことになる。しかし，これで西アフリカにおける奴隷保有が完全に終わったわけではない。ウィリアム・ポンティ連邦総督は家内奴隷所有を禁止した。つまり，1915年ごろまで奴隷所有はなされていたのである
1909年	7月　AOF軍司令官であったシャルル・マンジャン，『ルヴュー・ド・パリ』誌に２回に分けて「黒人部隊」と題する論文を発表
1910年	マンジャン論文２つをまとめた著書『黒い力』（*La Force Noire*）が発行され，「ベストセラー」になった。マンジャンはその著書が世に出る直前，西アフリカに派遣され，各地で兵士募集の活動を展開していた
1912年	2月7日　同日付け政令により，AOFにおいて召集令状をもって徴兵すること，兵役期間は４年とすることなどが決定された。強制的徴兵である
1913年	3月6日　フランスで兵役を2年から3年に延長する法案上程。その約2週間後の3月18日，ドイツでも普仏戦争以降最大の兵員増強法案が上程された。フランスでの法案可決は下院が7月19日，上院が8月5日
1914年	5月10日　**セネガル植民地のコミューンの1つ，ゴレ島出身の黒人ブレーズ・ジャーニュ，選挙により黒人として初のフランス国会議員に選出** 6月　ブレーズ・ジャーニュはパリに居を移し，議員としての活動を開始
	8月3日　**ドイツ，フランスに宣戦布告。**翌4日，イギリスはドイツとの国交断絶，交戦状態に
1915年	6月13日　ウィリアム・ポンティ連邦総督，ダカールで死去。その数週間後，同連邦総督の名を冠した「ウィリアム・ポンティ師範学校」が創設される（師範学校としては1903年にサン・ルイに作られていた）。この学校はフェデルブ総督が作った「人質学校」の流れを汲むものだが，この後，西アフリカ各地の有力者の子弟（男子）を高級官吏に養成するためのエリート校として歩むことになる
	10月19日　**フランス国会においてジャーニュが提案した法律が初めて通る。**同法により，セネガル植民地の４つのコミューンのオリジネールはフランス軍の正規兵と同じ資格をもつようになった
	11月17日　**AOF内，ヴォルタ川西岸域（現ブルキナ・ファソ内）で，セネガル歩兵への徴兵反対の暴動起こる。**周辺村落，さらには周辺他民族まで巻き込む大暴動に発展。翌年夏ごろまで続き，現地住民数千人が殺された。1915年から翌年にかけて，西アフリカ各地でセネガル歩兵への徴兵逃れ，暴動は頻発した

1916年	9月29日　**フランス国会において，セネガル植民地のコミューンに生まれた人はすべて，およびそれらの子孫はどこに住んでいようとフランス市民権（投票権を有する）を享受することが決められた。**この法律は「ジャーニュ法」とよばれる
	12月　フランスで新しく軍需省が作られた
1917年	4月6日　アメリカ，連合軍側で参戦
	5月21日　西部戦線前線にいたヴォレノーヴェンにフランス領西アフリカ植民地連邦総督就任の辞令，届く
	6月3日　**ヴォレノーヴェン，AOF連邦総督としてセネガル，ダカールに到着。**就任挨拶演説
	11月16日　ジョルジュ・クレマンソー，再び首相（兼陸軍大臣）就任
	11月27日　ピカノン調査団，AOF内での徴兵に関する報告書，提出
	12月20日　ヴォレノーヴェン，「政治的遺書」ともいえる報告書を大臣宛に送る その直後，事情説明のため，ヴォレノーヴェン自身，パリに向かう船に乗る
1918年	1月8日　フランス，閣議にてアフリカでの徴兵再開決定
	1月11日　閣議にて，ブレーズ・ジャーニュを共和国高等弁務官として徴兵を目的にAOFへの派遣を決定
	1月14日　**ポアンカレ大統領，ブレーズ・ジャーニュをフランス領西アフリカ（AOF），および赤道アフリカ（AEF）での徴兵担当共和国高等弁務官に任命する旨の政令に署名，発布**
	1月14日　**ヴォレノーヴェン，クレマンソー陸軍大臣と面会。その席で，ブレーズ・ジャーニュのAOF派遣を知らされる**
	1月17日　ヴォレノーヴェン，植民地大臣宛に辞表提出。その日に受理される
	1月26日　ヴォレノーヴェン，モロッコ植民地歩兵連隊第１中隊指揮の任に就き，前線に戻る
	7月19日　**ヴォレノーヴェン，ロンポンにて敵銃弾を頭蓋下部に被弾。翌早朝，死去**
	10月11日　西アフリカでの徴兵大成功を終え，凱旋帰国したブレーズ・ジャーニュはこの日，クレマンソー首相から「黒人部隊最高指揮官」に任ぜられた
	11月11日　フランス，コンピエーニュ近郊のルトンドの空き地に設置された客車の中で，第一次大戦休戦協定に調印

1919年	3月1日　それまで「上セネガル，およびニジェール」（Haut-Sénégal et Niger）と称されていた植民地が分割され，西部は「フランス領西スーダン」に編入され，中央部がオートヴォルタ（Haute Volta）として1個の植民地になった。南部は既に存在していたコートディヴォワール植民地に編入。東部はニジェール軍事領域（Territoire militaire du Niger）に編入された。 オートヴォルタとして1個の植民地にしたのは，人口稠密（特にモシ人）地域であり，そこから他の植民地での公共工事等への強制労働発出が可能なことと，徴兵に際して同地域で大規模な暴動が起こったことを鑑み，より注意深い監視が必要とされたため
	11月30日　選挙により，ジャーニュ，再びフランス国会議員に選出。2期目に入る
1920年	モーリタニアが1個のフランス領植民地になる
1921年	8月～9月　パン・アフリカン会議第2回目開催
1922年	それまでフランス軍事領域であったニジェールが1個のフランス領植民地になる
1923年	ジャーニュ，セネガルのボルドー出身商業者たちと「協定」を結ぶ
	アルベール・サロー植民地大臣，『フランス領植民地の開発』を公刊
1925年	5月12日　シャルル・マンジャン死去
1930年	6月10日から　国際労働機関第14回総会
1934年	5月11日　**ブレーズ・ジャーニュ，フランス国会議員現職のまま死去**
1946年	5月7日　法律により，フランス領植民地住民のすべてにフランス市民権が与えられた。それまでの原住民身分（indigénat）は廃止。この法律は当時のセネガル代表フランス国会議員であったラミン・ゲイによって提案されたものであり，「ラミン・ゲイ法」と呼ばれた。同法と同日付けで，植民地における強制労働も廃止された（ウフエ・ボワニィの提案による）

文　献

Archives Nationales du Sénégal (Sénégal)
13G259, 13G261.
Archives Nationales : Section Outre-Mer (France)
FM1Aff.Pol. Carton170, FM1Aff.Pol. Carton2762, FM1Aff.Pol. Carton3034

Andrew, C. M. and A. S. Kanya-Forstner
1978 France, Africa, and the First World War, *The Journal of African History,* Vol. XIX, No.1, pp.11–23.
Angell, Norman
1972 *The Great Illusion. A Study of the Relation of Military Power in Nations to Their Economic and Social Advantage,* Garland publishing, Inc., (First published 1909).
Angoulvant, G.
1916 *La pacification de la Côte d'Ivoire 1908–1915. Méthodes et résultats,* Paris: Emile Larose.
Arnaud, A. et Méray, H.
1900 *Les colonies françaises. Organisation administrative, judiciaire, politique et financière,* Paris: Augustin Challamel, Editeur.
Balesi, Charles John
1979 *From Adversaries to Comrads-in-Arms: West Africans and the French Military,1885–1918,* Crossroads Press.
Bathily, Abdoulaye
1976 Aux origines de l'africanisme: Le rôle de l'oeuvre ethno-historique de Faidherbe dans la conquête française du Sénégal, In *Le mal de voir, ethnologie et orientalisme* : politique et épistémologie, critique et autocritique ... : contributions aux colloques Orientalisme, africanisme, américanisme, 9–11 mai 1974, Paris: Union générale d'éditions , 1976, pp.77–107.
Becker, Jean-Jacques et Stéphane Audoin-Rouzeau
1995 *La France, la nation, la guerre: 1850–1920,* SEDES.
Betts, Raymond F.
1961 *Assimilation and Association in French Colonial Theory 1890–1914,* New York: Columbia University Press.
Boilat, Abbé David
1984(1853) *Esquisses sénégalaises,* Paris: Karthala.
Bonnefous, Georges
1957 *Histoire politique de la Troisième République. Tome II, La Grande Guerre*

1914-1918, Paris: Presses Universitaires de France.
Bonnetain, Raymonde
1894 *Une Française au Soudan. (Sur la route de Tombouctou) (du Sénégal au Niger),* Paris : Librairies-Imprimeries réunites May et Motteroz.
Brown, Roger Glenn
1970 *Fashoda Reconsidered: The Impact of Domestic Politics on French Policy in Africa, 1893-1898,* Johns Hopkins Press.
Bruschi, Christian
1987/88 La nationalité dans le droit colonial, http://www.uniset.ca/naty/bruschi.htm.
Buell, Raymond Leslie
1965 *The Native Problems in Africa,* London: Frank Cass. Vols.1 & 2.
Chailley-Bert, J.
1902 *Dix anneés de politique coloniale,* Paris: Armand Colin.
Chalaye, Sylvie
2003 Spectacles, théatre et colonies, *Culture coloniale 1871-1931,* Paris: Editions Autrement, pp.81-92.
Champeaux, Antoine et Eric Deroo
2006 *La force noire. Gloire et infortune d'une légende coloniale,* Editions Tallandier.
Clayton, Anthony
1988 *France, Soldiers and Africa,* Brassey's Defence Publishers.
Cohen, William B.
1971 *Rulers of Empire: The French Colonial Service in Africa,* Hoover Institution Press, Stanford University.
Colvin, Lucie Gallistel（直接の引用はないが，しばしば参照した）
1981 *Historical Dictionary of Senegal,* The Scarecrow Press.
Comité d'initiative des amis de Vollenhoven
1920 *Une âme de chef. Le Gouverneur Général J. Van Vollenhoven,* Paris: Imprimerie Henri Diéval.
Conklin, Alice L.
1997 *A Mission to Civilize. The Republican Idea of Empire in France and West Africa, 1895-1930,* Stanford University Press.
Cousturier, Lucie
2001 *Des inconnus chez moi,* Paris: L'Harmattan, (Originellement Editions de la Sirène, 1920).
Cros, Charles
1961 *La parole est à M. Blaise Diagne. Premier homme d'Etat africain,* Lyon: Chez l'auteur.
Crowder, Michael

1968a West Africa and the 1914–18 War, *Bulletin de l'I.F.A.N.,* t.XXX, sér.B, No.1, pp.227–247.

1968b *West Africa under Colonial Rule,* London: Hutchinson.

1978 Blaise Diagne and the Recruitment of African Troops for the 1914–18 War, In *Colonial West Africa,* Michael Crowder, Frank Cass, pp.104–121.

Cullom Davis, Shelby

1970 *Reservoirs of Men: A History of the Black Troops of French West Africa,* Negro University Press (Originally published in 1934, Chambery).

Davidson, Basil

1978 *Africa in Modern History. The Search for a New Society,* London: Allen Lane.

Deroo, Eric

2003 Mourir: L'appel à l'empire, *Culture coloniale 1871-1931,* Paris: Editions Autrement, pp.107–117.

De Saussure, Léopold

1899 *Psychologie de la colonisation française: Dans ses rapports avec les sociétés indigènes,* Paris: Félix Alcan, Editeur.

Deschamps, Hubert

1953 *Méthodes et Doctrines Coloniales de la France,* Paris: Armand Colin.

Diallo, Bakary

1926 *Force-Bonté,* Paris: F. Rieder et Cis, Editeurs.

Dieng, Amadou

1990 *Blaise Diagne, premier député africain,* Editions Chaka.

Digeon, Claude

1959 *La crise allemande de la pensée française, 1870–1914,* Paris: Presses Universitaires de France.

Diop, Papa Momar

2011 *Guide des archives du Sénégal colonial,* Paris: L'Harmattan.

Diouf, Mamadou

1990 *Le Kajoor au XIXe siècle. Pouvoir ceddo et conquête coloniale,* Pairs: Karthala.

Du Bois, W.E.B.

1976 *The World and Africa,* New York: Kraus-Thomson Organization Ltd.

Durand, Bernard

1997 Les pouvoirs du Gouverneur général de l'AOF, In *AOF: réalités et héritages. Sociétés ouest-africaines et ordre colonial, 1895–1960,* Dakar: Directions des Archives du Sénégal, pp.50–58.

Durand, Jean-Baptiste-Léonard

1802 *Voyage au Sénégal ou mémoires historiques, philosophiques et politiques sur les découvertes, les établissements et le commerce des Européens dans les*

mers de l'Océan atlantique, Deux Tomes et un Atlas, Paris: chez Agasse.

Duroselle, Jean-Baptiste

1972 *La France et les Français 1900–1914,* Paris: Editions Richelieu.

Duval, Jean-Eugène

2005 *L'épopée des tirailleurs sénégalais,* Paris: L'Harmattan.

Echenberg, Myron

1991 *Colonial Conscripts. The Tirailleurs Sénégalais in French West Africa, 1857–1960,* Portsmouth: Heinemann, 236p.

Exposition coloniale internationale de Paris 1931

1931 *Histoire militaire de l'Afrique Occidentale Française,* Les armées françaises d'outre-mer, Paris: Imprimerie Nationale.

Fall, Babacar

1993 *Le travail forcé en Afrique Occidentale française (1900-1945),* Paris: Karthala, 351p.

Fayet, Charles J.

1931 *Travail et colonisation. Esclavage et travail obligatoire,* Paris: Librairie Générale de Droit et de Jurisprudence.

Fogarty, Richard S.

2008 *Race and War in France. Colonial Subjects in the French Army, 1914–1918,* The Johns Hopkins University Press.

Gallieni (Le lieutenant-colonel)

1891 *Deux campagnes au Soudan Français, 1886–1888,* Paris: Librairie Hachette.

Ganier, Germaine

1965 Lat Dyor et le chemin de fer de l'arachide 1876–1886, *Bulletin de l'I.F.A.N.,* sér. B, Nos. 1–2, pp.261–263.

Gauguin, Paul

1974 *Oviri. Ecrits d'un sauvage,* Paris: Editions Gallimard.

Général Duboc

1938 *L'épopée coloniale en Afrique Occidentale Française,* Paris: Editions Edgar Malfère.

Général Mangeot

1943 *La vie ardente de Van Vollenhoven,* Sorlot.

Général Messimy

1920 Le soldat, *Une âme de chef. Le Gouverneur général J. Van Vollenhoven,* Paris: Imprimerie Henri Diéval.

Golberry, Silv. Meinrad Xavier

1802 *Fragments d'un voyage en Afrique,* Treuttel et Würtz, Tome I et II.

Guy, Camille

1924 La Politique Coloniale de la France, In *La Politique Coloniale de la*

France, Conférences organisées par la Société des Anciens Elèves et Elèves de l'Ecole libre des Sciences Politiques, Librairie Félix Alcan, pp.243–258.

Harmand, Jules

1910 *Domination et colonisation,* Paris: Ernest Flammarion.

Idowu, H. Oludare

1969 Assimilation in 19th Century Senegal, *Cahiers d'Etudes Africaines,* Vol.9, No.34, pp.194–218.

July, Robert W.

1968 *The Origins of Modern African Thought. Its Development in West Africa during the Nineteenth and Twentieth Centuries,* London: Faber and Faber.

Kamian, Bakari

2001 *Des tranchées de Verdun à l'église Saint-Bernard: 80000 combattants maliens au secours de la France, 1914–18 et 1939–45,* Paris: Karthala.

Kelly, Gail Paradise

2000 *French Colonial Education. Essays on Vietnam and West Africa,* David H. Kelly (ed.), New York: AMS Press. Inc.

Klein, Martin A.

1993 Slavery and Emancipation in French West Africa, In *Breaking the Chains. Slavery, Bondage, and Emancipation in Modern Africa and Asia,* Martin A. Klein (ed.), The University of Wisconsin Press, pp.171–196.

Langley, Ayodele J.

1969 Pan-Africanism in Paris, 1924–36, *The Journal of Modern African Studies,* Vol.7, No.1, pp.69–94.

1973 *Pan-Africanism and Nationalism in West Africa 1900-1945. A Study in Ideology and Social Classes,* Oxford: Clarendon Press.

Lawler, Nancy Ellen

1992 *Soldiers of Misfortune. Ivoirien Tirailleurs of World War II,* Athens: Ohio University Press.

Le Bon, Gustave

1917 *Lois psychologiques de l'évolution des peuples,* Paris: Félix Alcan, Editeur.

Le Général Faidherbe

1889 *Le Sénégal. La France dans l'Afrique Occidentale,* Paris: Hachette.

Lunn, Joe

1999a "Les Races Guerrières": Racial Preconceptions in the French Military about West African Soldiers during the First World War, *Journal of Contemporary History,*Vol.34, No.4, pp.517–536.

1999b *Memoirs of the Maelstrom: A Senegalese Oral History of the First World War,* Portsmouth: Heinemann.

Lüsebrink, Hans-Jürgen

1988 Les tirailleurs sénégalais et l'anthropologie coloniale : Un litige Franco-

Allemand aux lendemains de la Première Guerre Mondiale, *Ethiopiques,* Nos.50-51, Nouvelle série-2ème et 3ème trimestres 1988, Vol.5, Nos.3-4 (Article publié sur http://ethiopiques. refer.sn).

Malcolm Thompson, J.

1990 Colonial Policy and the Family Life of Black Troops in French West Africa, 1817-1904, *The International Journal of African Historical Studies,* Vol.23, No.3, pp.423-453.

Mangin, Charles

1910 *La Force Noire,* Paris: Hachette, 365p.

Mangin, Gilbert

1997 Les institutions judiciaires de l'AOF, In *AOF: réalités et héritages. Sociétés ouest-africaines et ordre colonial, 1895-1960,* Dakar: Directions des Archives du Sénégal, pp.139-152.

Mann, Gregory

2006 *Native Sons. West African Veterans and France in the Twentieth Century,* Durham: Duke University Press, 333p.

Michel, Marc

1971 La genèse du recrutement de 1918 en Afrique noire française, *Revue Française d'Histoire d'Outre-Mer,* Tome LVIII, No.213, pp.433-450.

2003 *Les Africains et la Grande Guerre. L'appel à l'Afrique (1914-1918),* Paris: Karthala, 302p.

Monteil, Vincent

1963 Lat Dior, Damel du Kayor, (1842-1886) et l'islamisation des Wolofs, *Archives de sociologie des religions,* No.16, pp.77-104.

Nelson, Keith L.

1970 The "Black Horror on the Rhine": Race as a Factor in Post-World War I Diplomacy, *The Journal of Modern History,* Vol.42, No.4, pp.606-627.

Newbury, C.W.

1960 The Formation of the Government General of French West Africa, *Journal of African History,* Vol.1, No.1, pp.111-128.

Roberts, Richard

1988 The End of Slavery in the French Soudan, 1905-1914, In *The End of Slavery in Africa,* Suzanne Miers and Richard Roberts (eds.), The University of Wisconsin Press, pp.282-307.

Roche, Christian

1985 (1976) *Histoire de la Casamance. Conquête et résistance: 1850-1920,* Paris: Karthala.

Ruscio, Alain

1995 *Le credo de l'homme blanc. Regards coloniaux français XIXe – XXe siècles,* Editions Complexe.

Sanmarco, Louis

1988 Joost Van Vollenhoven, *Mondes et cultures. Comptes rendus trimestriels des séances de l'Académie des Sciences d'outre-mer,* Tome 38, No.1, pp.484–491.

Sarraut, Albert

1923 *La mise en valeur des colonies françaises,* Paris: Payot.

Searing, James F.

2002 *"God Alone Is King": Islam and Emancipation in Senegal. The Wolof Kingdoms of Kajoor and Bawol, 1859–1914,* Portsmouth: Heinemann.

Siger, Carl

1907 *Essai sur la colonisation,* Société de Mercure de France.

Sorel, Jacqueline

1995 *Léopold Sédar Senghor. L'émotion et la raison.* Saint-Maure-des-Fossés: Editions Sépia.

Summers, Anne and R. W. Johnson

1918 World War I Conscription and Social Change in Guinea, *The Journal of African History,* Vol. XIX, No. 1, pp.25–38.

Suret-Canale, Jean

1962 *Afrique Noire. L'Ere colonial 1900–1945,* Paris: Editions Sociales.

Susini, Jean-Luc

1997 La perception des «troupes noires» par les Allemands, In *Les troupes coloniales dans la grande guerre,* (sous la direction de) Claude Carlier et Guy Pedroncini, Paris: Economica, pp.53–67.

Thiam, Iba Der

1992 *Le Sénégal dans la guerre 14–18 ou le prix du combat pour l'égalité,* Dakar: Les Nouvelles Editions Africaines du Sénégal.

Turrittin, Jane

2002 Colonial Midwives and Modernizing Childbirth in French West Africa, In *Women in African Colonial Histories,* Jean Allman, Susan Geiger, and Nakanyike Musisi (eds.), Bloomington & Indianapolis: Indiana University Press, pp71–91.

Villard, André

1963 *Histoire du Sénégal,* Dakar: Ars Africae.

Vodouhé, Clément Capko

1997 Les origines et les objectifs de l'AOF, In *AOF: réalités et héritages. Sociétés ouest-africaines et ordre colonial, 1895–1960,* Dakar: Directions des Archives du Sénégal, pp.59–74.

Weber, Eugen

1976 *Peasants into Frenchmen. The Modernization of Rural France 1870–1914,* Stanford: Stanford University Press.

Wesley Johnson, G.

1972 L'ascension de Blaise Diagne et le point de départ de la politique africaine au Sénégal, *Notes Africaines,* No.135, pp.73-86.

1991 *Naissance du Sénégal contemporain. Aux origines de la vie politique moderne (1900-1920),* Paris: Karthala(First published in English, 1971).

Wright, Patricia

1972 *Conflict on the Nile: the Fashoda Incident of 1898,* Portsmouth: Heinemann.

Zimmerman, Sarah

2011 Mesdames Tirailleurs and Indirect Clients: West African Women and the French Colonial Army, 1908-1918, *The International Journal of African Historical Studies,* Vol. 44, No.2, pp.299-IV.

和文文献

アール，エドワード・ミード『新戦略の創始者　マキアヴェリからヒトラーまで』（上・下），山田積昭・石塚栄・伊藤博邦訳，原書房，2011年

池田嘉郎編「序論　第一次世界大戦をより深く理解するために」，『第一次世界大戦と帝国の遺産』，山川出版社，2014年，3～23頁

稲葉三千男『ドレフュス事件とゾラ』，青木書店，1979年

井野瀬久美恵『女たちの大英帝国』，講談社，1998年

上垣豊「十九世紀サヴォワにおける歴史とアイデンティティ」，『フランス史からの問い』，服部春彦・谷川稔編，山川出版社，2000年，224～245頁

遠藤文彦『ピエール・ロチ　珍妙さの美学』，法政大学出版局，2001年

小川　了『奴隷商人ソニエ　18世紀フランスの大西洋奴隷交易とアフリカ社会』，山川出版社，2002年

小川　了『可能性としての国家誌　現代アフリカ国家の人と宗教』，世界思想社，1998年

尾鍋輝彦『二十世紀　5　第一次世界大戦』中央公論社，1979年

カント『啓蒙とは何か』，篠田英雄訳，岩波文庫，1974年改訳発行

カントロヴィッチ，エルンスト『祖国のために死ぬこと』，甚野尚志訳，みすず書房，2006年

木村靖二「公共圏の変容と転換　第一次世界大戦下のドイツを例に」，『岩波講座　世界歴史23　アジアとヨーロッパ』，岩波書店，1999年，183～205頁

木村靖二・柴　宣弘・長沼秀世『世界の歴史』26巻，中央公論社，2009年

久保昭博『表象の傷　第一次世界大戦からみるフランス文学史』，人文書院，2011年

クラウダー，M.「第一二章　第一次世界大戦とその諸結果」，鈴木利章訳，『アフリカの歴史　第七巻上　植民地支配下のアフリカ　一八八〇年から一九三五年まで』，

同朋舎，1988 年，417 ～ 457 頁
ゴーギャン『オヴィリ　野蛮人の記録』，岡谷公二訳，みすず書房，1980 年
後藤春美「イギリス帝国の危機と国際連盟の成立」，『第一次世界大戦と帝国の遺産』，池田嘉郎編，山川出版社，2014 年，25 ～ 51 頁
桜井哲夫『知識人の運命　主体の再生に向けて』，三一書房，1983 年
杉本淑彦「植民地帝国への歩み」，『フランス近代史　ブルボン王朝から第五共和政へ』，服部春彦・谷川稔編著，ミネルヴァ書房，1993 年，170 ～ 177 頁
杉本淑彦『文明の帝国　ジュール・ヴェルヌとフランス帝国主義文化』，山川出版社，1995 年
竹沢尚一郎『表象の植民地帝国　近代フランスと人文諸科学』，世界思想社，2001 年
ツヴァイク，シュテファン『昨日の世界　Ⅰ』，原田義人訳，みすず書房，1999 年
戸田真紀子「間接統治のモデル」，『新書アフリカ史』，宮本正興・松田素二編，講談社，1997 年，314 ～ 323 頁
西川正雄『第一次世界大戦と社会主義者たち』，岩波書店，1989 年
服部春彦・谷川稔編著『フランス近代史　ブルボン王朝から第五共和政へ』，ミネルヴァ書房，1993 年
バルビュス，アンリ『砲火』（上・下），田辺貞之助訳，岩波文庫，1992 年
バンセル，N.，ブランシャール，P.，ヴェルジェス，F.『植民地共和国フランス』，平野千果子・菊池恵介訳，岩波書店，2011 年
ヒトラー，アドルフ『わが闘争』（全 3 巻），平野一郎・将積茂訳，黎明書房，1971 年改訳初版
平野千果子『フランス植民地主義の歴史　奴隷制廃止から植民地帝国の崩壊まで』，人文書院，2002 年
ファノン，F.『黒い皮膚・白い仮面』，海老坂武・加藤晴久訳，みすず書房，1998 年
レマルク，エリッヒ・マリア『西部戦線異状なし』，秦豊吉・山西英一訳，河出書房，1954 年
ルナン，エルネスト，ヨハン・ゴットリーブ・フィヒテ，エチエンヌ・バリバール，ジョエル・ロマン，鵜飼哲『国民とは何か』，鵜飼哲・大西雅一郎・細見和之・上野成利訳，インスクリプト，1997 年
ベッケール，ジャン=ジャック，ゲルト・クルマイヒ『仏独共同通史　第一次世界大戦』（上・下），剣持久木・西山暁義訳，岩波書店，2012 年
真島一郎「植民地統治における差異化と個体化　仏領西アフリカ・象牙海岸植民地から」，『植民地経験　人類学と歴史学からのアプローチ』，栗本英世・井野瀬久美恵編，人文書院，1999 年，97 ～ 145 頁
松沼美穂『植民地の < フランス人 >　第三共和政期の国籍・市民権・参政権』，法政大学出版局，2012 年
松沼美穂「人の動員からみたフランス植民地帝国と第一次世界大戦」，『第一次世界大戦と帝国の遺産』，池田嘉郎編，人文書院，2014 年，52 ～ 75 頁
山室信一『複合戦争と総力戦の断層　日本にとっての第一次世界大戦』，人文書院，2011 年

矢内原忠雄「軍事的と同化的・日仏植民政策比較の一論」,『矢内原忠雄全集　第四巻』,岩波書店，1963 年，276 ～ 306 頁
ロチ，ピエール『アフリカ騎兵』，渡辺一夫訳，岩波文庫，1952 年
ロチ，ピエール『ロチの結婚』，黒川修司訳，水声社，2010 年
ローラン，ルイとピエール・ランピュエ『佛蘭西植民地法提要』，東亜経済調査局譯，1937 年
渡辺和行「義務の共和国　エルネスト・ラヴィスの歴史教育と国民形成」,『フランス史からの問い』，服部春彦・谷川稔編，山川出版社，2000 年，293 ～ 316 頁

注

第一部
第一章

1　Cf. Weber 1976: 97–99.

2　Ibid., p.67, 242. また（上垣，2000 年，224 ～ 245 頁）を参照。当時のエリート層の人々にとって，農民は「国民」の一部をなすどころか，「感覚機能の作用や情動の覚え方，またそれらに基づく行動や立ち居ふるまいにおいても異なるものとして「人類学的性質の相違」を感じさせる存在」であり，その点からして「植民地の食人種」にさえなぞらえられるものであったことが指摘されている（松沼，2012 年，16 ～ 17 頁）。

3　Becker et Audoin-Rouzeau 1995 : 150–151.

4　ルナン他，1997 年，41 ～ 64 頁を参照。

5　Cf. Becker et Audoin-Rouzeau 1995 : 175.

6　Cf. Ibid., p. 160. なお，（服部春彦・谷川稔編著，1993 年，170 ～ 172 頁）に当時の植民地拡大がいかにすさまじいものであったかについて概略が記されている。また，（竹沢，2001 年）を参照。

7　渡辺，2000 年，293 ～ 316 頁を参照。また先に挙げた（Weber 1976）においても，1860 年代以降，学校教育，特に小学校での教育が人々を「文明化」するために非常に重要と認識されていたという指摘が随所でなされている。特に第 18 章を参照。

8　稲葉，1979 年を参照。および，（服部春彦・谷川稔編著，1993 年）を参照。

9　Cf. Becker et Audoin-Rouzeau 1995 : 213–230. および（西川，1989 年）を参照。

10　Cf. Digeon 1959 : Ch. X ; Becker et Audoin-Rouzeau 1995 : 254–258.

11　尾鍋，1979 年，2 頁。

12　Angell 1972 : 296.

13　Ibid., p.183.

14　Cf. Duroselle 1972 : 292–297.

15　服部・谷川編著，1993 年，173 頁。

16　たとえば，「日本の女は，その長い着物と綺麗に結んだ幅広の帯を取り去ると，もはや曲がった脚と，か細く，梨の形をした，首のついたちっぽけな黄色いものにすぎない」（遠藤，2001 年，88 頁）という文章があり，これなどは先に記した『アフリカ騎兵』中で，セネガルの娘について「盛りのついた小猿のような」と記している文章と対をなしていよう。また，彼と相前後する時期に日本に滞在した（長期間であるが）ラフカディオ・ハーンやヴェンセスラス・デ・モラエスの作品中に見られる日本人，日本文化に対する謙虚ともいえる姿勢とは際立った違いを見せている。

17　ロチ，2010 年。

18　『アフリカ騎兵』巻末に附された渡辺一夫による年表中に現れる表現。

19　杉本，1993 年，176 頁。
20　ゴーギャン，1980 年，131 頁。
21　同上，245 頁。
22　同上，344 頁。
23　フランス語原文では Doux à en être bête となっている（Gauguin 1974:326）。
24　竹沢，2001 年，96 頁。
25　ゴーギャン，1980 年，176 頁。
26　ピエール・ロチが「他者」の好色イメージを盛んに掻き立てて「当代きっての」売れっ子作家になったのとは対比的に，「好色イメージ」を全く抜きにして，それでいながら植民地，特にアフリカの野蛮，人喰い，物神崇拝，無文字，一夫多妻といった，16 世紀以来のヨーロッパ，フランスに広まっていたアフリカ黒人像を，ロチやゴーギャンよりほぼ一世代前生まれのジュール・ヴェルヌが多数の青少年向け小説において開陳，宣布していたことについては（杉本，1995 年）に詳しいので参照されたい。ヴェルヌの方こそ青少年から成人，老人に至るまでの幅広い大衆に熱い思いをもって受け入れられていたことを思えば，ロチよりも影響力は大きかったのかもしれない。

第二章

1　フランス，ドイツ両国において，それまで大衆的状況ではある種の「太平楽」的な社会風潮があったにもかかわらず，一気に「挙国一致」状況に至った経緯については，（桜井，1983 年，特に第三章；木村，1999 年，183 ～ 205 頁；Becker et Audoin-Rouzeau 1995 : 264-283）を参照。
2　本書において，「第一次世界大戦」とせず「第一次大戦」としていることについて，ここで触れておきたい。山室（2011 年）によると，この戦争が「世界戦争」「世界大戦」として名づけられたのはヨーロッパで戦争が始まって「半月もたたないうちに世界で最初に」日本でのことであったらしい。確かに，この戦争にはヨーロッパの多くの国々，ロシア，オスマン・トルコ帝国，アメリカ，日本，そして特に英仏の海外植民地などが参戦しており，「世界大戦」であることは間違いない（Cf. 池田，2014 年）。山室は日本国内で戦争が戦われていないという直接的事情もあって，一般民衆の間では日本が交戦状態にあることさえ意識されず，また知識人たちの間でもヨーロッパ（特にドイツ）からの文物の途絶したことによる不便をかこつ人や，逆にそこに活路を見出そうとした人がいたことを指摘し，交戦状態にあることの意識が稀薄なまま，その反面で日本は実際に対ドイツ戦争，シベリア戦争を戦い，かつ日英間，日中間，日米間の 3 つの外交戦を展開した複合戦争であるという視点を提示している。

　ただ，本書はその内容からして，舞台をヨーロッパの特に「西部戦線」とフランス領西アフリカ植民地に限っており，当時，フランスではこの戦争を「大戦」として位置づけ，「世界戦争」とは呼んでいなかったこともあり，「第一次大戦」と記すことにした。
3　Duroselle 1972 : 297 ; 木村靖二・柴　宣弘・長沼秀世，2009 年，41 ～ 42 頁。
4　フランス語では Ministère de la Guerre といい，戦争省と訳すべきであるようにも思える。小文字の guerre という語自体には特に陸軍という意味はないが，la Guerre

とすると陸軍省を意味するといい，慣例にならい本書でも陸軍省とする。

5　原題は *La Force Noire* であり，『黒人兵力』と訳すこともできよう。

6　Lunn 1999a : 523 ; Duval 2005 : 117.

7　Cf. Digeon 1959 : 328–329 ; Duroselle 1972 : 15–18.　また，矢内原はヨーロッパの他の国に比べてフランスの植民地政策は本国の過剰人口を移し替えるためではなく，逆に本国の過少人口を補うところに植民地の存在意義があり，そのことがフランス植民地政策の特色であり，しかも植民地原住民を軍事的に利用した点はフランス植民地政策の「最も顕著なる特色の1つ」と述べており，この指摘は鋭い（矢内原，1963年，285～286頁を参照）。

8　マンジャンのこの主張はあまりに突飛なもののように思える。しかし当時，名を成していた思想家アルフレッド・フイエはマンジャンとほぼ同じ時期に『フランス人民の心理学』という本を著し，そこにおいて「フランス人は興奮しやすい民族であり，それはフランス人が遺伝的に神経および感覚中枢部の緊張圧が強すぎる」ゆえであると述べているという（Cf. Betts 1961 : 25）。当時はこのような身体生理学による説明が幅を利かせていた。それを思えば，マンジャンの主張は，今わたしたちが考えるほどには突飛とは思われなかったのかもしれない。

9　第一次大戦は，西アフリカにおいて兵士徴発のためにさまざまな形で現地住民に現金をばらまいた時期でもある。アフリカで貨幣経済が浸透し始めるのはまさにこの時期であった。

10　各村ごとの住民台帳，あるいはそこまで完全なものではないにせよ徴兵可能者リストについては第一次大戦後になって作られていくようになった。特に，1926年以降になると，各セルクルでは少なくとも男性についての住民台帳は整備されるようになった（Cf. Echenberg 1991 : 51）。

11　正式名はここに記したとおりだが，一般にウィリアム・ポンティと記されることが多く，以下ではそう記す。

12　Ruscio 1995 : 37–38.

13　Cf. Clayton 1988 : 154 ; Dieng 1990 : 84.

14　マンジャンは「フランス人との接触」について直接的な表現を避け，婉曲表現を使っているが，植民地出身兵とフランス人女性との性関係については，それが植民者側と被植民者側との関係のあり方に根本的な影響を与えるような複雑な問題を生じたのであり，フォガティは最近の著において1章を割いて論じている（Cf. Fogarty 2008 : Chap. Six）。

15　Cf. Lunn 1999b : 120. 実際，戦いの前線にあるドイツ兵たちにとって，アフリカ黒人が「自分たちと同じ人間」とはとても思えず，「凶暴なる野蛮人」という認識が行き渡っていたらしい。ドイツ兵たちは黒人兵たちが「群れを成して」出現する姿に激しく恐れおののいたという（Nelson 1970 : 608）。

16　マンジャンが挙げている数字は当時すでにフランス領であった西アフリカ（AOF）と赤道アフリカ（AEF）すべてを含む地域の人口のことである。サハラ以南のフランス領西アフリカ（AOF）の人口は，この時期1200万人ぐらいとする見方がある（Cf. Buell 1965 : vol.1 p.901）。

17 平野，2002 年，75 頁。

18 Cf. Becker et Audoin-Rouzeau 1995 : 42.

19 Thiam 1992 : 47.

20 Conklin 1997 : 144（閣議議事録，電報とも）.

21 Lunn 1999a : 525.

22 すぐ次に引用する文章ともに(Conklin 1997 : 145)。フランス国会でのフランソワ・カルポの発言について記しているのはコンクリンだけかと思われる。重要な記述というべきであろう。他方で，コンクリンはその著においてマンジャンには一切言及していない。

23 この場合の「同化」は，フランスが言う「同化」とは異なり，植民地化される側（セネガル）がフランスの文化・制度をフランス国内と同様に植民地においても実施，実行せよというもの。具体的には，植民地であるから，黒人であるからといった理由でフランス本国人とは別扱いされることへの反対を表明する思想である。フランスが言う「同化」は上からの同化であるのに対し，植民地化される側（下）からの同化といってもよく，「平等」の希求が根本である。

24 Duval 2005 : 117.

25 Echenberg 1991 : 5. ただし，ドイツはその植民地で現地人を兵士として使っていたし，イギリスは南アフリカ人などを本国での戦時輸送要員などとして多く使っていたのも事実である。（クラウダー，1988 年，428 ～ 433 頁）を参照。さらに次のような事実もあった。後藤春美（2014 年）によると，第一次大戦は（戦争当事者本国間のみではなく）帝国間の戦争であり，したがって帝国からの動員もあったことが述べられ，「1914 年 8 月，海外のイギリス帝国正規軍ですぐに戦争への参加が可能なのはインド軍だけだった。インド軍とは，イギリス帝国がインドに保持していた軍隊で，大戦勃発時には兵力 16 万 1000 という規模であった。インド軍の経費はインドの財政から賄われ，その構成はインド人傭兵と少数のインド人将校がイギリス人将校の指揮下におかれるというものであった」。これらインド軍は「開戦とともにフランスに派遣された。…1914 年秋には，フランスの英軍の約 3 分の 1 がインド軍か，インドに駐屯していた英軍であった」（26 頁）とある。つまり，イギリスはインド人を兵士としてフランスでの戦いに徴発していたことになる。しかし，記されているように，「イギリス帝国正規軍」としてのインド軍であり，それはフランス軍の中のセネガル歩兵部隊の位置とは異なる。セネガル歩兵部隊はフランス軍の正規軍とは別扱いになっていた。

さらに，当時のインドは「インド帝国」であり，セネガルがフランス領植民地であったのとは事情を異にする。事実上はインドもイギリス植民地であったのであろうが，フランス領植民地とは違いがある。「インド軍の経費はインドの財政から賄われ」とあり，これもセネガル植民地からの兵士徴発とは事情は全く異なっている。とはいえ，イギリスも多数のインド人をフランスでの戦いに導入していたという事実はある。わたしが記したように，フランスだけがヨーロッパでの戦いに植民地人兵士を徴発したと断言するのには異論もあろう。

26 Duval 2005 : 120.

27 Michel 2003 : 15.

28 Cullom Davis 1970 : 70. なおファショダ事件については（Wright 1972 ; Brown 1970）を参照。

29 Cf. Michel 2003 : 15-16 ; Duval 2005 : 129-130.

第三章

1 ツヴァイク，1999 年, 193 ～ 194 頁。

2 Michel 2003 : 25.

3 Echenberg 1991 : 77-78 ; Michel 2003 : 28 ; Mann 2006 : 36.

4 Cullom Davis 1970 : 109.

5 フランスでは 1848 年にフランス領植民地での奴隷を解放する旨の法律が成立している。

6 フランス革命戦争とナポレオン戦争以降の 1 世紀の間，フランスでは軍隊を職業軍から徴兵制の軍隊へと改編してきたが，現実にはくじ引きによる徴兵がなされ，また金で雇った代理人を立てることも認められていた。兵士たちはほとんどが農村から徴募されたという。セネガルでの状況と変わるところはなかったことが分かる。（ベッケール，クルマイヒ，2012 年，上巻，165 頁）を参照。

7 Cf. Michel 2003 : 21 ; Duval 2005 : 118.

8 「20 世紀フランスの最大のイベントの 1 つ」と見なしうるものであり，パリ郊外ヴァンセンヌの会場には西アフリカ，マリのジェンネにある大モスクやカンボジアのアンコール・ワット寺院の実物大復元模型などが展示され，開催期間中に 800 万人もの観客をひきつけた壮大なものであった。要するに，野蛮から文明へという人類の進歩を浮き立たせ，そこに関わるフランスの植民地化の徳や偉業を誇示するものだったのである（バンセル，ブランシャール，ヴェルジェス，2011 年，135 ～ 145 頁を参照）。

9 たとえば，セネガル歩兵であった人間の手になる初めての回想記であることで意義のあるバカリ・ジャッロの記録にも，はじめモロッコに送られ，大戦開戦と同時にそこからフランスに送られたことが記されている（Diallo 1926）。

10 パン・アフリカニズムの創始者デュボイスは 1945 年の時点で次のように記している。「フランドルの戦場での出来事について人は想像力を欠いている。訓練され，優れたドイツ軍砲兵隊の前に，何の訓練も受けず，哀れなセネガル兵どもが立ち向かわせられたのだ。彼らは命令一下，隊列を組んで，西アフリカのさまざまに異なる言語で雄叫びを上げながら前進した。大砲が火を噴いた時，兵どもは震えあがった。しかし，怯むことはなかったのだ。兵どもはそのまままっすぐに死へと突進した。雄叫びは少しずつ少なくなり，やがては絶えた。そこに生き残った黒人兵は 1 人もいなかったのだ」（Du Bois 1976 : 7）。

11 大戦が始まって当初はセネガル歩兵部隊についてはさほど重視されていなかったようである。アルジェリアからの兵士，そして特にモロッコからの兵士たちが勇名をはせていた（Cf. Andrew and Kanya-Forstner 1978 : 14）。

12 エリッヒ・マリア・レマルク『西部戦線異状なし』（秦豊吉・山西英一訳）河出書房，1954 年。アンリ・バルビュス『砲火』上・下（田辺貞之助訳）岩波文庫，1992 年。

なお，久保昭博『表象の傷』(2011年刊) はフランス文学における第一次大戦の意味を考察したもので，当時のフランス文学界の動きを余すところなく記述し，その社会的影響，意味を詳述しているものであるが，同著において当時のフランスでは愛国主義的な戦争への誘いをテーマにした文学があった一方で，露悪趣味と言われるほどまでに戦場での陰惨な死を描いた文学があったことが記されている。ここに示した『砲火』などはバルビュスみずからの戦場での体験を描写したものであり1916年12月にゴンクール賞を受賞し，20万部以上を売り上げるベスト・セラーになっている。

13 木村・柴・長沼，2009年，54頁。

14 木村・柴・長沼，2009年，58～61頁。

15 ヒトラー，1971年，第1巻，200頁。

16 Michel 2003 : 49.

17 Bonnefous 1957 : 133.

18 Echenberg 1991 : 26, 27.

19 西アフリカでのセネガル歩兵徴兵は第一次大戦終了後もコンスタントにつづけられ，第二次大戦時にはまた急増している。

20 戦争がいかに多額の経費を必要とするものか参考のために記すが，1915年10月からの半年間についての西アフリカでの徴兵費用としてフランス議会は4600万フランの予算を計上している。これはフランス領西アフリカ植民地連邦全体の1年間の予算の2倍以上にあたる額である (Cf. Lunn 1999b : 92)。

21 ANOM FM1 Aff.Pol. Carton 3034.

22 ANOM FM1 Aff.Pol. Carton 3034.

23 村落部での徴兵にはセルクルのコマンダンを筆頭とし，軍の士官，フランス人医師と補助要員で構成される徴兵委員会があたった。その際，兵士として適格か否かの判断は視力検査 (10メートル離れたところに立つ検査官が示す片手の指の本数が見分けられるか) と跳躍検査が主であった (Lunn 1999b : 36)。

24 ANOM FM1 Aff.Pol. Carton 3034.

25 ANOM FM1 Aff.Pol. Carton 3034.

26 西アフリカ現地に駐在していたフランス軍人自体が本土での戦争に向かわせられていた。セルクルのコマンダン総数の3分の1，医療関係従事者の半数，通信業務担当者の5分の4の数のものが従軍させられていたという。現地に残っていたフランス人軍関係者たちの任務は過重であった (Conklin 1997 : 147)。

27 Cf. Roche 1985 : 325–327.

28 Michel 2003 : 52.

29 ランは1982年から83年にかけて，主にセネガル地域で生き残りの旧セネガル歩兵たちから証言を得ているが，それによるとカントン長 (カントンについては第九章を参照) の命を受けた現地人徴兵係がおり，これら徴兵係は若者1人を兵士として「捕える」と25フランの報酬を得た。捕えられた若者の首にはロープがつけられ徴兵事務所に連行されたという。文字通りの「人狩り」であり，奴隷貿易時代におこなわれた人の捕獲と変わるところはない (Lunn 1999b : 40)。奴隷貿易時代との関連で

いえば，ダカールに集められたセネガル歩兵たちがいよいよ船に乗せられフランスに向かう船旅も快適なものとは言えなかった。内陸部から来た若者たちの多くは海というものを初めて眼にし，それだけでめまいを起こすほどおどろいたであろうし，船の燃料油のにおいと揺れによる船酔いに苦しめられた。稀ではあったが，船上で死ぬものがあると，死体は海に投げ込まれた。これも奴隷貿易時代と同じである（Cf. Lunn 1999b : 101）。

30　Crowder 1978 : 110.

31　この部分については ANOM FM1 Aff.Pol. Carton 2762（Rapport de Mission Picanon）を主に（Michel 2003 : 50–60 ; Duval 2005 : 147–151）などをもとにまとめた。

32　西アフリカ各地での徴兵反対の暴動について，ここではこれ以上詳しくは記さないが，フランス領スーダン（現マリ）でも 1915 年の初めから諸所で大規模な暴動が起こっており，鎮圧のために数多くの村が焼打ちにされ，数百人以上もの死者が出るということがあった（Cf. Kamian 2001 : 95–114）。

第四章

1　Cros 1961 : 13.

2　Wesley Johnson 1991 : 195.

3　Ibid., p.195.

4　Dieng 1990 : 56.

5　この点に関し，アルマンはフランス革命時の王政下での「臣民」という概念が，植民地も本国と同じなのだからという理由で，植民地住民にも適用されるようになったと皮肉を込めて記している。植民地人は臣民という認識だったのである（Harmand 1910 : 18）。

6　Bruschi 1987/88.

7　P.M. Diop は，1891 年に西アフリカ植民地連邦内で行政改革がなされ，完全施政コミューンの他に，行政官領域（territoires d'administration），直接保護領（pays de protectorat immédiat），政治的保護領（territoires de protectorat politique）が決められたことを記している（Diop 2011: 21–22）。

8　コンセイユ・ジェネラルの諸機能については（Idowu 1969）に詳しい。

9　July 1968 : 397–398

10　ローランとランピュエ，1937 年，194 頁。

11　July 1968 : 398.

12　Wesley Johnson 1972 : 81.

13　ジャーニュの選挙活動の巧みさについては，ジュライが色彩豊かに描き出している（Cf. July 1968 : 392–394）。

14　この部分の記述は（Wesley Johnson 1972 ; Wesley Johnson 1991）に負っている。

15　平野はフランスは「文明化」を標榜していたのにもかかわらず，エヴォリュエ，つまり「成長した」という意味合いを含む語を適用し，シヴィリゼ（civilisé ＝文明化した人）という用語を用いなかったことに注意を喚起している（平野，2002 年，272

頁)。文明という語には「都市的で，洗練された」という意味合いがある。当時のフランス人にとって，アフリカ黒人は教育を受けても，洗練したとまでは言えず，せいぜいのところ「成長した」と言えるぐらいだという意味合いがあったのだろう。

16 Wesley Johnson 1991 : 229.

17 大戦中，ジャーニュが前線で戦ったことがないという事実は，大戦後の1919年11月30日におこなわれた選挙に際して，ジャーニュに対抗するセネガル在住フランス人と混血者たちがジャーニュを「戦線に立つことのなかった卑怯者」としてネガティヴ・キャンペーンをする際の材料になった (Lunn 1999b : 196)。しかし，そのようなマイナス材料をものともせず，ジャーニュはその選挙においても大勝している。

18 Balesi 1979 : 86.

19 松沼，2012年，89頁。なお，このジャーニュ法は法学の立場からは厳しい批判がなされており，その点について松沼の同著 (90～93頁) に詳述されている。

20 ジャーニュ法の成立をもってしても，私法，および公法上，真にフランス市民と見なしうるか否か，まだ議論の余地あることがローランとランピュエにより指摘されている (ローランとランピュエ，1937年，194頁，205～206頁を参照)。

21 ウェズレイ・ジョンソンはこの表をダカール在のセネガル国立公文書館軍資料 (ARS 17-G-241-108ARS) によるとしている。その表中，食事についてコミューン出身兵には1食3フラン75サンチームの予算でフランス風食事が供されるのに対し，セネガル歩兵の食事はアフリカ風のものであり，セネガルから連れてきた炊事婦 (女性) がすると記されている。セネガル歩兵が1912年にモロッコに派兵されるまで，家族 (妻，子ども) の帯同が許されたが，それ以降はセネガル歩兵の派兵には妻の帯同はなかったとされる。モロッコではセネガル歩兵の妻たちは独身兵の食事をも作っていたといい，戦場での苛烈な状況に潤《うるお》いを与える存在として重要であったことがその場にいた兵士ジャッロの回想記などからも理解される (Diallo 1926 : 97; Echenberg 1991 : 23)。また，グレゴリー・マンはその著でセネガル歩兵部隊は第一次大戦時に「完全に男性だけの軍」に変わったと記している (Mann 2006 : 151)。炊事等の担当のためにアフリカ女性がヨーロッパに派遣されることはなかったということになる。さらに，ランは元セネガル歩兵たちにインタビューして証言を得ているが，それによってもセネガル歩兵の食事は普通はフランス兵に出されるものと同じだったという (Lunn 1999b : 117 NB.73)。ウェズレイ・ジョンソンは公文書によると明記しているが，第一大戦時，西部戦線での塹壕戦のさなかにセネガル人女性が炊事等のために帯同されていたというのはあり得ないことだった。塹壕の中でどのようにアフリカ風の食事を準備できたのか。到底不可能であったと思われる。

第五章

1 この当時，アルジェリアは「まさにフランスの延長とみなされ」，その地の住民を略奪し，虐殺して，そこを「ヨーロッパ人が住む」土地にしようとしたのだという (Cf. Catalogue de la France à l'Exposition universelle de Vienne, 1873. バンセル他，2011年，13頁に引用)。

2 パリの植民地学校で教育を受け，植民地現地での統治に携わることになるが，植

民地現地で長い経験を積み，「叩き上げ」の状態にある植民地行政官たちからは，批判的な目で見られることが多かったようである。たとえば，マダガスカルにおいてガリエニの下で参謀役を務めていたリヨテは植民地学校卒業の行政官について「現場を知らず，官僚的で廻状さえ出せばよし」とする風があり，「現地住民についての抽象的知識」にとどまっていると批判している（Cf. Cohen 1971 : 30）。なお，ここに引用した著においてコーエンは植民地学校について詳しい記述をしている。

3 ヴォレノーヴェンは語学に非常に堪能であった。オランダ語を自由に話せたのはもちろん，アルジェリアでアラブ語とフランス語を完璧に身につけ，さらに英語とドイツ語を自在に使いこなせた（Michel 2003 : 152）。

4 Général Mangeot 1943 : 19–20.

5 Ibid., p.132. なお，ヴォレノーヴェンがマルセイユからメシミィに宛てた，この手紙について，マンジョ将軍の本では5月10日という日付が入れられているが，ヴォレノーヴェンは4月22日にイープルでの戦いで毒ガス攻撃を経験していることから考えると，5月ということはありえず，4月の誤りと思われる。

6 Général Messimy 1920 : 10.

7 ベッケール，クルマイヒ，2012年，上巻，179頁。

8 Général Mangeot 1943 : 20–21.

9 ANOM FM1 Aff.Pol. Carton 3034.

10 Ibid.

11 *Histoire Militaire de l'Afrique Occidentale Française*, Les Armées françaises d'outre-mer, 1931 : 813–814.

12 Sanmarco 1988 : 485.

13 Ibid., pp.485–486.

14 いささか余談になるが，ヴォレノーヴェンが西アフリカ連邦総督を務めた時期，側近として仕え，ヴォレノーヴェンについて感動的な一著を残したマンジョ将軍は，フランスからダカールに向かう船にヴォレノーヴェンとともに乗船している。つまり，共にダカールに到着したのである。ところが，彼の著書では彼らが乗った船がダカールに入港したのは1917年7月5日と記されている。このような日付の誤りがどうして生じているのか，理解しにくいものがある。それにしても，思い出していただきたいのだが，戦場で戦っているヴォレノーヴェンのもとに西アフリカへの転勤の辞令が出たのが5月21日，翌22日早朝にパリに向かい，上司の大臣から辞令を拝受し，さまざまな指示を受けたのち，船が出るマルセイユに向かったのは22日夕刻，あるいは23日早朝のことであったろう。パリからフランス南部のマルセイユまで鉄路で約700キロもあり，当時は15時間以上かかったのではないだろうか。フランスからセネガル，ダカールへの船旅は10日間だったというから23日，あるいは24日には船は出港したことになる。ヴォレノーヴェンのために特別に船を仕立てたのだろうか。ダカールに到着したのが6月3日というのは，その4日後の7日付けで第1の廻状が発されていることから見ても間違いないところである。いずれにせよ，驚く他はない「早わざ」でことは進んだと言わねばならない。前線での戦いの日々から，すさまじいまでの慌ただしい旅行の中でヴォレノーヴェンは連邦総督としての次の

任務について考えていたのである。

15 (Comité d'initiave des amis de Vollenhoven 1920 : 114–119) にその全文が示されている。

16 ソルガム，ミレットとも雑穀の1種。ソルガムはモロコシとも言われる。ミレットはソルガムより少ない雨量でも育つが，粒は小さい。ともに西アフリカのサバンナ地域で広く栽培されている。

17 ベッケール，クルマイヒ，2012年，上巻，183頁。

18 その全文は (Comité d'initiave des amis de Vollenhoven 1920 : 119–132) に再録されている。

19 クラウダーによると大戦中のフランスは深刻な食糧不足状態に陥っていたことが分かる。1916年までにフランスは食糧に関しては，絶望的な状態になっていた。というのは，フランスの小麦生産は，9000万キンタルを必要としていたが，6000万キンタルしかなく，3000万キンタルの不足となったのである。翌年には，小麦生産の世界的な暴落があり，フランス自国産はたった4000万キンタルとなった。このようにして，これら両年で小麦ないしその代用品は，海外に求めなければならなくなった（クラウダー，1988年，442頁）。

20 こうして，フランスが西アフリカでの生産物を徹底的に買い上げたために，西アフリカの広い範囲で物資不足，飢饉状態が生じたという (Cf. Kamian 2001 : 116)。また，徴兵の結果として，セネガル地域での主産品落花生は1913年時点でフランス領西アフリカ植民地からの輸出総額の50パーセントを占めるものであったが，大戦期間中に生産量は急減，1914年時点での生産量30万3000トンが1915年から1917年の平均生産量は14万2000トンに落ちた (Cf. Lunn 1999b : 51 NB. 10)。

21 1918年，フランスの商船輸送量は戦前のそれに比してほとんど半分に減少していた。植民地で生産を増強しても，物資を運ぶ船は圧倒的に不足の状態にあったのである (Cf. Andrew and Kanya-Forstner 1918 : 20)。

22 Général Mangeot 1943 : 102–103.

23 Comité d'initiave des amis de Vollenhoven 1920 : 133–154.

24 Général Mangeot 1943 : 39–40.

25 ヴォレノーヴェンがここで述べている地域分権の重要性について，アルベール・サローが1923年に公刊した著書『フランス植民地の開発』で理論的な整理が記されている。そこでサローは民族的にも，自然環境的にも，文明進化の程度においても異なるさまざまな地域の植民地についてフランス本国の植民地省が一括的に，しかも細部にわたってまで統一的な指示を出すことの不適切さについて強調している (Cf. Sarraut 1923 : 103–112)。

26 Comité d'initiave des amis de Vollenhoven 1920 : 191.

27 Crowder 1968b : 171.

28 Ibid., p.194.

29 ヴォレノーヴェンの人となり，その仕事ぶりと後世の評価について，要領よく手短にまとめたものが (Cohen 1971 : 65–67) にある。

第六章

1 Michel 2003 : 66.

2 Crowder 1978 : 111.

3 この点に関連して，現在西アフリカ諸都市ではレバノン，シリア系の人々が商業の領域で数多く活動しているが，彼らがこれら諸都市に大量に流入するようになったのは第一次大戦時からである。フランス人が大戦に動員されたことで，フランス人による商業の独占状態にゆるみが出てきたからである。

4 ANOM FM1 Aff.Pol. Carton 2762.

5 Roche 1985 : 331.

6 Ibid. これに関連することだが，1916年6月から翌17年5月まで臨時代理総督を務めたアングルヴァン（彼はコートディヴォワール植民地総督として苛烈な統治をしたことをのちの第八章，「平定について」の項で述べる）は，各植民地総督に対して「西アフリカ植民地連邦内で可能なすべての穀物をフランス国家のために買い上げる」べく，指示を出している（Michel 2003 : 153）。

7 ここでヴォレノーヴェンは直接には西アフリカにおけるフランスの立場の脆弱性を述べているが，じつのところその脆弱性はもっと深刻な次元に及ぶものであったことが指摘されている。植民地において白人たちは現地住民（黒人）の上に立ち，みずからは「完全無欠」であるかのように振る舞い，人々にそう教え，現地の未開性をなくしていくべき指導者として行動していた。そのヨーロッパ人同士が「殺し合い」，そこに「手助け」として自分たち黒人を呼び寄せることの不合理性を人々は感じ始めた。さらに，黒人である自分たちが戦場では白人と同等に戦うものであるのみならず，その白人を殺す存在でさえあることに気づき，それまでは厳然たるものとして認識されていた人種間の階層構造には嘘があることまで気づかれるようになったからである（Cf. 松沼，2014年；池田，2014年）。

次章で述べるが，黒人であるジャーニュが徴兵担当の任務を帯びて西アフリカに特派されたとき，それが信じがたいほどの大成功を収めたのも，黒人は白人と同等，いやそれ以上の存在になりうるのだという人々の「直観」認識と無縁ではない。

8 植民地におけるエリート養成の重要性については，ヴォレノーヴェンの師ともいえるアルベール・サローもその著（1923年刊）で述べている（Cf. Sarraut 1923 : 101）。

9 ANOM FM1 Aff.Pol. Carton 170.

10 Roche 1985 : 332.

11 Lunn 1999b : 75-76.

12 Michel 2003 : 66.

13 Comité d'initiative des amis de Vollenhoven 1920 : 265-266.

14 原文はアングルヴァン連邦総督について述べた直後に，sous son action となっており，アングルヴァンの努力によってと読み取れる。ジャーニュの功績としては記してない。

15 *Histoire Militaire de l'Afrique Occidentale Française*, 1931 : 815-816.

第二部
第七章

1 Cf. ローランとランピュエ 1937年，2～5頁。なお，日本も遅れて植民地事業を始めたが，ここでは触れない。

2 Cf. Betts 1961 : 10–16.

3 井野瀬久美恵，1998年を参照。

4 Boilat 1853 : 13.

5 Ibid., p. 14.

6 同化主義者としてのボアラについては（July 1968 : 155–167）を参照。

7 フェデルブが現地住民の文化に関心を抱き，それらの研究に熱心であったことを考えれば，フェデルブは自覚しないままに「協同主義者」であったと言えよう（Cf. Betts 1961 : 111–112 ; 平野，2002年，221頁）。

8 July 1968 : 176.

9 完全施政コミューンがどのような性質のものであったかについては，第四章，第二節で説明した。

10 ここで言う選挙権は，フランス本国での市民権と同一のものではない。選挙権にしてもサン・ルイ，ゴレに居住するすべての現地人に与えられたわけではない。そのことについては第四章で説明した。

11 July 1968 : 241.

12 De Saussure 1899.

13 植民地行政にあたる高級官僚養成のためのエリート校であることについては，先の第五章で説明した。

14 Ruscio 1995 : 99.

15 Ibid., p. 103.

16 Deschamps 1953 : 147.

17 Harmand 1910 : 11.

18 Ibid., p. 13.

19 Ibid., p. 22–24.

20 Deschamps 1953 : 149.

21 Andrew and Kanya-Forstner 1978 : 17.

22 Chailley-Bert 1902 : 45.

23 ベッツも，「協同主義」は理論として，明確な形で述べられているわけではないことを記している（Cf. Betts 1961 : 106）。

24 Cf. Arnaud et Méray 1900 : 4–5. なお，20世紀初めのころ，植民地をめぐる議論は一種の「流行」になっていたようである。シジェールによると，その時期植民地をめぐる議論は「浜の砂のごときでありながら，潮の引いた後には何も残ってはいない」（p.vii）と手厳しい。その状況の中でシジェールは面倒な文献引用などをせず，随筆風に書くとことわった上で，優秀民族と劣等民族があり，優秀民族が劣等民族を同化し，教化しようとする同化主義なるものはその前提からして間違っていると批判する。同化主義政策でよい唯一のことは本国言語を植民地住民に教えることだ

けだという。その上で，シジェールは協同主義も偽善的でたいしたことはないと批判している（Siger 1907 : 122-124）。彼にとっては，植民地主義は要するに力の表現なのであって，1つの社会現象なのであり，戦争が社会現象なのと同じように，そこに「科学」を持ち込もうとしても無駄だと言いたいようである。

25 Cf. Betts 1961 : 115.

26 この部分の記述は（Deschamps 1953 : 154-161 ; Betts 1961 : 109-120；平野，2002年；アール，2011年，上巻）を主に参照している。

27 Sarraut 1923 : 88.

28 Guy 1924 : 250.

29 矢内原は協同政策について，「本国中心の帝国的連結強化の一形態たるものに過ぎず，（…）フランスの原住者政策の本旨が同化主義にある事実に変化はない」と記している（矢内原，1963年，289頁）。

30 「同化」と「協同」についての議論をここでこれ以上続けるのは難しいが，フランス植民地統治の原理が「同化から協同に変わった」と言えるのか否かという問題は簡単なものではない。たとえば，新進の歴史研究者松沼美穂氏は，2012年刊の著において，フランス植民地主義における「同化」という原則はあたかも確固としたものとして存在したかのように見なされ議論されているが，じつはその内容は曖昧であり，「何と何を同化するのか」ということさえ明示されないまま，勝手な了解だけが独り歩きしていると断じている。「同化」にせよ「協同」にせよ，それらの内実が意味不明瞭なまま，読む方はこれまで聞きなれた議論をもとに「漠然と連想して」，屋上屋を重ねるような議論を続けているとしている。松沼氏の論にしたがえば，フランス植民地主義の原則が19世紀末ごろ,「同化主義」から「協同主義」に変わっていったという議論も，両原則ともに曖昧なものであることを鑑みれば，さほどの実質を伴ったものと言えるのか否か疑義があるということになる（松沼，2012年，第二章を参照）。松沼氏が「何と何を同化する」のかさえわきまえられていないと言うときの，「何と何」は，「遅れた段階にある文明を」「進んだ状態にあるフランス文明に」同化するといった単純なことではなく，現地人の言語や風習といった文化面をフランス風のものに変えることなのか，あるいは現地人の法制度，統治機構といった政治面についてフランスのそれに同化することなのか，それがはっきり意識されないまま，ただ同化という言葉のみが独り歩きしていることに対する批判である。同化の中身が問題にされている。文化面と政治面とをそれほど明確に分離して議論しうるのかという疑問は残るが，彼女が結論的に言うところは同化にはさまざまな水準と場面と側面とがあるのであり，それを明確に意識したうえで議論すべきであるということになる。

第八章

1 Golberry 1802 : 153. ゴルベリーは「三海里」と記している。

2 シニャールの美しさや，その性的魅力については18世紀末にセネガルに滞在したデュランが強調して記している（Cf. J. B. L. Durand 1802 : Tome II,28-31）。

3 Duval 2005 : 21.

4 Buell 1965 : vol.1, 901–913 ; Crowder 1968b : 69–80 ; Balesi 1979 などを参照。

5 フェデルブ以前の総督も gouverneur であり，確かに総督ではあるが，商館長というほどの力しかなかった。フェデルブに至って真の総督になったと言えよう。

6 この時期，セネガル全土が植民地になっていたわけではなく，植民地と言えばサン・ルイとゴレであった。サン・ルイ総督がゴレをも管轄していた。

7 Cf. Le Général Faidherbe 1889 : 115–121.

8 Cullom Davis 1970 : 41.

9 Cf. Bathily 1976 ; Diouf 1990: 171–174.

10 Cf. Betts 1961 : 112–113.

11 コーエンの記すところによると，フェデルブは彼以前の総督たちはセネガルについて何の予備知識ももたずに就任し，就任したのちも仕事に何の情熱も示さず，それゆえにそれら総督がセネガルから離任するとき，就任した時と何の変りもない状態であったと言っていたという（Cf. Cohen 1971 : 13）。

12 常備の正規セネガル歩兵部隊の創設はフェデルブが成し得た重要時であることは間違いないが，それ以前の早い段階，つまり 1787 年から 1807 年にかけてのブランショ・ド・ヴェルリー内閣時にもセネガル歩兵常備軍化の要請がセネガル植民地から出されていたという（Cf. Bathily 1976 : 88）。この点を鑑みても，セネガル植民地における諸改革をすべてフェデルブ 1 人の功績であるかのように論ずるのは早計であることが分かる。

13 *Histoire Militaire de l'Afrique Occidentale Française* 1931 : 840.

14 第一次大戦が終わってから 26 年もたった 1934 年の西アフリカ（つまり，フェデルブ総督の時期からすれば 80 年ほどもたっている）において初等教育を受ける児童（ほとんどすべて男子）は 1000 人中 5，6 人でしかなかった。その初等教育でのフランス語教科書に「ゴリラと靴」という題でゴリラが狩人に捕えられた話があるという。森のゴリラが人間に負けまいとして靴を履いたところ，うまく走れず，人間に捕えられたという筋になっている。この話から引き出される教訓は何か，と教師が生徒に問う。ある生徒は，「ゴリラは裸足でいればうまく走れます。わたしたち黒人も同じです」と答え，別の生徒は「人は他人の真似をしてもうまくはできません」と答え，この答えに教師は「よくできました」と答えたという（Kelly 2000 : 195）。

15 Echenberg 1991 : 21.

16 軍兵士，あるいは植民地行政府役人としてセネガルへの赴任を希望するものなど稀少であった。気候が苛烈であり，瘴癘《しょうれい》の地とさえ言われるようなセネガルへの赴任を希望するものは少なかったのである。結果として，フランス本国ではまともに「めしを食えない」ような若者が多かったという（Cf. Cohen 1971 : 15）。そのことは，ピエール・ロチ描くところのセネガルでの兵士たちの怠惰な日々の記述からも推しはかられる。

17 Le Général Faidherbe 1889 : 366.

18 1892 年にセネガル川を遡行して内陸部にまで旅したフランス人一家はマータムで，かつて「人質学校」で教育を受けたという村長の家を訪ねたことを記している。「フェデルブ総督が作った，現地人首長に恭順の意を示させる巧妙な施設」という記述が

ある（Bonnetain 1984 : 85)。

19 Le Général Faidherbe 1889: 369.

20 Bathily 1976 : 89.

21 Ibid., p.89.

22 Général Duboc 1938 : 23.

23 Ibid., pp.50-51.

24 Bonnetain 1894 : 66.

25 Angoulvant 1916 : 22.

26 Cf. Suret-Canale 1962 : 127-138.

27 Duval 2005 : 30.

28 Michel 2003 : 26.

29 Lunn 1999b : 127.

30 Cf. Villard 1963 : 112-116 ; Searing 2002 : 34.

31 ANS 13G259 No.23.

32 セネガル地域で奴隷制廃止がどうやら実質的になっていくのは1905年頃からである。このことについては多くの文献があるが，ここでは（Roberts 1988 ; Klein 1993）を挙げておく。

33 ANS 13G259 No. 29.

34 この部分については，(Diouf 1990 : 263-272 ; Searing : 2002 : 48-63；小川, 2002年）を参照。

35 Cf. Ganier 1965 : 261-263.

36 ANS 13G261.

37 ANS 13G261.

38 ANS 13G261.

39 ANS 13G261.

40 Cf. Fall 1993.

41 この鉄道の完成を見た後，ダカールからニジェール川方面（現マリ）に向かう鉄道，ギニア植民地内の鉄道，コートディヴォワール植民地内の鉄道と順次，鉄道建設は進められた。

42 Cf. Général Duboc 1938 : 78-91 ; Le Général Faidherbe 1889 : 441-444 ; Ganier 1965 : 223-281. フェデルブ自身の回想記での記述は概略次のとおりである。「11時半頃，ラット・ジョールは部下約300人とともに丈高い草藪の中を前進，わが軍が気づかぬうちにすぐ近くまで来て攻撃してきた。11時45分，わが軍味方部隊の到着あり，ヴァロア大尉は現場を制圧。スパイ（騎馬兵）20名を敵の直前に向かわせたところ，敵は敗走した。わが軍は容赦なく追走した。この戦いでラット・ジョールは2人の息子，そのほか78名の戦士ともども死んだ。わが方の損失も大きく，騎馬兵の3分の1，兵士と馬ともどもが戦闘要員から離脱した。ラット・ジョールは25年来，われわれに敵対してきた。ンゴルゴルでの戦いではわが軍140人のうち103人が戦地に斃れ，1869年にはメヘイでの戦いにおいて，わが軍の騎馬兵ほとんど全員が撃滅されさえした。ラット・ジョールはカヨールの平安を危険に陥れ続けてきたのだ」

(Le Général Faidherbe 1889 : 443)。

43　Monteil 1963 : 77-104 ; Ganier 1965 : 242-259 ; Diouf 1990 : 282. なお，モンテイユはラット・ジョールが直接に殺害されたのはデンバ・ワル・サルが撃った銃弾によると断言しているが，そこまで言うのは難しいであろう。

44　Cf. G. Wesley Johnson 1991 : 44.

45　Cf. Villard 1963 : 134.

46　小川，1998 年を参照。

第九章

1　アルジェリアは植民地ではなくフランス本国の延長と考えられ，したがって内務省に属し，チュニジア，モロッコは保護領として外務省に属していたことにも見られるが，植民地省が管轄する地域は「遠隔，若しくは比較的に経済的重要性の少き諸植民地に過ぎ」ず，「植民省の権限は微弱であり，植民大臣の政治的地位は重要視せられずして」と矢内原は記している。そのことがとりもなおさず，植民地は本国の延長であって，本国でおこなわれる施政をそのまま植民地にも適用しようとするフランスの同化政策のあり方を示している（矢内原，1963 年，287 頁）。アンドリューとカニヤ・フォーストナーも同様のことを述べ，植民地省は政府内で一段格下に見られていたことを記している（Andrew and Kanya-Forstner 1978 : 11-12）。

2　Newbury 1960 : 111 ; Cf. Durand 1997；ローランとランピュエ，1937年，64～66頁。

3　Newbury 1960 : 126.

4　Cf. Vodouhé 1997. 各々の植民地領域が確定していなかったため，現地住民間での紛争に際して，どの植民地権力が平定にあたるかについて，あるいはまた互いに権力の侵害をしあうなどフランス植民地行政側でも紛争が起ったという。

5　Cohen 1971 : 11-12.

6　Buel 1965 : Vol.1, 983-984.

7　Cohen 1971 : 12-15. コーエンはこれら役人の多くは本国でまともな職に就けないような「食い詰めもの」が多かったと述べている。

8　Resident という地位・役職は「駐在官」と訳されている。「間接統治」を旨とするイギリス植民地政策において，「総督」はフランス領植民地においてと同様，植民地行政府の最高の長官であるが，北部ナイジェリアなど現地のアフリカ人住民にとっては旧来のイスラーム権威の最高位者としてのエミール等の最高首長が現実的な「支配者」であった。その下に旧来の郡や村に相当する行政区分があった。Resident ＝駐在官は現地の支配者としてのエミール，首長を監督するものとして，現地首長たちを貶《おとし》めたりせずに，アドヴァイスし，カウンセラーとしての役を果たすものであった。したがって，フランス領植民地において現地での実質的支配をするものとしてのコマンダンと同等・同質の機能，役割を果たすものではないが，地位としてはコマンダンに匹敵すると見てよいだろう（戸田，1997 年，314 ～ 323 頁を参照）。

9　Buel 1965: Vol.1, 984-986.

10　真島は植民地の行政区画の設定の仕方に「支配すべく分割せよ」という原則が現れていることを強調している（真島，1999 年，103 ～ 109 頁を参照）。

11 Buell 1965 : Vol.1,989.

12 のちに述べることに関連するが，セネガル歩兵としてフランスでの戦いに参加し，帰還兵として帰国した人がフランスの言語，風習になじんでいるという理由でカントン長に指名されることもあったのである（Cf. Summers and Johnson 1918 : 27; Mann 2006 : 89-93）。

13 Conklin 1997 : 117-18.

14 Cf. Suret-Canale 1962 : 106-111; Buell 1965 : Vol.1, 991-992 ; Wesley Johnson 1991 : 86-88.

15 Buel 1965 : Vol.1, 995.

16 Ibid., pp.1037-1039.

17 Cf. Conklin 1997 : 119-130, なお詳しい説明については（Buel 1965 : Vol.1, 1002-1020 ; G. Mangin 1997）を参照。

第三部

第十章

1 この日付についてはミシェルの記述に従う。クラウダーは2月14日とし，ランは2月12日としている（Cf. Michel 2003 : 68；Crowder 1978 : 115；Lunn 1999b : 76）。

2 ヴォレノーヴェンが連邦総督であった間，彼の下で総務長官を務めた。非常に優秀なことで知られ，ヴォレノーヴェンの「右腕」と言われた（Michel 2003 : 155）。

3 Buel 1965 : Vol.1, 955.

4 Wesley Johnson 1991 : 257 ; July 1968 : 404. クレマンソーから西アフリカ特派高等弁務官の任務を提示された時，ジャーニュはその役職が西アフリカ植民地連邦総督と同等の権限を持つのであれば受諾すると答えたが，同時に，彼の任務遂行に支障をきたすような「無能な」現地行政官は即座に罷免する権限も要求し，認められていた（Cf. Lunn 1999b : 75）。

5 Michel 2003 : 71；Lunn 1999b : 77. この前後の部分の記述もミッシェルによっている。

6 Kamian 2001 : 117.

7 Michel 2003 : 72. この点に関し，徴兵にあたってジャーニュが約束したことは何一つ実現されなかったどころか，すでに実現されていたことまで放棄されるに至ったと，苛烈な統治で知られたアングルヴァンが記していることをクラウダーは述べている（Cf. Crowder 1978 : 117）。

8 大変皮肉なことに思えるが，コートディヴォワールの平定にあたって暴虐と言うほどの方法をもってあたり，激しい抑圧者と見られたアングルヴァンはヴォレノーヴェンが辞職したのちにセネガル植民地総督になったが，彼はジャーニュを深く尊敬し，ジャーニュの徴兵成功のためにイギリス領植民地総督宛に電報を送り，その地に逃げ込んだフランス植民地の人間を送り返すように訴えたという。送還された青年たちをジャーニュの徴兵に応えさせようとしたのである。イギリス領植民地のうち，ガンビア，ナイジェリア，シエラレオーネなどはアングルヴァンの要請に応え，

逃亡者たちが実際に送還されたという（Crowder 1968a : 244）。

9 Michel 1971 : 434.

10 Lunn 1999b : 93.

11 July 1968 : 404. ジャーニュ自身はこのように自信たっぷりであったが，他方で，彼に対する批判も強く，大戦が終了したとき，ジャーニュは西アフリカで人を1人集めるたびに報奨金をもらったのだろうといった中傷もなされたという。このような中傷に対し，ジャーニュは裁判を起こし，勝っている。

12 パン・アフリカニズム運動の創始者であるデュボイスは1945年の時点で，ジャーニュに強い負の感情を込めて次のように記している。その記述には今の時点で見れば誤りもあるが，同じ黒人としてデュボイスにはジャーニュを許せない部分があったのだろう。「第一次世界大戦はアジアとアフリカの植民地における影響圏をめぐる戦いであった。奇妙なことだが，この戦争にアジア，アフリカの人々がヨーロッパを助けるために呼び寄せられたのだ。たとえばセネガル歩兵部隊はドイツの大量虐殺の前でフランスとヨーロッパを救った。アフリカ人をフランス救援のために連れてきたのはブレーズ・ジャーニュである。この男は痩せて，背が高く，エネルギーに満ちた黒人だが，この男のフランスに対する愛国心たるやフランス人一般が及びもつかないものであった。彼はフランス国会におけるセネガル代表の議員であり，西アフリカの首長たちは否応なく従わざるを得ない人だった。彼は西アフリカにおけるフランス共和国代表という高い地位で行動した。白人の連邦総督（＝ヴォレノーヴェンのこと）はこの黒人の下に位置づけられたことに憤激して辞任した。ジャーニュは勝ち誇ったように西アフリカ各地を回り，10万人もの黒人を兵士としてフランスに送ったのだ」(Du Bois 1976 : 6–7)。

13 フランスが実質的に植民地支配し始めた19世紀末以降，西アフリカの諸地域においてフランス植民地行政官たちがいかに横暴に現地民を支配したか，ランは現地人の証言を交えて記している。たとえば，セルクルのコマンダンは現地人からの税の徴収，強制労働への駆り出しを実施したのはもちろん，彼自身の個人的必要として現地人女性を数人，自宅に現地妻として住まわせ，数か月ごとに別の女性と取り換えさせたという。コマンダンに対して少しでも失礼な行為をすれば，それは鞭打ちの対象であったし，彼が乗る馬の進行を妨げるような行為も厳しい処罰の対象になった。フランス人と問題を起こし，警察に訴えたりなどすれば，即座に投獄されるのは現地人であり，決して白人ではなかった。要するに，フランスを恐れさせ，平伏させることが主目的であったのだ。コマンダンは自らの住居を守る守衛をおいていたが，それらとしては当該地域住民とは別の民族に属するものをあて，現地民に対して手加減せずに対処するように仕向けていた（Cf. Lunn 1999b : 13-21）。

第十一章

1 Thiam 1992 : 150.

2 Ibid., p.155. チャームはかくも激しい言葉でヴォレノーヴェンの植民者としての心性を攻撃している。しかし，第五章で記したが，ヴォレノーヴェンが連邦総督に就任して最初に発した廻状において，アフリカ人は野蛮，かつ根っからの怠惰な人々だ

という言説が行き渡っているが「西アフリカの人々もその他の地域の人間と何ら変わるところはない」と明言している。ヴォレノーヴェンは西アフリカ現地人への深い理解に満ちた人であったと考えられる（Comité d'initiative des amis de Vollenhoven 1920 : 124）。

3 Ibid., p.154.

4 植民地現地人が「あらゆる手立てを用いて兵役逃れ」をしていたという表現が適切といえるか否か，いささかの疑問が残る。植民地の人間がフランスでの戦いを忌避しようとすることと，フランス人であるヴォレノーヴェンが戦いに赴いたこととを同列・対比的に論ずるのは適当なのだろうか。

5 Thiam 1992 : 153.

6 Ibid., p.153.

7 組織に属する個人として守るべき道徳と，より大きな意味での人間としての倫理との葛藤という問題に関し，カントが述べている理性の「公的使用」と「私的使用」に関する議論が参考になる。カントは「啓蒙とは何か」においてこの問題を論じ,「理性の私的使用に関して言えば，牧師たる彼は決して自由ではない，また他からの委任を果たしているのであるから，自由であることを許されないのである。しかし彼が，著書や論文を通じて，本来の意味での公衆一般，すなわち世界に向かって話す学者としては，従ってまた理性を公的に使用する聖職者としては，自分自身の理性を使用する自由や，彼が個人の資格で話す自由は，いささかも制限されていないのである」（p.13）と述べ，聖職者は「自分のところで教理問答を学ぶ人達や，また自分の教区に属する信者たちに対しては，彼の勤務する教会の信条書通りに講義し或いは説教する義務がある。彼はこのような条件で聖職者に叙せられているからである。しかし彼が学者として，信条書の欠点に関し，周到な検討を経た好意ある意見を述べ，また宗教に関係する事項や教会制度などを改善するための提案を公衆一般にも知らしめることについては，完全な自由を―それどころか，そうする使命をすらもつのである」（p.12）と述べている（Cf. カント『啓蒙とは何か』（篠田英雄訳），岩波文庫，1974 年）。

この点に関しては，吉澤英樹氏が主宰する共同研究，「フランス・セネガル文学における近代戦争とアフリカ―モダニティとしての「未開」」の第 4 回研究会（2014 年 5 月 31 日，成城大学）において，わたくしが「プシカリとヴォレンオーヴェンという二つの個性　ナショナリズム・植民地・カトリシズム」と題して発表した際，北山研二氏（成城大学文学部教授）よりご示唆をいただいた。発表の場を与えてくださった吉澤英樹氏と北山研二氏に厚く御礼を申し上げる。

8 このことについて記しているのはチャームだけである。チャームはこの情報をンデーネ・ンバイという個人から得たものと記している。また，この部分の記述については（Thiam 1992 : 157-158）によっている。

9 西アフリカ各地での兵員募集の途上，ギニア植民地のコナクリにジャーニュ一行が到着したとき，現地商工会議所長がきちんとした出迎えをしなかったことに怒ったジャーニュは，同人を所長ポストから解任させた。また，別の所でもジャーニュ一行の到着時，出迎えに来なかったフランス人商人たちを公共の面前で叱りつけた

という（July 1968 : 404）。

10　Thiam 1992 : 159.

11　第一次大戦は1918年11月に休戦したから，西アフリカで徴兵された多くの兵士たちが前線で戦うことは多くはなかった。彼らの多くは戦後のドイツ，ラインラントで占領軍として現地治安維持要員として働くことが多かった。そのことはドイツをして自分たち白人を黒人の監視下に置くとはと激高させる要因であった。そのことは逆にフランス国内でのセネガル歩兵の評判を高からしめることでもあった。さらに，イギリスでは「いかに敗戦国とはいえ，白人（ドイツ人）を監視する要員として黒人を使うとは」といった人種差別的論調でフランスを批判する風潮があったという（Cf. Crowder 1968a : 228〈Note 7〉; Andrew and Kanya-Forstner 1978 : 20）。ドイツは第一次大戦前，アフリカに植民地をもってはいたが，英仏に比べれば「狭小」であり，一般の人々にとってはアフリカは冒険家のための地であり，知られてはいなかった。そのような土地からの「野蛮人」が占領軍として来るということに対する恐れ，反発は強かった。特にラインラントにおいて「慰安所」（売春宿）が置かれることについて性病の蔓延などが恐れられ，「ブラック・ペスト」への対策の必要性が各種団体から求められた。また，「野蛮人とドイツ女性との“交接”から生まれる子どもは自然に反するものであり，かつ神をも恐れぬ行為の結果として，そのような子どもの背中はシマウマのような黒白の縞模様が入っている」と言われたという（Susini 1997 : 62, 65）。

12　Dieng 1990 : 90.

第十二章

1　Ruscio 1995 : 17.

2　Wesley Johnson 1991 : 246.

3　この項の記述は（Wesley Johnson 1991 : 244–252 ; Lunn 1999b : 198）によっている。選挙期間中，カルポ側からはジャーニュが戦争中，戦いの前線に立たなかったことに対する激しいネガティヴ・キャンペーンがなされたことについては第四章の注17を参照のこと。

4　Wesley Johnson 1991 : 255.

5　Ibid.

6　Ibid., p.261.

7　Cros 1961 : 107–108.

8　Ibid., p.113.

9　Wesley Johnson 1991 : 266.

10　大戦終了後，相当数の旧セネガル歩兵がフランスに残っていた。病気，ケガですぐに帰国できなかった人も多かった。こういった人々の中から，政治に目覚め，共産主義的運動をする人が生まれた。ラミン・サンゴール（レオポル・セダール・サンゴールとは親族関係はない）やチエモコ・ガラン・クヤーテといった人々である（Cf. Wesley Johnson 1991 : 266）。この時期，パリ在の先進的思想の黒人たちの動きについては（Langley 1969）に詳しい。それを見ても分かるが，ブレーズ・ジャーニュは

彼らには本当に嫌悪されていた。

11 Wesley Johnson 1991 : 266.

12 Davidson 1978 : 191.

13 Cf. Summers and Johnson 1978.

14 Langley 1973 : 288-289.

15 Du Bois 1976 : 10.

16 Langley 1973 : 236.

17 Ibid., p.237.

18 July 1968 : 405-406.

19 第十章の注 12 を参照。

20 July 1968 : 406.

21 Cros 1961 : 29.

22 Ibid., pp.36-37.

23 Ibid., p.62.

24 Fayet 1931 : 1.

25 Fall 1993 : 258-259.

26 たとえば，「強制労働」という言葉を使うか，「義務的労働」という言葉を使うかが議論され，結論的に「強制，また義務的労働」という言葉が使われることになった（Cf. Fall : 1993 : 261）。

27 Cf. Cros 1961 : 119-121. なお，この総会において採択された協約の全文が（Fall 1993 : 307-319）に再録されている。

28 Fayet 1931 : 222.

29 ジャーニュのこの演説について，同じセネガル人であるファルは「グロテスク」と表現している。また，第一次大戦末期の西アフリカでの徴兵活動について，ヴォレノーヴェンを激しく非難する一方でジャーニュを弁護しているチャームも国際労働機関総会でのジャーニュの態度については批判しているという（Cf. Fall 1993 : 266）。

30 Lunn 1999b : 110.

31 Dieng 1990 : 123-124.

32 Wesley Johnson 1972 : 73.

33 松沼，2012 年，96 頁。

34 Cf. Langley 1969 : 89.

35 カントロヴィッチ，2006 年を参照。

補遺 1

1 ここからの記述は主として（Malcolm Thompson 1990）によっている。

2 Malcolm Thompson 1990 : 432.

3 Cf. Ibid., p.439.

4 Ibid.

5 Gallieni 1891 : 122.

6 Ibid., pp. 157-158.

7 ここでの記述は主として（Zimmerman 2011）によっている。

8 Zimmerman 2011. ネット上に公開されている資料であり，頁数（ノンブル）は不明。

9 Diallo 1926 : 115–122.

10 Echenberg 1991 : 78.

補遺2

1 ベッケール，クルマイヒ，2012年，上巻，139頁。

2 Cousturier 2001 : 18.

3 クチュリエほどのインテリにしてそうなのだから，一般のフランス人にとってアフリカ人を見たことがないというのはむしろ普通のことだった。戦後に帰還したセネガル歩兵の証言によると，よからぬ魂胆をもったフランス人兵士があるところにセネガル歩兵を数人集め，そこに黒人を見たことがないというフランス人を呼び，金をとって見世物にしていたケースさえあるというのである。フランス人たちは初めて目にする黒人の肌に触れ，その肌をこすって，「黒い汚れ」を取れば白い肌が現れるのではないかと言っていたという（Lunn 1999b : 174）。

4 Cf. Chalaye 2003 : 81–92 ; Deroo 2003 : 107–117.

5 Lüsebrink 1988.

6 Michel 2003 : 193–197.

7 Echenberg 1991 : 46.

8 Lunn 1999b : 142–145.

9 Michel 2003 : 196.

10 Lunn 1999b : 138.

11 Ibid., p.140.

12 Ibid.

13 Nelson 1970 ; Michel 2003 : 233–242.

14 Nelson 1970 : 610.

15 Nelson 1970 : 615 ; Michel 2003 : 235.

16 Nelson 1970 : 620.

17 Lüsebrink 1988.

18 このように考えると，ジャーニュという人は欧米諸国（日本を含めて）が植民地の存在を当然のものとして考えていた20世紀初頭の世界にあって，まことに先進的な人であったと言えよう。彼がある面からすると「絶望の種」であったというのは充分にうなずけることではあるが，彼の心中にあった真の思いはそう簡単に他人にうかがい知れるものではなかったのかもしれない。

19 Lawler 1992 : 22–24.

20 Lunn 1999b : 194.

21 Turrittin 2002.

22 Echenberg 1991 : 48.

23 Ibid., pp. 62–63.

24 Ibid., p. 66.

25 Ibid., p. 70–75. エチェンバーグは徴兵逃れは続いたと記しているが，ランによると徴兵に対して武器を持っての抵抗などは完全になくなったという。また，第一次大戦後の西アフリカにおいてはフランス植民地行政府の現地人統治の仕方もさらに「進化」した。たとえば，1926 年にはフランスの手によって各地の徴兵対象年齢にある者などについて正確な台帳も整備され徴兵逃れは困難になっていた（Lunn 1999b : 205）。

26 Echenberg 1991 : 82.

27 Ibid., p. 88.

28 Echenberg 1991 : 97, 140 ; Sorel 1995.

29 たとえば，F. ファノン『黒い皮膚・白い仮面』の第 4 章にはマダガスカル独立闘争時の子どもたちがセネガル歩兵をいかに恐怖の対象として見ていたか，いくつもの証言がある（ファノン，1998 年）。

30 Kamian 2001 ; Mann 2006 を参照。

《著者紹介》

小川　了（おがわ　りょう）

1944年台湾生まれ。上智大学外国語学部フランス語学科を経て，パリ大学第5（ソルボンヌ）民族学専攻修士課程修了。国立民族学博物館助手，同助教授，京都精華大学人文学部教授を経て，東京外国語大学アジア・アフリカ言語文化研究所教授で定年退職。文学博士（総合研究大学院大学）。現在，東京外国語大学名誉教授

主著：『可能性としての国家誌　現代アフリカ国家の人と宗教』（世界思想社　1998年），『奴隷商人ソニエ　18世紀フランスの大西洋奴隷交易とアフリカ社会』（山川出版社　2002年），『躍動する小生産物』（編著，弘文堂　2007年），『ジャーニュとヴァンヴォ　第一次大戦時，西アフリカ植民地兵起用をめぐる二人のフランス人』（東京外国語大学アジア・アフリカ言語文化研究所　2014年）など

第一次大戦と西アフリカ
フランスに命を捧げた黒人部隊「セネガル歩兵」

2015年5月15日　初版 1 刷印刷
2015年5月25日　初版 1 刷発行

著　者　小川　了
発行者　中村文江
発行所　株式会社 刀水書房
〒101-0065 東京都千代田区西神田2-4-1 東方学会本館
TEL 03-3261-6190　FAX 03-3261-2234　振替00110-9-75805
組版　MATOI DESIGN
印刷　亜細亜印刷株式会社
製本　株式会社ブロケード

 ISBN978-4-88708-422-3 C1022